膨胀土岸坡堤坝渗透滑动检测评估关键技术研究与实践

王小毛　张建清　张　智　徐　涛 等　编著

科学出版社
北　京

内 容 简 介

本书是在“十三五”国家重点研发计划项目课题“膨胀土岸坡和堤坝渗透滑动检测识别与评估”研究成果的基础上撰写的。全书围绕膨胀土地区岸坡和堤坝滑坡渗透滑动检测识别与评估技术难题，对国内外膨胀土岸坡和堤坝滑动检测识别与评估技术现状进行分析、总结，对膨胀土工程结构特性、工程地质与地球物理特征，以及水体渗透滑动过程中土体地球物理性状变化特征进行描述；详细介绍膨胀土岸坡和堤坝滑坡渗透滑动追踪的时间推移电法、时间推移地震探测技术与装备方面的研究思路及研究成果，并介绍岸坡和堤坝水体渗透滑动灾变分析方法与评估技术；结合典型膨胀土地区岸坡和堤坝工程中的应用示范效果分析对课题研究成果进行科学分析与总结。

本书可供水利水电、市政交通、地质灾害防治等领域及高等院校、科研院所从事工程勘察、设计和运营管理的科研人员、教学人员、技术人员、研究生等参考。

图书在版编目（CIP）数据

膨胀土岸坡堤坝渗透滑动检测评估关键技术研究与实践/王小毛等编著. —北京：科学出版社，2022.5

ISBN 978-7-03-071981-2

Ⅰ.① 膨…　Ⅱ.① 王…　Ⅲ. ① 膨胀土-岸坡-堤坝-渗透性-土体滑动-检测-技术评估　Ⅳ. ① TV871.3

中国版本图书馆 CIP 数据核字（2022）第 054440 号

责任编辑：何　念　张　湾/责任校对：高　嵘
责任印制：彭　超/封面设计：无极书装

科学出版社 出版
北京东黄城根北街 16 号
邮政编码：100717
http://www.sciencep.com

武汉精一佳印刷有限公司印刷
科学出版社发行　各地新华书店经销

*

开本：787×1092　1/16
2022 年 5 月第　一　版　　印张：15 1/2
2022 年 5 月第一次印刷　　字数：366 000

定价：168.00 元

（如有印装质量问题，我社负责调换）

前言

膨胀土在世界范围广泛分布，常给人类的工程活动带来危害，并造成全球性的地质灾害，常被称为“工程癌症”。在水利水电工程中，膨胀土问题尤为突出，不少岸坡和堤坝工程曾在建设期或运行过程中发生过严重的边坡失稳事故。膨胀土地区的岸坡和堤坝稳定问题一直是水利工程全生命期安全的核心问题，运用先进的检测与评估技术，准确查明其隐患的发生、发展并及时预警处置，是保障水利水电工程安全、稳定运行的重要手段。

“十三五”国家重点研发计划期间，中华人民共和国科学技术部设立了“重大自然灾害监测预警与防范”重点专项，提出了膨胀土地区的岸坡和堤坝运行安全保障问题。2018年1月，长江勘测规划设计研究有限责任公司牵头的“十三五”国家重点研发计划项目“岸坡堤坝滑坡监测预警与修复加固关键技术及示范应用”正式立项，作者承担项目课题“膨胀土岸坡和堤坝渗透滑动检测识别与评估”的研究工作。

作者围绕膨胀土岸坡和堤坝滑坡渗透滑动探测技术难题，采用参数测试、算法研究、模型试验、现场试验、理论分析与数值计算相结合的方法开展研究工作，提出以时间推移电法与时间推移地震探测技术为主的膨胀土岸坡和堤坝水体渗透检测方法，配套研发分布式时间推移电法探测技术装备，并基于工程试验揭示膨胀土岸坡和堤坝滑坡渗透演进规律与物性参数动态变化特征。在此基础上，研究并建立膨胀土岸坡和堤坝滑坡水体渗透滑动时效响应模型，提出基于检测参数的险情快速评估方法，并实现滑动灾变快速评估技术。在课题研究工作即将顺利完成之际，将膨胀土岸坡和堤坝滑坡渗透滑动检测与评估技术研究的点滴成果汇编成本书，希望对膨胀土地区岸坡和堤坝工程的勘测设计、建设及运行安全管理有所裨益。

本书共分8章。第1章叙述膨胀土岸坡失稳滑动识别评估技术研究现状，以及本书的主要内容；第2章主要叙述膨胀土的工程性质及其地球物理特性，结合膨胀土物性参数试验，探寻膨胀土力学特性地球物理声-电响应特征；第3章介绍岸坡和堤坝水体渗透滑动探测技术研究的核心思想——时间推移地球物理探测基本理论及技术；第4章叙述岸坡和堤坝时间推移电法探测技术研究的主要成果，提出核心观测系统及其数据反演方法；第5章介绍时间推移电法探测仪器装备的研发及测试研究成果；第6章叙述岸坡和堤坝时间推移地震探测技术研究的主要成果；第7章叙述膨胀土岸坡和堤坝水体渗透滑动灾变分析方法、时效响应模型，以及灾变评估系统的研究成果；第8章介绍技术与装备研究成果在工程实践中的应用情况，是对本书相关研究成果的系统化验证。

全书由王小毛、张建清、张智、徐涛等编著，参与撰写的人员有林永燊、李亮、陈爽爽、严俊、伍亮、刘镇、殷浩、王少博、胡浩等。具体分工：第1章由王小毛、张建清、张智撰写；第2章由王小毛、徐涛、李亮、林永燊撰写；第3章由张建清、徐涛、伍亮撰写；第4章由张智、陈爽爽、李亮、王少博撰写；第5章由严俊、张建清、徐涛、伍亮撰写；第6章由林永桑、张智、陈爽爽、严俊撰写；第7章由王小毛、刘镇、殷浩撰写；第8章由徐涛、林永桑、陈爽爽、胡浩撰写。全书由王小毛、张建清、张智、徐涛审校及统稿，苏婷为本书插图及资料整理做了大量工作。

本书是在“十三五”国家重点研发计划项目课题“膨胀土岸坡和堤坝渗透滑动检测识别与评估”研究成果的基础上撰写的，本课题得到了长江勘测规划设计研究有限责任公司、长江地球物理探测（武汉）有限公司、中山大学、长江科学院、长江岩土工程有限公司、郑州安源工程技术有限公司等单位的大力支持，也包含了他们大量的辛勤劳作和心血付出，在此，作者谨向所有参与本课题研究工作的科研工作者表示衷心的感谢。

由于作者水平有限及时间紧迫，书中难免会有不妥或疏漏之处，诚望广大读者指正与谅解。

作　者

2021年10月10日

目 录

第 1 章　绪论……1
1.1　问题的提出……2
1.2　膨胀土岸坡失稳滑动识别评估技术研究现状……2
1.2.1　膨胀土岸坡失稳滑动破坏机理……2
1.2.2　膨胀土岸坡和堤坝滑动检测识别技术……5
1.2.3　膨胀土岸坡渗透滑动灾变分析与评估技术……6
1.3　本书主要内容……7

第 2 章　膨胀土特性及工程地球物理特性……9
2.1　膨胀土分类与微观结构……10
2.1.1　膨胀土基本定义……10
2.1.2　膨胀土分类方法……10
2.1.3　膨胀土的结构特征……13
2.2　膨胀土基本特性……15
2.2.1　膨胀土物质组成……15
2.2.2　膨胀土基本物理特性……18
2.2.3　膨胀土工程性质……20
2.3　膨胀土地球物理特征……32
2.3.1　膨胀土电导率……32
2.3.2　膨胀土的波速特性……35
2.3.3　膨胀土力学特性地球物理声–电响应特征……36

第 3 章　时间推移地球物理探测理论及技术……45
3.1　时间推移地球物理探测发展概述……46
3.2　时间推移地球物理探测技术原理……47
3.2.1　基本原理……47
3.2.2　工作方法……48
3.2.3　数据处理……48
3.2.4　资料解释……51
3.3　时间推移地球物理探测技术发展趋势……53
3.3.1　面临的主要问题……53
3.3.2　技术发展方向……53

第 4 章　岸坡和堤坝时间推移电法探测技术研究 …… 55

4.1　直流电法概述 …… 56

4.1.1　基本理论 …… 56

4.1.2　常见探测方法 …… 57

4.1.3　野外施工方法 …… 62

4.1.4　资料处理与解释 …… 63

4.2　岸坡和堤坝时间推移电法探测原理与实现 …… 66

4.2.1　岸坡和堤坝时间推移电法探测概述 …… 66

4.2.2　时间推移电法探测工作布置 …… 66

4.2.3　时间推移电法探测系统实现 …… 67

4.3　岸坡和堤坝典型隐患时间推移电法正演数值模拟 …… 69

4.3.1　正演方程的建立及单元分析 …… 69

4.3.2　典型隐患电性参数变化响应特征研究 …… 72

4.4　岸坡和堤坝时间推移电法探测系统研究 …… 82

4.4.1　探测系统设计原则 …… 82

4.4.2　探测系统参数研究 …… 83

4.5　时间推移电法探测数据反演与解释 …… 93

4.5.1　电法数据反演基本理论 …… 93

4.5.2　常见电法数据反演方法 …… 94

4.5.3　时间推移电法数据反演方法 …… 97

4.5.4　时间推移电法数据资料解释 …… 100

4.5.5　时间推移探测频次与成果处置 …… 100

第 5 章　时间推移电法探测仪器装备研发 …… 103

5.1　仪器装备集成设计 …… 104

5.1.1　仪器功能需求分析 …… 104

5.1.2　仪器功能设计 …… 104

5.1.3　装备整体设计 …… 105

5.1.4　仪器设备工作原理 …… 106

5.2　主控采集系统设计 …… 106

5.2.1　多通道高密度电法工作站 …… 107

5.2.2　电极高密度转换系统 …… 108

5.2.3　分布式电缆和电极 …… 110

5.3　在线监测系统设计 …… 114

5.3.1　远程监测控制器设计 …… 114

5.3.2　云服务控制模块设计 …… 115

5.3.3　客户端研发设计 …… 116

5.4 电源供电系统方案设计……117
5.5 仪器装备功能测试……119
5.5.1 堤防渗漏通道电法探测应用测试……119
5.5.2 大坝渗漏电法在线探测应用测试……121

第 6 章 岸坡和堤坝时间推移地震探测技术研究……125
6.1 地震勘探方法概述……126
6.1.1 地震勘探基本理论……126
6.1.2 地震数据采集技术及方法……135
6.1.3 地震勘探数据处理……142
6.1.4 地震勘探资料解释……148
6.2 时间推移地震探测方法……152
6.2.1 时间推移地震探测基本原理……152
6.2.2 时间推移地震探测工作布置……152
6.2.3 时间推移地震探测系统设计基本原则……153
6.3 岸坡和堤坝典型隐患地震探测正演数值模拟……154
6.3.1 时间推移地震正演方程的建立及单元分析……154
6.3.2 典型隐患地球物理弹性参数变化响应特征……161
6.4 岸坡和堤坝时间推移地震探测系统研究……169
6.4.1 空间布线与数据采集原则……169
6.4.2 时间推移地震探测系统设计原则……170
6.5 时间推移地震探测数据处理与解释……172
6.5.1 时间推移地震数据反演基本流程……172
6.5.2 常见时间推移地震数据反演方法……173
6.5.3 时间推移地震探测数据反演分析……175
6.5.4 时间推移地震探测数据资料解释……179

第 7 章 岸坡和堤坝渗透滑动灾变分析与评估技术研究……181
7.1 膨胀土岸坡和堤坝渗透滑动灾变分析方法……182
7.1.1 复杂条件下渗透滑动演化过程中的动力学特性……182
7.1.2 复杂条件下渗透滑动灾变的动力学影响因素……184
7.1.3 基于检测数据的岸坡和堤坝渗透滑动灾变分析方法……188
7.2 膨胀土岸坡和堤坝渗透滑动时效响应模型……189
7.2.1 复杂条件下渗透滑动动力响应模型……189
7.2.2 基于时间推移检测的渗透滑动灾变临界判据……197
7.2.3 膨胀土岸坡和堤坝渗透滑动灾变评估方法……199
7.3 膨胀土岸坡和堤坝渗透滑动灾变快速评估技术……205

7.3.1 膨胀土岸坡和堤坝渗透滑动检测动态数据库······205
7.3.2 渗透滑动检测的快速识别、自动分析与评估技术······205
7.3.3 渗透滑动快速分析评估信息系统开放式框架······206

第 8 章 工程应用研究与实践······213
8.1 膨胀土岸坡水体渗透滑动时间推移电法探测试验研究······214
8.1.1 工作概述······214
8.1.2 数值模拟分析······214
8.1.3 现场试验······217
8.1.4 试验总结······222
8.2 膨胀土岸坡水体渗透滑动时间推移地震探测评估研究······222
8.2.1 工作概述······222
8.2.2 现场试验······223
8.2.3 试验总结······227
8.3 堤坝灌浆修复效果评价时间推移电法检测应用研究······228
8.3.1 工作概述······228
8.3.2 现场试验······229
8.3.3 试验总结······230
8.4 柔性防渗墙成墙效果评价时间推移电法检测应用研究······231
8.4.1 工作概述······231
8.4.2 现场试验······231
8.4.3 试验总结······234

参考文献······235

第1章

绪论

1.1 问题的提出

膨胀土是自然界中形成的一种多裂隙并具有显著胀缩性质的土，黏粒成分主要由强亲水性矿物蒙脱石与伊利石等组成。其吸水膨胀、失水收缩，并且有反复变形的性质，而且土体中杂乱分布的裂隙对岸坡、堤坝及渠道边坡等有严重的破坏作用。膨胀土常给人类的工程活动带来危害，并造成全球性的地质灾害。

常规的膨胀土岸坡和堤坝失稳探测主要是依靠勘探手段查明土体地质缺陷与结构隐患来评估其稳定性，采用的方法主要有地质钻探、人工巡查和地球物理探测等。其中：地质钻探主要包括人工锥探与机械钻探，此类方法成本高、效率低、随机性强、代表性差，同时还具有破坏性；人工巡查主要靠人员实地眼观耳听查找隐患，效率低，对隐蔽缺陷通常难以察觉。上述两类方法均难以满足快速、准确、无损探测的要求。地球物理探测主要是通过物理探测手段，研究岸坡和堤坝物性结构特征，推断隐患的规模、形态和空间赋存状态，理论上来讲，地球物理探测是快速、无损、有效的岸坡和堤坝渗透滑动检测方法。

对于膨胀土岸坡与堤坝而言，内部水体渗透过程具有隐蔽、低可探性、持续性、多变性的特点。具体来说，由于堤坝土体不均匀，地震波速和电阻率偏低，在这种不均匀、低速、低阻背景下，探测裂缝、松散体和孔洞等目标体，不同于常规地球物理探测所适宜的条件。首先，低速、低阻介质严重阻碍了波场传播，如果目标体达不到一定规模，准确探测目标体的位置和大小极其困难；其次，膨胀土岸坡、堤坝和目标体的物理属性具有随水位变化的多变性，在汛期尤为明显，靠某一时刻的瞬态地球物理探测很难完全判断目标体的位置。例如：低水位时，膨胀土干缩，呈现相对高阻；雨季或高水位时，随着雨水的浸入，膨胀土吸水膨胀，其电阻率会降低，波阻抗也会出现变化。另外，现有的岸坡和堤坝渗透滑动探测大多只是获取某一时刻的堤防静态情况，由于缺乏非汛期探测数据的资料对比或者是多期资料的对比，很难查明水体渗透范围和状态，在探测速度、探测准确度上也难以满足对险情及时预警的需求。

鉴于此，需要转变以往以查找既有隐患为主要目的的探测思路，从单一时刻目标体的瞬态探测转变为对目标体物理属性变化过程的连续追踪探测，科学地运用物探异常在不同时刻的物理属性和范围的变化，结合时效响应模型和评估方法，以达到检测识别与评估预警的目的。

1.2 膨胀土岸坡失稳滑动识别评估技术研究现状

1.2.1 膨胀土岸坡失稳滑动破坏机理

关于膨胀土地质灾害的防治研究已近 80 年历史，但该问题一直未能得到根本性解决，一直是世界性的技术难题。由于膨胀土的水敏性高，边坡失稳时往往伴有降雨的发生，人们通常将膨胀土边坡失稳机理归结于土体强度的降低或衰减。膨胀土边坡在降雨、干燥反复循环的情况下，土体产生裂缝，逐渐发展直至贯通，导致滑坡产生。研究膨胀土滑坡发生机理的目的是，通过对这一过程进行深入研究，以探索裂隙对膨胀土滑坡发生的影响。

分析膨胀土滑坡受降雨、日照形成的干湿循环的影响时，对于本书所研究的膨胀土滑坡机理而言，裂隙性是关键因素，胀缩性是膨胀土产生裂隙的内因，滑坡现象的发生是裂隙作用的结果，为深刻揭示膨胀土滑坡机理提供理论依据。

研究膨胀土滑坡发生机理以膨胀土在干湿循环条件下，裂隙发育对滑坡的影响为主要研究内容，深入研究裂隙发育与干湿循环程度、力学特性的关系，进而揭示膨胀土滑坡机理，为膨胀土岸坡和堤坝滑坡的预防与治理提供一定的参考。

康卫东等[1]指出罗家梁的滑坡体以黄褐、棕黄、黄绿色黏土为主，有些以薄膜状态附于裂隙表面；黏土中的主要成分是蒙脱石，因其性质特殊，加之各种来源水的相互作用，滑带土体湿软，力学强度发生变化，并且人类活动使得边坡变形，边坡变成了明显的滑坡区域，且多级整体开裂，具备牵引式滑动、累积式破坏等特点。根据理论和数据，得出因为斜坡土体由强膨胀土夹层构成滑动面，其自身具有吸水膨胀、失水收缩的特性，当有水渗入或有人为因素打破平衡时，将会导致土体滑动的结论。

王璞[2]通过对膨胀土滑坡的空间构成特征与诱发因素等进行分析研究，进一步认识了勉县膨胀土滑坡的发育特征，得出了膨胀土滑坡主要与江河冲击构成有着直接关系的观点，滑体的主要物质由膨胀土矿物构成，土体松散破碎，局部有空洞现象。勉县膨胀土滑坡多发生在雨季，季节性很强，王璞[2]总结出了勉县膨胀土滑坡的发育特征，这些特征和膨胀土的胀缩性与大气影响深度有着密切关系。

吴睿莉[3]通过对膨胀土的物理性质、含水率差异和应力应变进行论述，发现膨胀土的应力应变稳定结构发生改变的原因有很多，如自身的特殊性质、外界荷载及含水率差异等。将膨胀土滑坡分为三个阶段：外部环境风化弱变形阶段、部分开裂变形阶段、总体破坏滑动阶段。为了更好地处理膨胀土边坡稳定性这个难题，应通过实际地理位置勘察，综合研究地形构造和人为因素的影响，从物理特性方面进行改造，如添加其他矿物含量和种类，从根本上优化其内在特性，从而达到对膨胀土滑坡有效治理的目的。

张国强等[4]主要采用 Morgenstern-Price 方法中的折线搜索方式，对膨胀土滑坡的发生形态和发生过程进行分析。在大气作用下，膨胀土的内部裂隙发育不易被察觉，但工程中往往根据表面情况判定而忽略内部发展情况，故张国强等[4]指出，对裂隙发育情况进行分析时，可以利用网格搜索方法，得出最小安全系数的组合，建立膨胀土边坡稳定分析计算模型，并根据滑坡实例，表明提出的膨胀土边坡稳定分析模型是合理的。

张光鑫等[5]对沐川县全域的滑坡进行实地调查，并选出该区域内 63 处堆积层滑坡进行深入研究，通过查阅相关资料，总结了这些滑坡的发育分布规律。利用 ArcGIS 软件生成滑坡分布规律图，并结合室内试验，对提出的有关破坏机制的结论进行验证。他们发现选择研究的该区域的堆积层滑坡的坡度在 15°～25°，降雨和地震作用影响最大，并利用数值模拟软件模拟了降雨和地震的影响。

刘良志等[6]在膨胀土边坡滑坡机理研究中，以实际公路工程中遇到的滑坡问题为出发点，阐述了滑坡现状，以及已发生滑坡采取的处理方法。他们考虑工程所在地段的地质构造、大气作用和地下水文等特点，又根据滑坡发生时的位置分布、抗滑桩剪切破坏的效果和滑体裂隙的发育情况，联系相关文献，确定了滑坡的发生规模，从而探讨相应的工程稳定性设计问题。

马驰[7]根据实地滑坡情况进行分析研究，并充分利用数值模拟手段，提出变形破坏机理。通过收集大量滑坡资料和文献，对研究的堆积层-基岩接触面滑坡特征进行总结，并以岚皋县祖师庙滑坡为实际试验模拟案例，利用室内试验和数值模拟的方式，根据相关实际资料、试验数据结果，进行深入分析论证，得出结构面脆弱和雨水渗入是滑坡发生的关键因素的结论。

综上所述，膨胀土岸坡失稳的现象是错综复杂的，有些在开挖过程中失稳，有些在运行过程中失稳，还有些在开挖数年，甚至数十年以后才逐渐发生滑动。目前，普遍认为岸坡失稳的主要原因是土层的抗剪强度随时间而衰减，而这种抗剪强度的衰减主要是由膨胀土的水敏性和降雨等因素引起的。上述分析无疑有一定的道理，但有相当一部分边坡，在滑坡后进行的反演分析中发现，实测土体强度远远高于反演分析强度，说明土体强度衰减并不是滑动发生的主要原因。胡波等[8]在深入研究膨胀土土体特性的基础上，在河南省南阳市和新乡市开展了大量膨胀土渠坡的现场试验工作，同时在室内开展了大型常重力模型和离心模型的边坡模型试验研究。根据现场试验和室内模型试验研究成果，结合数值模拟等多种手段，理清了膨胀土岸坡的破坏形式，发现了膨胀土岸坡产生破坏不同于一般黏土岸坡的主要原因，首次明确提出了膨胀土岸坡的两种破坏模式，即裂隙强度控制下的岸坡失稳和膨胀作用下的岸坡失稳。

裂隙强度控制下的岸坡失稳，主要是指对于常设坡比的岸坡，当非胀缩裂隙面倾向呈顺坡向时，裂隙面成为潜在滑动面，由于裂隙面强度偏低，岸坡的下滑力超过抗滑力，岸坡发生整体失稳。并非所用的膨胀土岸坡都会发生裂隙强度控制下的岸坡失稳，产生这种失稳的必要条件是岸坡内存在非胀缩裂隙且裂隙倾向与边坡倾向基本一致，其稳定性取决于坡高和坡比、非胀缩裂隙面占潜在滑动面的比例、外部作用大小。该失稳模式的安全性分析仍可采用极限平衡分析方法，与常规方法不同的是，需正确地模拟裂隙的空间分布，同时，裂隙面取裂隙面强度，其余土体取土块强度。

膨胀作用下的岸坡失稳，是指膨胀土岸坡在降雨入渗等作用后，土中含水量增加，土体产生膨胀应变，岸坡中的受水区及周边区域将发生应力重分布，岸坡中剪应力增加，导致土体破坏。对于膨胀作用下的岸坡失稳，膨胀变形在岸坡失稳中起主要作用，降雨等其他作用如同一般黏性土岸坡一样也是并存的，如基质的吸力减小、强度降低、渗流力增加等。这正是对于坡度较缓的岸坡，一般黏性土岸坡保持稳定，膨胀土岸坡却失稳的原因所在。

1.2.2 膨胀土岸坡和堤坝滑动检测识别技术

我国岸坡和堤坝探测研究始于 20 世纪 70 年代，1974 年，山东省水利科学研究所采用电法进行堤防工程质量评估，率先在国内开展了堤坝隐患探测技术的应用与研究，并于 1985 年形成了一套电法综合探测系统。90 年代后，“堤防隐患探测技术研究”列入“九五”国家重点科技攻关计划项目和水利部重大科技攻关项目。2000 年 9 月，国家防汛抗旱总指挥部办公室等单位在郑州市召开“全国堤坝隐患及渗漏探测技术研讨会”[9]，2000 年“洪水特性与减灾方法研究”列入国家自然科学基金委员会与水利部长江水利委员会重大资助项目，其中的课题“堤防破坏机理和安全评价”就包括了堤防隐患快速无损探测与评价方法。1999 年 3 月、2000 年 8 月国家防汛抗旱总指挥部办公室先后在湖南省益阳市和北京市大兴区组织了堤坝隐患探测方法及仪器现场测评工作。这些科研课题的研究极大地推动了我国堤坝隐患探测技术的发展。

国外在岸坡和堤坝渗透滑动探测技术方面的研究趋少，大型的科研机构或专门的实验室较少，主要是因为西方国家对防洪减灾工程建设的投资大，特别是堤坝建设大多采用混凝土结构，所以堤坝质量好、隐患少，水体渗透运移导致的隐患风险也较少。而在很多发展中国家，由于技术、资金匮乏，对堤坝渗透滑动探测技术尚未展开专项研究。总的来说，国外对堤坝隐患探测技术进行过系统研究的只有美国、日本、德国、瑞典和意大利等国家。美国陆军工程兵团曾对密西西比河护坡隐患探测开展过系统研究，意大利、日本采用弹性波层析成像技术对混凝土大坝进行质量检测。瑞典在土坝渗漏监测方面做过很多工作，所用到的地球物理探测方法包括高密度电法、分布式光纤温度测量系统、探地雷达等。Johansson 和 Dahlin[10]开发了基于电阻率变化的土坝监测系统与评价方法；Rozycki 等[11]采用电法探测土坝内部的水平破碎区域；Sjödahl 等[12]、Sjödahl[13]将高密度电法用于土坝渗漏和侵蚀检测。

针对低可探物理背景下的堤防隐患，开展不同时间点、连续观测的时电法和时间推移地震探测，洞悉不同时刻岸坡和堤坝介质物性参数的动态演化特征；利用大数据处理技术，进行水体渗透发育过程的追踪，评估隐患险情灾变的可能性，实现隐患险情的快速定位、预警已成为时间推移地球物理探测技术的发展趋势。

在膨胀土岸坡和堤坝水体渗透滑动时间推移探测研究方面，刘健雄[14]采用高密度电法开展膨胀土电阻率的动态测试，定量分析膨胀土边坡裂隙的演化发育程度，研究膨胀土边坡裂隙的发育机制。杜华坤等[15]通过对堤坝渗漏监测的数值模拟研究，分析了在江河水位上涨过程中堤坝视电阻率的变化特征，总结出根据渗漏通道视电阻率异常范围的相对变化来研究渗漏通道走向的可能性。在 2016 年鄱阳湖圩堤防汛抢险中，万怡国等[16]在堤段的迎水面和背水面平行布置高密度电法测线，观测不同时段迎水面、背水面电阻率延时的变化，对比分析两个测试断面的电阻率分布特征及变化趋势，推测渗漏通道的埋深和走向，钻孔验证与物探推断结论相吻合。

在膨胀土岸坡和堤坝水体渗透滑动时间推移探测技术研究方面，总体来看，时间推移电法探测方面的研究较多，论证了该方法的可行性和有效性，而关于时间推移地震探测技术方面的研究较少。

1.2.3 膨胀土岸坡渗透滑动灾变分析与评估技术

膨胀土中水的渗流会引起土体抗剪强度的变化，而抗剪强度变化一般转化为安全系数的变化，这就关系到了非饱和膨胀土边坡的稳定性问题。膨胀土的工程性质受周围环境及气候的影响比较大，膨胀土岸坡的失稳破坏很多是在降雨时或者降雨后发生的，水位升降也是膨胀土边坡失稳的重要因素。在日本，大约60%的水库滑坡发生在库水位骤降时期。水位骤升骤降引起的边坡失稳特别多，相关调查报告对 Roosevelt 湖附近地区1941～1953 年发生的一些滑坡进行了统计，结果发现有 49%发生在 1941～1942 年的蓄水初期，30%发生在水位骤降 10～20 m 的情况下，其余为发生在其他时间的小型滑坡。对于膨胀土岸坡失稳而言，胀缩性和裂隙性是内在因素。裂隙不仅破坏了膨胀土的整体性，而且为雨水的渗入开了“方便之门”。

目前，在工程实践中，渗流对土坡稳定的影响分析一般采用传统的极限平衡分析方法，强度折减有限元方法也已成功用于分析干土坡的稳定性。姚海林等[17]对非饱和膨胀土边坡在考虑暂态饱和-非饱和渗流的情况下进行了参数研究，得出了裂隙的存在对边坡中孔隙水压力和体积含水量分布有较大影响这一结论。陈善雄等[18]采用极限平衡分析方法，提出了考虑水分入渗的非饱和土边坡的稳定性分析方法，该方法视土坡中的水分及抗剪强度参数为一分布变化场，最终得出降雨情况下的土坡稳定安全因素。尹宏磊等[19]分别考虑了基质吸力和膨胀变形这两种因素对膨胀土边坡稳定性的影响。刘华强和殷宗泽[20]考虑了在土体裂缝作用下的膨胀土边坡的稳定性，对原有的边坡稳定性分析方法进行了改进。李汝成和王复明[21]分析了降雨入渗影响下的路堤边坡稳定性，采用了原位监测及数值模拟相结合的方法共同推测边坡的失稳机制并预测其发展趋势。

岸坡灾变的问题一直是岩土工程的一个重要研究内容，而岸坡灾变分析与评估结果的正确与否直接关系到岸坡工程的成败。近年来，国内外许多学者对岸坡的灾变分析与评估做了不同层次的研究。蒲建华[22]基于多种监测方式的监测数据，采用 C#语言和数据库技术建立了监测信息管理系统。Takens[23]分别采用平面和三维评价系统，对 Cairns 地区进行了斜坡地质灾害的危险性和风险区划研究。赵健[24]将 Kohonen 神经网络应用于边坡稳定性分析，建立评价边坡稳定状态的网络模型。黄建文等[25]将层次分析法和模糊数学理论结合起来，对边坡稳定性进行综合评价。

综上所述，膨胀土岸坡渗透滑动灾变分析与评估主要采用监测、检测与数值模拟相结合的方法，而岸坡渗透滑动是其全生命期服役行为演化的结果，两者结合是更有效开展灾变分析与评估的途径之一。因此，从全生命期服役行为演化的角度开展膨胀土岸坡渗透滑动灾变实时分析与快速评估是未来重要的发展趋势。

1.3 本书主要内容

1. 膨胀土特性及工程地球物理特性

阐述膨胀土特性及主要工程的地球物理特性研究成果。首先，从膨胀土的基本定义、分类方法和结构特征等方面对我国膨胀土分类与微观结构进行简要阐述。然后，从膨胀土物质组成、基本物理特性、工程特性等方面对膨胀土的基本特性进行介绍。最后，从膨胀土的电导率特性、弹性波特性两方面，结合相关调查和室内物性参数测试研究成果对膨胀土的地球物理特性进行分析讲解。

2. 时间推移地球物理探测理论及技术

阐述时间推移地球物理探测技术的发展概况、基本理论、技术方法原理，以及技术研究面临的主要问题和发展趋势，为解决岸坡和堤坝水体渗透滑动时间推移探测技术的问题提供了基本思路。

3. 岸坡和堤坝时间推移电法探测技术研究

阐述作者在岸坡和堤坝渗透滑动时间推移电法探测方面开展的技术研究过程和主要研究成果，包括直流电法探测的基本原理和技术方法介绍、岸坡和堤坝典型渗透隐患时间推移电法正演数值模拟、时间推移探测观测系统构建，以及时间推移电法探测数据的反演方法与资料解释。

4. 时间推移电法探测仪器装备研发

阐述作者在时间推移电法探测仪器装备方面的研发及测试成果。从仪器的功能需求分析、整体设计、各分部模块的设计与制作等方面介绍了仪器研发过程，依托堤防渗漏和水库大坝渗漏两个工程开展时间推移电法装备的测试，结合测试成果对仪器的功能和性能进行分析总结。

5. 岸坡和堤坝时间推移地震探测技术研究

阐述作者在岸坡和堤坝渗透滑动时间推移地震探测方面开展技术研究的过程和主要研究成果，包括地震勘探基本原理和技术方法介绍、岸坡和堤坝典型隐患的时间推移地震探测模型正演数值模拟、时间推移地震观测系统的设计原则与实现，以及时间推移地震探测数据的反演分析方法与资料解释。

6. 岸坡和堤坝渗透滑动灾变分析与评估技术研究

首先，从膨胀土岸坡和堤坝全生命期演化特征识别研究出发，分析了复杂条件下渗透滑动演化过程中的动力学特性和影响因素，研究提出基于时间推移探测数据的膨胀土岸坡和堤坝水体渗透滑动灾变分析方法；然后，介绍了膨胀土岸坡和堤坝水体渗透滑动时效响应模型的构建；最后，从检测动态数据库建立，渗透滑动检测快速识别、分析与评估，信息系统框架构建等方面对膨胀土岸坡和堤坝渗透滑动灾变快速评估技术进行全面论述。

7. 工程应用研究与实践

在三个典型膨胀土地区的岸坡、堤坝进行工程应用研究与实践，针对岸坡和堤坝工程水体渗透隐患探测与灌浆治理效果评价问题，应用本书所形成的技术装备成果开展试验研究，对试验成果进行系统性梳理和总结，以评价技术应用效果，为后续的相关研究工作及工程安全运行管理提供指导和参考。

第 2 章

膨胀土特性及工程地球物理特性

2.1 膨胀土分类与微观结构

2.1.1 膨胀土基本定义

膨胀土是指土体中黏土矿物成分主要由亲水矿物组成，同时具有吸水显著膨胀软化和失水收缩干裂两种特性，且具有湿胀干缩往复变形特征的高塑性黏土。作为一种颗粒高分散、成分以黏土矿物为主、对环境的湿热变化敏感的黏土，因其吸水膨胀软化、失水收缩干裂特性，工程界常称之为灾害性土，也有学者称其为“工程癌症”。决定其膨胀性的亲水矿物主要是蒙脱石、伊利石、高岭石等黏土矿物。

2.1.2 膨胀土分类方法

1. 膨胀土的判别标准

目前，国内外关于膨胀土分类的方法有很多，不同学者提出了不同的方法，所选择的指标和标准也不一样，主要包括现场宏观判别和室内定量指标测试两种方式。对膨胀土的判别主要从两方面进行探讨：一是指标的选择；二是判别方法的选择。我国普遍采用试验测试指标判别法，包括单指标判别法、双指标判别法、多指标判别法和作图法四类，其中最具代表性的分类方法分述如下。

1）规范判别分类法

国家标准《膨胀土地区建筑技术规范》（GB 50112—2013）[26]提出了按膨胀土的工程地质特征进行初判，再按自由膨胀率大小划分膨胀土的膨胀潜势方法。该判别方法由于测试方法和测试人员的差异，结果存在较大差别，故对该方法的可靠性及能在多大程度上反映膨胀土的本质等方面，一直存在着争议。有专家认为，测试方法使颗粒间的结合力丧失，而使膨胀得到了较充分的发挥，其结果并不能代表土体的真正膨胀潜势。

2）最大胀缩性指标分类法

柯尊敬和常运煌[27]主张按最大胀缩性指标进行分类，他们认为：一个合适的胀缩性评价指标必须全面反映土的粒度组成和矿物成分，以及宏观与微观结构特征的影响，同时能消除土的湿度和密度状态的影响，即不随土湿度和密度状态的变化而变化，而且还要适应胀缩土各向异性的特点。因此，常将直接指标，即最大线收缩率 δ'_{sv}、最大体收缩率 δ'_{v}、最大膨胀率 δ'_{cp} 等作为分类指标，并提出了相应的分类标准。

3）塑性图判别分类法

塑性图判别分类法是由卡萨格兰德于 1942 年首先提出的，后来我国李生林等[28]做了深入的研究，它是以塑性指数为纵轴，以液限为横轴的直角坐标系。根据塑性图，联合使用塑性指数与液限来判别膨胀土，不仅能反映直接影响胀缩性能的物质组成成分，而且能在一定程度上反映控制形成胀缩性能的浓差渗透吸附结合水的发育程度。塑性图判别分类法如图 2.1 所示，表中横坐标 ω_L 为土壤液限，纵坐标 I_P 为土壤塑性指数。

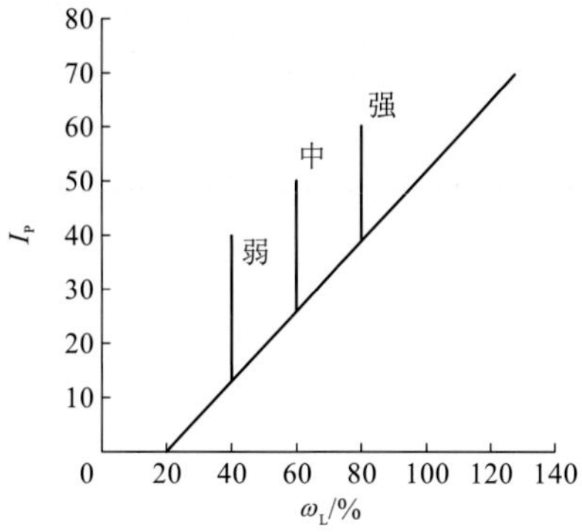

图 2.1　塑性图判别分类法

4）多指标综合判别分类法

根据黏粒含量、液限与线胀缩率，以及比表面积与离子交换进行分类。这些指标对土的膨胀性和强度特性都有重要影响，特别是比表面积能反映土体的主要黏土矿物，比表面积增大，颗粒表面的自由能也增加，颗粒与介质溶液之间的作用更强，使颗粒间水化膜厚度增大，从而降低了土体强度，如表 2.1 所示。

表 2.1　多指标综合判别分类法

类型	指标					
	<0.002 mm 黏粒含量/%	液限 ω_L/%	塑性指数 I_P	比表面积/（m^2/g）	阳离子交换量/（$cmol_c$/kg）	零荷载线胀缩总率/%
强膨胀土	>50	>48	>25	>300	>40	>8
中膨胀土	35～50	40～48	18～25	150～300	30～40	6～8
弱膨胀土	<35	<40	<18	<150	<30	4～6

5）多指标数学式判别与分类法

采用数学方法进行主网子分析与逐步回归分析，提出了多指标数学式来进行判别与分类，有多元线性函数判别法、4 因子判别函数式、多变量数学统计法。有些学者提出采用多个指标，应用模糊数学、灰色理论及专家系统进行膨胀土胀缩等级判别。

6）南非 Williams 分类标准

南非 Williams 和 Donaldson[29]提出使用塑性指数和小于 2 μm 颗粒的含量作图，对膨胀土进行判别分类（图 2.2），分为极高、高、中等、低四级，该分类法于 1987 年在印度新德里市召开的第六届国际膨胀土会议上得到了推广[30]。

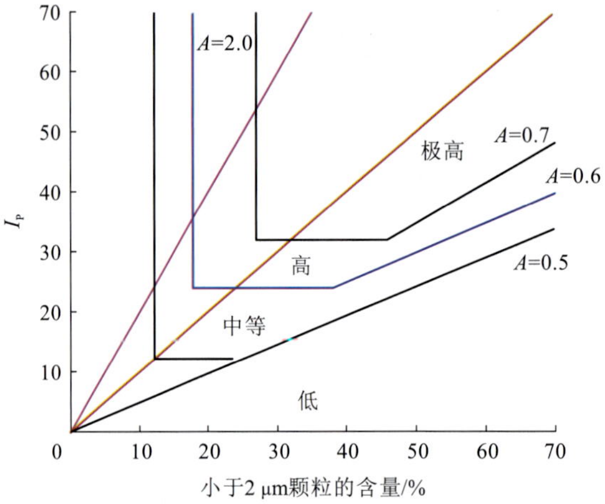

图 2.2　南非 Williams 分类标准

A 为关系式的斜率

7）风干含水量判别法

谭罗荣等[31]提出了风干含水量判别法，建立了一种新的膨胀土判别分类图。该方法离散性较大，实际应用中不易控制，如图 2.3 所示。

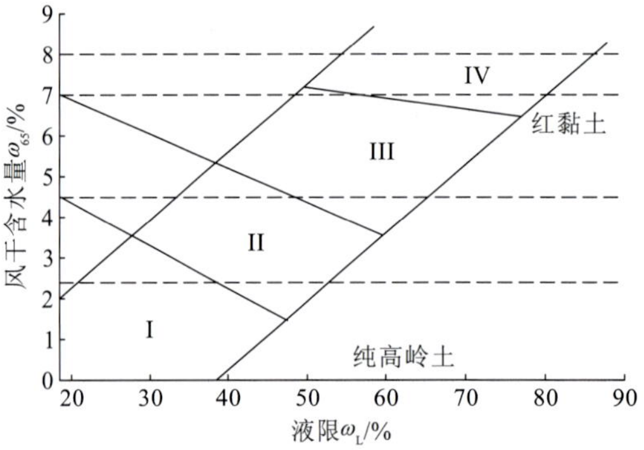

图 2.3　风干含水量判别法

8）《公路路基设计规范》（JTG D30—2015）[32]分类法

《公路路基设计规范》（JTG D30—2015）中初步提出了按标准吸湿含水量和塑性指数进行判别和分类的方法，判别标准见表 2.2、表 2.3。标准吸湿含水量是在标准温度（通常为 25 ℃）和标准相对湿度（通常为 60%）下，膨胀土试样恒重后的含水量。标准吸湿含水量与比表面积、阳离子交换量、蒙脱石含量之间存在近似线性的关系。

表 2.2　膨胀土评判指标

名称	判定指标	说明
自由膨胀率 F_s/%	≥40	当符合表中的两项指标时，即应判定为膨胀土
标准吸湿含水量 ω_f/%	≥2.5	
塑性指数 I_P	≥15	

表 2.3　膨胀潜势的分级

名称	非膨胀土	弱膨胀土	中等膨胀土	强膨胀土
自由膨胀率 F_s/%	$F_s<40$	$40\leqslant F_s<60$	$60\leqslant F_s<90$	$F_s\geqslant 90$
标准吸湿含水量 ω_f/%	$\omega_f<2.5$	$2.5\leqslant \omega_f<4.8$	$4.8\leqslant \omega_f<6.8$	$\omega_f\geqslant 6.8$
塑性指数 I_P	$I_P<15$	$15\leqslant I_P<28$	$28\leqslant I_P<40$	$I_P\geqslant 40$

2. 对现有膨胀土判别法的评价

从第 1 部分介绍的膨胀土的判别方法可以看出，现有的判别方法主要包括：根据膨胀土试验指标判别（建立判别函数或利用综合指标判别）、根据膨胀土宏观地质地貌特征判别、根据黏土矿物成分判别。

具体来说，《膨胀土地区建筑技术规范》（GB 50112—2013）[26]采用单一指标——自由膨胀率对膨胀土进行判别与分类，虽然自由膨胀率是一个在一定程度上表征膨胀土特性的土性指标，但存在天然的缺陷，即它无法反映结构的影响，且测试过程中有较多人为因素干扰，故对该指标的可靠性及它能在多大程度上反映膨胀土的本质等方面，一直存在着争议。

李生林等[28]提出的膨胀土塑性图判别分类法，具有较坚实的理论基础，该方法能反映直接影响胀缩性能的物质组成成分，并能在一定程度上反映控制形成胀缩性能的浓差渗透吸附结合水的发育程度，但微结构的影响未能充分得到反映。

谭罗荣等[31]提出的风干含水量判别法有一定的理论基础，但该方法离散性较大，实际应用中不容易控制。

南非 Williams 分类标准采用作图法，简单明了，但理论依据不足。利用此方法对膨胀土进行分类，结果明显偏高。

多指标数学式判别与分类法，从膨胀土的胀缩机理出发，选择能表征膨胀土特性的指标，采用数学手段，通过回归分析，建立判别与分类函数，是一种有前途的分类方法，但由于所用数据的局限性，这种分类方法有一定的区域特殊性，不易推广。

利用模糊数学、灰色关联分析方法进行多指标联合分析也是一种有前途的分类方法，但其可靠性有赖于判别指标选取的合理性。

以上分类方法均在一定程度上反映了膨胀土的一些特性，且有的已经在工程中得到成功的应用，然而，要建立一种更具广泛适用性、更客观的判别方法还需要结合工程实践开展更多的研究工作。

2.1.3　膨胀土的结构特征

1. 膨胀土的微结构特征

对膨胀土微结构的研究有助于人们更加深入地理解和认识膨胀土的力学性质及胀缩理论。膨胀土的微结构是指在一定的地质环境和条件下，土粒和粒团的排列方式，微孔隙与微裂隙的大小、形状、数量及其空间分布和充填情况，接触与连接方式等构成的微结构特征。膨胀土中片状黏土矿物彼此叠聚在一块，构成膨胀土中活动性的基本结构单元，这些叠聚体彼此集聚组合成黏土基质。少量的碎屑矿物呈棱角状或次棱角状颗粒，悬浮在黏土基质中。

现阶段对膨胀土微结构的研究，大多还只是在结构形态特征的描述方面，对于结构之间的联结性质的研究有待加强，尤其是对结构特征与土的物理力学性质之间的关系的研究为数不多。

随着 20 世纪 60 年代末期 X 射线衍射、扫描电镜、透射电镜等测试技术的发展，以及数字化图像处理技术的应用，人们对土的微观结构的认识更加深入。

膨胀土中的黏土矿物颗粒，大多以面-面的方式叠聚在一起，如图 2.4 所示。

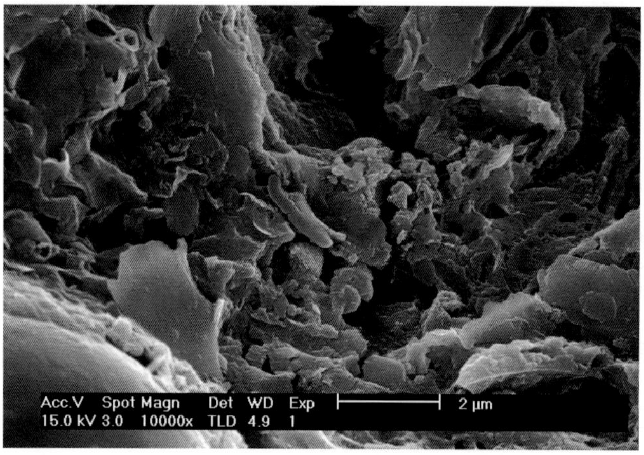

图 2.4 膨胀土中黏土矿物颗粒的排列

黏土矿物聚集体定向排列的特点与母岩即黏土页岩矿物的高定向是一致的，这种定向分布的微结构特性，决定了它的力学性质和膨胀性的各向异性，其构成了膨胀土的吸水膨胀和失水收缩的最有利结构特征。

在膨胀土微结构的研究中，李生林等[33]发现膨胀土的胀缩性、强度特性及变形特性很大程度上取决于膨胀土的结构特征，并用微结构解析了膨胀土的膨胀机理；谭罗荣和孔令伟[34]提出了一个评价试样定向度的公式；袁俊平和殷宗泽[35]提出可以将裂隙图像的灰度熵作为裂隙发育程度的度量指标；施斌等[36]在 1996 年使用 DIPIX 图像处理系统对郧县（今郧阳区）击实膨胀土的定向排列结构，以及 310 国道路基土掺石灰前后的微结构形貌进行了定量处理。

2. 土体结构

自然界分布的膨胀土，往往不是均质、单一的理想土层，很多是多个性质差异比较大的土层组成的复合体，单个土层也存在节理裂隙、地下水等，这些土层和节理、层理等不连续面构成了自然界的膨胀土复合土体。这些不连续面是影响膨胀土工程性质的最直接原因。

膨胀土体的宏观特征研究主要包括土层的裂隙、节理发育程度及其组合关系，各土层之间彼此的接触关系及其层面的性质和产状，土体中间软弱夹层的性质及其空间分布规律，膨胀土层与非膨胀土层之间的接触关系，风化程度及其风化带的界面特性，土体膨胀与收缩变形及其变形时层间的关系，土体的节理与构造的发育程度及其特征（图 2.5）。这些土体结构构成了膨胀土的不连续界面，破坏了土体的完整性，给工程的安全和稳定带来隐患。例如：膨胀土中的裂隙效应常使土体产生应力集中，沿裂隙面或裂隙组合界面发生土体坍塌或滑坡，典型的膨胀土滑坡如图 2.6 所示；膨胀土边坡由不同性质的多土层组成时，在不同土层之间形成层面，尤其是含有软弱夹层和临空面时，常对滑坡破坏有决定性的影响。

图 2.5　膨胀土节理发育

图 2.6　膨胀土地区滑坡

在膨胀土宏观结构研究方面，易顺民等[37]结合分形几何和裂隙结构，探讨了膨胀土裂隙研究的定量化模式；袁俊平和殷宗泽[35]从统计分析的角度对裂隙的特征和影响做了初步的定量研究，提出将裂隙图像的灰度熵作为裂隙的定量指标，建立了膨胀土裂隙的概化模型，并应用于膨胀土边坡的稳定性研究中。

2.2　膨胀土基本特性

2.2.1　膨胀土物质组成

膨胀土的特殊工程性质是受其矿物组成、化学成分及结构控制的，研究膨胀土的物质组成与结构不仅可以了解控制膨胀土工程特性的内在因素，探讨其胀缩机理，而且这是探讨膨胀土研究的新技术和新方法必不可少的途径，也是研究膨胀土改良与加固新方法的重要技术手段。

1. 矿物成分

膨胀土的矿物成分包括黏土矿物和碎屑矿物。碎屑矿物中大部分为石英、斜长石和云母，其次为方解石和石膏等矿物。碎屑矿物构成膨胀土的粗粒部分，含量有限，对膨胀土的胀缩性质影响不大。黏土矿物构成膨胀土的细粒部分，对膨胀土的工程性质起决定性作用，主要有蒙脱石和伊利石，其次为高岭石和蛭石、绿泥石等。研究发现，我国膨胀土的黏土矿物成分主要是伊利石，含有一定量的蒙脱石、多水高岭石或高岭石等矿物组分的混合体，曲永新等[38]将其称为混层矿物，即不同混层比的伊利石、蒙脱石的混层矿物。此种矿物是膨胀土中占优势地位的矿物，符合实际情况。问题是目前尚缺少一种能够顺利、准确鉴定此类矿物的方法。此外，伊利石性质不稳定，在适宜的条件下会失去钾离子变成似蒙脱石。

对于膨胀土而言，影响其性质的是黏土矿物，就蒙脱石而言，只要土中蒙脱石的有效成分含量超过 5%，就会对土的工程性质产生影响；有效成分含量超过 30%时，土的胀缩性和强度特性基本上由蒙脱石决定。我国主要地区的膨胀土以伊利石为主，蒙脱石含量在 18%～44%，我国各地膨胀土的主要矿物成分及鉴定方法见表 2.4。

表 2.4　我国各地膨胀土的主要矿物成分及鉴定方法

地区		矿物成分	鉴定方法
云南省	个旧市	伊利石、蒙脱石	X 射线衍射、差热分析法
	曲靖市	以水云母为主，多水高岭石次之，含少量绿泥石	X 射线衍射、差热分析法
贵州省	贵阳市、铜仁市、安顺市	以绿泥石、伊利石、高岭石为主，含少量蒙脱石	X 射线衍射、差热分析法、扫描电镜
	遵义市	伊利石、蒙脱石，或者高岭石、伊利石	X 射线衍射、扫描电镜
四川省	成都市	以伊利石为主，蒙脱石次之，含少量高岭石和石英	X 射线衍射、差热分析法、偏光镜、染色法
	邛崃市、什邡市	伊利石、蒙脱石和高岭石及少量石英	X 射线衍射、差热分析法
广西壮族自治区	南宁市	以伊利石为主，多水高岭石次之，含少量石英	偏光镜
	宁明县	以伊利石为主，高岭石、绿泥石次之，含少量蒙脱石	X 射线衍射、差热分析法、扫描电镜、红外光谱
	贵港市	高岭石，蒙脱石或蒙脱石、伊利石混合层，少量绿泥石	X 射线衍射、扫描电镜
陕西省	安康市	以蒙脱石为主，伊利石次之；蒙脱石-伊利石-多水高岭石	X 射线衍射、差热分析法、扫描电镜、染色法
	汉中市	以伊利石为主，含少量或极少量高岭石、蒙脱石	X 射线衍射、差热分析法
湖北省	十堰市、宜城市	以伊利石为主，含少量蒙脱石或一定量蛭石与多水高岭石	X 射线衍射、差热分析法
	当阳市	蒙脱石-多水高岭石，少量针铁矿	X 射线衍射、差热分析法
	荆门市	以伊利石、高岭石为主，含少量蒙脱石	X 射线衍射、差热分析法
河南省	南阳市、鲁山县	以伊利石为主，次为蒙脱石和含蒙脱石晶层的层间矿物	X 射线衍射、差热分析法、化学分析
	平顶山市	以蒙脱石为主，含伊利石、高岭石	X 射线衍射、差热分析法、化学分析
安徽省	合肥市	以伊利石为主，含蛭石、石英、褐铁矿；以蒙脱石、伊利石为主，含石英、水铝石英	X 射线衍射、差热分析法、偏光镜、染色法
	淮南市	蒙脱石、伊利石和多水高岭石	X 射线衍射、差热分析法、偏光镜、染色法
山东省	泰安市	蛭石、伊利石、蒙脱石和高岭石	X 射线衍射、差热分析法
	临沂市	以伊利石为主，含少量蒙脱石、高岭石	X 射线衍射、差热分析法、红外光谱
山西省	榆次区、灵石县	以伊利石为主，含少量高岭石	X 射线衍射、差热分析法、红外光谱
河北省	邯郸市	以蒙脱石为主，含少量伊利石	X 射线衍射、差热分析法

2. 化学成分

与矿物成分对应，膨胀土中的化学成分主要包括 SiO_2、Al_2O_3 和 Fe_2O_3，其次是 MgO、CaO、K_2O 和 Na_2O，含少量的 TiO_2、MnO 和 P_2O_5。膨胀土化学成分以 SiO_2 为主，占其 50%以上，Al_2O_3 一般占 15%～25%，而 Fe_2O_3 的含量一般在 4%～10%，三者为膨胀土的主要成分，含量在 73%～86%。我国典型地区膨胀土的化学成分如表 2.5 所示。

表 2.5　我国典型地区膨胀土的化学成分

地区		化学成分/%												
		SiO_2	TiO_2	Al_2O_3	Fe_2O_3	MgO	CaO	Na_2O	K_2O	P_2O_5	H_2O	挥发 CO_2、C 有机质	硅、铝分子比	硅、3 价阳离子分子比
云南省	曲靖市	44.67	2.75	24.15	8.82	1.48	2.58	2.65	1.20	—	—	11.98	3.24	2.61
	茨营镇	53.67	0.71	24.67	3.48	1.51	1.40	4.85	0.99	—	—	—	3.72	3.40
贵州省	贵阳市	39.03	—	30.17	12.40	1.05	0.45	1.94	1.94	—	—	—	—	—
	遵义市	46.78	—	40.09	10.63	2.60	0.40	0.19	4.69	—	—	—	—	—
四川省	广汉市	44.80	0.88	24.19	10.76	1.44	0.22	0.29	2.39	0.12	—	14.65	3.13	2.38
	西昌市	47.50	—	25.75	8.55	—	1.51	1.40	—	—	—	9.60	3.13	2.58
广西壮族自治区	宁明县	52.02	0.31	29.61	3.35	1.59	0.35	0.19	3.11	0.29	7.03	8.90	—	—
	三塘镇	45.20	0.50	25.13	7.05	1.51	4.21	3.20	5.85	—	—	10.72	3.05	2.58
陕西省	安康市	49.72	—	23.49	5.50	4.41	4.20	1.58	4.80	—	11.40	—	3.60	3.07
	汉中市	50.23	—	23.70	6.02	2.97	4.14	2.00	4.90	—	10.39	—	3.50	2.70
湖北省	十堰市	67.85	0.86	14.17	1.52	0.33	0.18	1.55	1.01	0.67	2.54	—	—	—
	郧阳区	64.21	—	17.27	6.31	1.56	1.47	0.87	2.16	—	7.48	—	—	—
	荆门市	45.93	0.36	24.44	9.60	6.96	0.79	0.33	2.70	0.13	17.63	0.48	3.50	2.70
河南省	南阳市	44.57	0.55	20.49	9.06	1.96	0.72	0.27	2.13	0.04	14.74	0.56	3.75	2.88
	鲁山县	60.10	0.58	13.80	5.85	1.52	2.04	0.18	1.87	0.09	13.82	0.99	7.40	5.76
安徽省	合肥市	46.58	—	26.54	10.66	2.00	0.16	0.59	2.21	—	—	—	—	2.38
	淮南市	49.11	0.85	19.79	9.57	2.85	1.87	2.72	2.03	—	—	9.11	4.27	3.20
河北省	邯郸市	52.33	0.64	22.92	8.76	2.66	0.95	0.42	1.90	—	—	—	3.88	—
浙江省	平山村	64.78	0.28	15.31	2.61	2.77	2/44	2.21	2.41	—	6.28	—	—	—

3. 粒度成分

粒度，通俗地是指颗粒大小，粒度成分是反映膨胀土性质的一个重要指标。与其矿物成分对应，组成膨胀土的粒度成分以细颗粒为主。调查表明，我国膨胀土中小于 0.005 mm

的黏粒的平均含量大多在 50%，最低的都在 30%；0.05～0.005 mm 的粉粒含量一般在 25%～50%；大于 0.05 mm 的沙粒含量较少。从这来看，膨胀土为黏土或粉质黏土。表 2.6 是我国部分地区膨胀土的粒度成分。

表 2.6　我国部分地区膨胀土的粒度成分

地区		粒度成分/%				总量/%
		>0.05 mm	0.05～0.005 mm	<0.005 mm	<0.002 mm	
云南省	鸡街镇	—	—	57.00	43.50	—
	曲靖市	9.79	33.56	56.65	42.14	100.00
贵州省	贵阳市	8.54	30.23	61.23	51.18	100.00
	遵义市	8.10	29.52	62.38	54.46	100.00
四川省	成都市	5.88	44.52	49.60	44.53	100.00
	广汉市	12.60	45.80	41.60	29.10	100.00
	绵阳市	3.75	49.45	46.80	29.20	100.00
	南充市	14.70	34.30	51.00	36.50	100.00
	西昌市	10.50	38.50	51.00	35.00	100.00
广西壮族自治区	宁明县	3.63	25.76	70.61	48.47	100.00
	贵港市	8.10	19.00	72.90	58.38	100.00
	武鸣区	11.75	33.25	55.00	42.00	100.00
陕西省	安康市	5.00	48.80	46.20	—	100.00
	汉中市	8.10	51.60	40.30	—	100.00
湖北省	荆门市	8.81	42.81	48.38	32.14	100.00
	霍河	6.00	39.00	55.00	38.00	100.00
	襄阳市	13.56	44.36	42.08	29.81	100.00
河南省	南阳市	12.61	37.01	50.38	—	100.00
	鲁山县	23.35	44.34	32.31	—	100.00
安徽省	淮南市	11.30	51.70	37.00	—	100.00
河北省	邯郸市	23.00	33.00	44.00	29.00	100.00

2.2.2　膨胀土基本物理特性

我国国家标准《土的工程分类标准》（GB/T 50145—2007）[39]中，将小于 0.075 mm 的土粒含量不少于 50%的土定名为细粒类土，同时，细粒类土以土的塑性指标在塑性图中的位置进行分类。根据土的液限将细粒类土划分为高液限黏土、低液限黏土、高液限粉土、低液限粉土等。从该标准对土的划分中可以看出，黏性土的界限含水率是界定土类的重要指标。《土工试验规程》（YS/T 5225—2016）[40]中，根据试验统计数据，对黄土、膨胀土和红黏土等特殊土类在塑性图中的基本位置进行了初步判别，其中，膨胀土的液限一般大于 50%，塑性指数大于 0.73。

表 2.7 统计了我国主要膨胀土地区土体的天然含水率与界限含水率试验结果。结果显示，我国黄河以南地区膨胀土的天然含水率偏高，通常都大于塑限，而液限也普遍超过 50%。其中，云南省、贵州省等地的液限更高，达 60%以上。此外，相同地区不同土类的膨胀土的天然含水率、密度等指标的平均值比较接近，但是，随着地域性和土壤生成年代的不同，土壤的液限和塑限有较大的变化。

表 2.7 我国各地膨胀土天然含水率、界限含水率统计表

序号	地区		含水率 ω/%	湿密度 ρ/（g/cm^3）	孔隙比 e	液限 ω_L/%	塑限 ω_P/%
1	云南省		20～39.3/27.8	1.64～2.03/1.95	0.64～1.00/0.75	44～88/64.9	21.2～37.6/26.0
2	贵州省贵阳市		—	—	—	90.1～92.3/91.2	41.8
3	四川省成都市		17.6～27.8/22.3	—	—	46.1～54.5/50.7	22～22.7/22.4
4	湖北省		18.2～26.1/23.4	1.93～2.12/2.03	—	38.9～66.6/52.0	19.0～32/25.3
5	安徽省淮南市		21.0～39/25.6	1.57～2.1/1.76	0.60～0.92/0.66	37.0～61.6/47.1	17.0～29/24.3
6	江苏省徐州市		19.0～36/25.9	1.81～2.1/1.97	—	28.2～53.5/35.9	16.0～33.7/21.1
7	广西壮族自治区宁明县		9.96～43.2/28.9	1.73～2.26/1.96	0.60～1.20/0.89	30.5～80.4/54.2	17.7～45.0/26.8
8	湖南省邵阳市		11.3～29.0/25.3	—	—	48.0～66.0/52.0	21.4～25.5/23.6
9	山东省临沂市		—	1.66～2.05/1.87	0.73～1.59/1.08	40.2～75.1/57.1	22.2～44/32.4
10	山西省太原市		17.8～21.5/19.6	2.05～2.07/2.06	0.56～0.63/0.59	32.2～43.3/36.5	18.9～23.5/20.7
11	新疆维吾尔自治区阿勒泰地区		15.0～28.0/21.5	1.57～1.96/1.77	0.33～0.81/0.57	38.5～74.0/56.3	18.5～43.0/30.8
12	内蒙古自治区二连浩特市		9.0～29.6/20.4	1.88～2.17/2.04	0.38～0.91/0.63	33.0～51.0/43.0	15.0～27.8/21.5
13	吉林省珲春市		18.4～37.9/28.1	1.80～1.96/1.84	—	31.4～53.5/46.8	16.1～27.8/23.3
14	陕西省安康市		23.3～26.2/24.5	—	—	35.9～65.2/46.1	—
15	河北省邯郸市永年区	紫褐色硬黏土	16.9～25.9/21.5	1.85～1.93/1.89	0.54～0.72/0.64	49.0～71/58.4	20.1～28/23.5
		灰绿色硬黏土	22.6～29.6/26.1		0.62～0.81/0.72		23.0～31/25.8
16	南水北调中线陶岔至沙河南段	黏土	15.9～39.1/24.7	1.78～2.14/1.96	0.44～1.07/0.69	34.3～91.7/57.6	17.2～34.2/24.4
		粉质黏土	11.3～35.7/24.4	1.63～2.15/1.95	0.42～1.07/0.69	29.8～77.6/50.9	18.1～25.6/22.6
		重粉质黏土	9.3～34.4/23.9	1.75～2.15/1.95	0.37～0.94/0.69	29.2～67.2/41.8	18.2～27.8/20.1

注：表格中数据表示最小值～最大值/平均值。

2.2.3 膨胀土工程性质

膨胀土是颗粒高分散、成分以黏土矿物为主、在环境湿度影响下可产生强烈胀缩变形的高塑性黏土。其吸水膨胀软化、失水收缩干裂的特性给工程设计和施工带来巨大影响，处理不当将对工程建筑如房屋地基、路基、边坡等带来严重的安全隐患。因此，理清膨胀土的工程性质，对于膨胀土地区的工程建设具有重大意义。

1. 膨胀与收缩性

膨胀土是一种特殊的黏性土，主要是由基性火成岩、中酸性火山岩及不同时代的黏土岩、泥岩、页岩风化形成的具有胀缩性、裂隙性和超固结性的高塑性特殊土，具有特殊的工程特性。膨胀土在天然状态下强度很高，当含水率变化时，其力学性质发生显著变化，遇水膨胀、失水收缩，表现出明显的胀缩性。这种不良性质给大量工程造成了巨大损失，如铁路、公路、渠道边坡、路面等会因此受到严重危害；在地下工程中，围岩膨胀导致底鼓破坏、围岩失稳，引起工程事故；膨胀土地基的胀缩导致建筑物基础升降，建筑物及地坪开裂、变形，甚至破坏等。

1）胀缩机理

吸水膨胀，失水收缩，这是膨胀土的典型性质。可以认为，膨胀土胀缩变形，实际上是土中水分的得失而引起的土体体积的变化。在膨胀土的胀缩机理研究方面，通常可以归纳为三类：第一类是膨胀土的矿物学理论，认为膨胀土的膨胀性取决于矿物成分及其结构，以及颗粒表面的阳离子交换成分等，如晶格扩张理论；第二类是膨胀土的物理化学理论，认为膨胀土膨胀的主要原因是在土-水体系中土颗粒表面产生了复杂的物理化学作用，主要有双电层理论、渗透理论等；第三类是膨胀土的物理力学理论，认为膨胀土的膨胀是在一定的外力作用下由膨胀土与水相互作用产生的物理力学效应引起的，如有效应力理论、毛细管理论、表面张力理论、土吸力理论、热渗理论和弹性弯曲理论等。其中，具有代表性的是晶格扩张理论、双电层理论和土吸力理论。

晶格扩张理论没有考虑黏土颗粒间及聚集体间吸附结合水的作用。双电层理论通过黏土颗粒表面双电层中的结合水膜厚度变化来解释黏土的胀缩现象。土吸力理论认为膨胀土在没有承受压力或承受的压力很小时会产生土吸力。由于土吸力的存在，土体会吸收水分，出现土体体积增大的现象。

2）膨胀与收缩的测试指标

通常用一些土的测试指标来反映膨胀土的膨胀与收缩特性，主要包括自由膨胀率、膨胀量（包括无荷载与有荷载）、膨胀力、胀限（含水量）、体收缩率、线收缩率、收缩系数、缩限（含水量）等。

（1）自由膨胀率。自由膨胀率指经过粉碎、风干后的一定体积的松散土粒，在纯水中自由膨胀充分后体积增量与初始体积之比，自由膨胀率通常用 F_s 来表示，见式（2.1），结果以百分数表示。

$$F_s = \frac{V_W - V_0}{V_0} \times 100\% \tag{2.1}$$

式中：V_W为自由膨胀充分后的体积；V_0为初始体积。该指标能在一定程度上反映组成土的黏土矿物成分、粒度成分、化学成分等基本特征。试验操作简单、易行，目前用这一指标进行膨胀土初步定性判别。

（2）无荷载膨胀量。无荷载膨胀量指一定体积的原状土或击实土在侧向限制但无荷载条件下，吸水膨胀后试样体积增量与初始土体体积之比，通常以百分数表示，称为体膨胀量 V_V[式（2.2）]，也有用线膨胀量 V_H[式（2.3）]表示的，代表吸水后高度增量与初始高度之比。

$$V_V = \frac{V - V_0}{V_0} \times 100\% \tag{2.2}$$

式中：V_0为初始试样体积，cm^3；V为试样膨胀稳定后的体积，cm^3。

$$V_H = \frac{H - H_0}{H_0} \times 100\% \tag{2.3}$$

式中：H_0为初始试样高度，cm；H为试样膨胀稳定后的高度，cm。

以上两个指标反映的是试样无荷载条件下的自由膨胀程度，对于衡量膨胀土的膨胀潜势，是比较理想的判断指标。然而，在实际工程中，土体均有一定的荷载作用，如土体自重和上部建筑物、构筑物的荷载，膨胀是有荷载限制的，因此，上述指标还不够。

（3）有荷载膨胀量。有荷载膨胀量指原状或击实土试样，在有侧限、有上部荷载情况下的膨胀能力，通常以 V_{HP} 表示。该指标真实模拟了土在实际工程中的工况，显示了荷载与膨胀之间的密切相关性，在工程上有重要的意义。

（4）膨胀力。膨胀力指膨胀土在吸水膨胀过程中产生的内应力，通常以 P_P 表示[式（2.4）]。

$$P_P = 100\frac{G}{A} \tag{2.4}$$

式中：A为试样面积，cm^2；G为膨胀稳定时试样承受的平衡压力，N。

工程设计时，测定的膨胀土的膨胀力可为工程设计提供重要的参考，在基础建筑中，采用足够的上覆荷载来有效地限制膨胀土地基的变形，在地下工程中，选择合适的支撑来有效地控制围岩的变形。

（5）胀限。胀限指土吸水膨胀稳定后的最大含水量，一般称为胀限含水量，通常以 ω_H 表示，该指标在一定程度上反映膨胀土的吸水能力。

（6）体收缩率和线收缩率。体收缩率和线收缩率是反映膨胀土收缩性的指标。体收缩率指在环境温度不高于 30℃的情况下，失水收缩量的百分比；线收缩率反映的是收缩稳定后高度缩减量的百分比。

（7）收缩系数和缩限。图 2.7 为原状土的收缩特性曲线。收缩系数是指试样在水分蒸发、产生收缩的第一阶段内（图 2.7 中直线段），含水率每减少 1%时的线收缩率，即该段的斜率。这个指标能很好地反映膨胀土的收缩性能，同时反映了收缩变形与含水量的变化关系，在地基沉降计算中，收缩系数往往是一个定量计算的指标。缩限与胀限对应，指收缩稳定后的最低含水量。

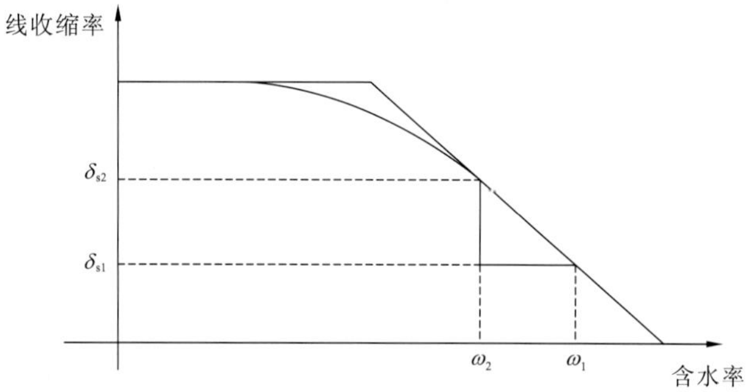

图 2.7　原状土的收缩特性曲线

3）影响胀缩变形的因素

膨胀土的膨胀性能与其矿物成分、含量、密实度、结构联结类型及强度等紧密相关。这是膨胀变形的物质基础，也是内因。而气候条件的改变引起土体含水量的变化，造成土体的膨胀与收缩，或者边坡开挖等卸荷作用使膨胀土上覆压力减小，造成膨胀，是外部触发因素。因此，膨胀土的胀缩变形是黏土-水耦合作用的结果。根据膨胀土的胀缩机理，可以将其胀缩变形的因素归纳成以下几点。

（1）土的矿物、化学成分及微结构。膨胀土的矿物成分和化学成分是膨胀土胀缩性的物质基础，是根本原因。主要是蒙脱石、伊利石等亲水性的黏土矿物含量影响着土体的胀缩性能。蒙脱石的矿物含量达到 5%就能影响土体的工程性质，超过 20%，则控制着土体的工程性质；伊利石的亲水性略低于蒙脱石，同样会对土的胀缩性能产生很大的影响。除蒙脱石、伊利石等黏土矿物的含量外，土的微结构也影响着土的胀缩性。若聚集体以面-面叠聚为主，排列有序，定向度高，则土的胀缩性强。

（2）土的密度。土的膨胀与收缩是由土的体积变化来反映的。试验证明，土的体积变化与土颗粒间的孔隙变化有一定的关系。对于相同数量的黏土矿物，当其在同样的天然含水率条件下浸水时，孔隙比越小的土，膨胀越强烈，收缩越小；相反，孔隙比越大的土，膨胀越小，收缩越大；而孔隙比处于中间值时，土的胀缩变形都较大。因此，一般条件下，膨胀土的天然孔隙比对其胀缩变形有重要的影响。

（3）土的初始湿度。试验资料表明，土的膨胀是土中水分增加，使土粒外围结合水膜厚度增加，从而使颗粒间距离增大的结果。显然，膨胀率与土的吸水能力有关，而收缩率则与土的失水量有关。因此，对于同类膨胀土而言，其初始含水率越小，膨胀量和膨胀力越大，收缩量越小；反之，土的初始含水率越大，相应的膨胀量与膨胀力越小，收缩量越大。当土的初始含水率减少至缩限状态时，失水收缩将达到最大收缩量，成为极限收缩量。同样地，极限膨胀量、膨胀力，与极限收缩量一起，是膨胀土的特征值，对于评价膨胀土的膨胀潜势具有重要意义。

（4）土的结构强度。土的结构强度能承受胀缩变形，即结构强度越大的土，抵抗胀缩变形的能力越大，这主要与膨胀土的结构有关。例如，云南省的膨胀土在很大程度上保留了最初成岩过程中积存下来的铁锰成分，并在充分氧化的条件下形成了高价铁锰胶体或重结晶的氧化物，这种物质加强了土的结构强度，所以这种土尽管是由亲水性较强的矿物伊利石、蒙脱石组成的，且黏粒含量很高（一般达 45%），其液限和自由膨胀量比各区都高得多，但是浸水后所测得的膨胀性指标的数值并不是很大，主要原因就是它的结构强度大，抑制了其变形。

（5）气候条件。气候条件对膨胀土胀缩性的影响是很明显的。主要指自然界的温度、湿度、蒸发、降雨等因素的变化，给膨胀土的含水量带来变化，从而引起膨胀土的胀缩变形。因此，气候条件是膨胀土地区工程设计、施工要重点考虑的因素，尤其是反常气候常发地区。例如，土体长久经过干旱开裂，突然持续降雨，土体吸水膨胀软化，将给建（构）筑物带来巨大的损伤，甚至灾难性的破坏。

内因是膨胀土胀缩性的决定因素，而膨胀土胀缩性的发挥，则受外因的影响和制约。环境条件的影响程度最终又以能否阻止或抑制土体中水分的转移及转移量的大小来衡量。因此，对膨胀土的有关研究实际上是对土和土中水的共同研究。

4）胀缩特性指标与物性的关系

膨胀土的胀缩特性受到土体内部黏土矿物与水之间的物理化学作用的影响，具体反映的是胀缩特性指标与土体黏粒含量、液限、初始含水率、干重度等物理指标具有一定的相关性。

（1）自由膨胀率与黏粒含量的关系：一般来说，自由膨胀率随黏粒含量的增加而增加，如强膨胀土的黏粒含量比中等及弱膨胀土的大。但仅就强膨胀土而言，虽然其自由膨胀率有一定的差异，但不如强膨胀土与中等、弱膨胀土间的差异大，上述规律变得并不明显。

（2）自由膨胀率与液限的关系：膨胀土自由膨胀率有随着液限的增大而增大的趋势，这是因为膨胀性高的土体，其内部的亲水性矿物和黏粒含量较高，比表面积大，颗粒表层的水膜较厚，所以表现出液限较高。

（3）膨胀力与初始含水率的关系：膨胀土的膨胀力有随初始含水率的增大而减小的趋势。这是因为膨胀力是土体吸收水分产生的，当土体的初始含水率较高时，土体达到饱和状态的吸水量较小，其产生的膨胀力也较低。

（4）膨胀力与干重度的关系：膨胀土有随干重度的增大而增大的趋势。这是因为在一定的土体结构和矿物成分条件下，土体的干重度越大，表明膨胀土的孔隙比和初始含水率越小，则其膨胀潜势越大。

2. 多裂隙性

多裂隙性是膨胀土的又一典型的工程特性，由于裂隙的形成和发育，膨胀土比一般黏性土更具有独特、复杂的力学特性。自膨胀土被认识以来，人们就意识到裂隙性对膨胀土的重要影响。膨胀土胀缩变形，引起裂隙的普遍发育，形成多裂隙结构体。其裂隙实际上是成土形成过程中各种自然地质引力作用的结果，包括沉积、压密、风化、膨胀、收缩效应等，裂隙根据成因可分成原生裂隙和次生裂隙。原生裂隙为闭合状的微小结构，次生裂隙包括风化裂隙、减荷裂隙、滑坡裂隙等。次生裂隙则具有张开状特征，多为宏观裂隙，肉眼下即可辨认。次生裂隙一般又多由原生裂隙发育、发展而成，所以次生裂隙常具有继承性质。

膨胀土中存在各种形态的裂隙，形成于成土过程中及风化作用下。产生裂隙主要是由于膨胀土吸水膨胀、失水收缩的胀缩特性，随着膨胀土干湿循环的周期变化，膨胀土内部形成许多不规则的裂隙，土体结构变得松散，然而裂隙的产生又为表层膨胀土的进一步风化创造了条件。同时，裂隙的存在使得雨水进入土体内部更加方便，土体内部的含水量随着雨水的进入与蒸发而波动，膨胀土也随着含水量的变化膨胀收缩，进一步促进了裂隙的扩张。另外，膨胀土的裂隙发育程度，除受膨胀土的物质组成与含水量变化的影响以外，还与开挖土体的时间和气候条件密切相关，土体中的应力状态发生变化也能产生裂隙，或者促进原有裂隙的扩展。

膨胀土裂隙发育，其中有复杂的软弱结构面和裂隙结构面，在很大程度上降低了膨胀土的强度，膨胀土中裂隙的大量存在，破坏了它的连续性和均一性，使得膨胀土的工程性质变得复杂，而且对工程建设产生了不良影响，工程中要特别注意。

3. 超固结性

超固结性与胀缩性、多裂隙性被称为是膨胀土的“三性”。超固结性通常是由上覆土层的侵蚀形成的，也有因固结作用形成的或胶结物质的陈化形成的似超固结作用。

组成膨胀土的颗粒在沉积过程中，在重力作用下逐渐堆积，土体将随着堆积物的加厚固结压密。但是，由于自然地质作用的复杂性，在自然界的沉积作用下，土体不一定都是处于持续的堆积加载过程，而是常常因地质作用发生卸载作用。上部卸载作用包括流水剥蚀卸载、冰川融化卸载、地质构造作用卸载等，此外，地下水长期渗透压力的作用、风化作用、黏土矿物的物理化学作用、人类活动等，也可能使土体产生超固结性。于是，土体由先期固结所形成的部分结构强度，阻止了卸载可能产生的膨胀，而处于超固结状态。

4. 崩解特性

膨胀土浸水后体积膨胀，在无侧限条件下发生吸水湿化。不同类型的膨胀土的崩解特性是不一样的，强膨胀土浸入水中后，几分钟内很快就完全崩解；弱膨胀土浸入水中后，则需经过较长时间才逐步崩解，且有的崩解不完全。此外，膨胀土的崩解特性还与试样的起始湿度有关，一般干燥土试样崩解迅速且较完全，潮湿土试样崩解缓慢且不完全，如天然含水量较高的湿润土体试样浸入水中，崩解速度缓慢且不完全。该性质可以作为辅助在野外识别膨胀土。

膨胀土崩解特性按照崩解时间、崩解量的大小大致分为三种类型。

（1）I_t类：快速崩解、崩解量较大。试样置于水中后，沿裂隙张开，局部呈块状脱落，短时间内崩解量很大，其后崩解缓慢，崩解曲线趋于水平，24 h 的崩解量一般超过 20%。

（2）II_t类：崩解缓慢、崩解量较小。试样置于水中后，表层出现少量细小颗粒的絮状脱落，局部呈块状或片状脱落，但崩解量不大，大部分试样在 2～8 h 后崩解缓慢，崩解曲线趋于水平，24 h 时的崩解量一般不超过 20%。

（3）III_t类：崩解极缓慢、轻微崩解。试样置于水中后，初期吸水量大于崩解量，崩解量出现负值，其后缓慢崩解，24 h 的崩解量小于 1%。

5. 强度衰减性

膨胀土的抗剪强度具有显著变动的特征，这也是工程上需要考虑的。土体的天然峰值强度极高，残余强度极低，土体吸水软化，强度降低。天然土体的超固结性使得其峰值强度高，由于蒙脱石等亲水性黏土矿物的存在，土体吸水膨胀、软化，强度急剧衰减。其衰减的幅度和速度，与土的矿物组成、土的结构及状态有关，另外，风化作用、胀缩效应及施工条件也对其有重要的影响。

膨胀土抗剪强度的衰减，主要是由黏聚力 C 的衰减造成的，内摩擦角的变化很小。其影响因素主要包括以下几个方面。

（1）矿物组成。土壤中黏土矿物的存在对该性质的影响是决定性的，对于膨胀土，无论蒙脱石、伊利石等黏土矿物的含量、比例是多少，对其抗剪强度都有很大的影响。

（2）土的结构及状态。土的多裂隙结构对超固结黏土的软化具有重要的影响，裂隙的存在破坏了土体的完整和均一性质。裂隙的存在使得地表土层产生应力集中，造成强度的弱化；裂隙的存在还使强度呈现出各向异性，表现为垂直裂隙的强度高，平行于裂隙面的强度低。

（3）水对强度的软化。天然湿度和密度状态下的膨胀土的抗剪强度都较高，但由于膨胀土吸水膨胀后，体积变大，密度减小，结构松弛，强度迅速软化，黏聚力 C 和内摩擦角 φ 都迅速降低，尤以 C 的降低最为明显。土体吸水，原有粒间接触变成水膜接触，使结构联结大为降低，抗剪强度降低。试验表明，土的含水量越大，干容重越小，抗剪强度越低，反之，土的含水量越小，干容重越大，抗剪强度越低。

6. 风化特性

膨胀土富含亲水性黏土矿物，因而对水、温度特别敏感，分化也是膨胀土的一个显著特征。因此，气候因素极容易对膨胀土产生风化破坏作用。土体在风化营力作用下，一般会产生碎裂、剥落和泥化等现象，使土体结构破坏，强度降低。

在膨胀土的风化营力中，水和温度是很活泼的因素，一般影响着土体的风化深度。根据风化营力的规律性，越接近地表，风化越强烈，随着土层深度的增加，风化营力逐渐减弱，土层的风化作用也随之减弱，最后达到一定深度，各种气候要素的变化趋于稳定，风化作用表现不明显。因此，根据风化营力的特点，可以将膨胀土划分为强风化带、弱风化带和微风化带。

（1）强风化带。强风化带位于地表，受大气营力和生物作用最强烈，化学作用主要是氧化和土中矿物的水解。土中温度、湿度、变形的波动比较大，转折明显。裂隙特别发育，密集张开，以垂直裂隙为主。土体一般为松散的碎石状、砂砾或细小的鳞片状，厚度为 0.4～1.0 m。

（2）弱风化带。弱风化带位于地表浅层，强风化带下，大气营力与生物作用有所减弱，但仍较强烈，干湿效应也较明显，土体割裂多呈碎石状或碎块状，结构联结大部分丧失，厚度为 1.0～1.5 m。

（3）微风化带。微风化带位于弱风化带之下，大气营力与生物作用已明显减弱，干湿效应也不显著，土体基本保持有规则的原始结构形体，多呈棱块状、短柱状等块体，结构联结仅部分丧失，厚度为 1.0 m 左右。

7. 渗透特性

土是多孔松散固体颗粒的堆积体，其孔隙在空间相互连通，因此，具有被水或其他液体流过的性质，即土的渗透性。土的成因以沉积为主，因此，土的渗透性受土的密实度、颗粒级配、饱和度等多种因素影响，具有显著的成层性和各向异性，对于膨胀土则更为复杂。

达西定律是描述土的渗透性的重要理论，其基本假定为：水在土中的流速缓慢，属于层流状态。在水利工程中，绝大多数渗流均属于层流范围，但认为砾石以上的堆石体或黏性极强的致密黏土不适合达西定律。

与膨胀土的强度特性类似，膨胀土的渗透性也应该从土块的渗透性、裂隙的渗透性和土体的渗透性三个方面来分析。土块的渗透，通常认为应符合达西定律，而裂隙的渗透和土体的渗透则比较复杂。

1）土样渗透性室内测试

膨胀土的渗透系数室内测定，通常采用变水头试验方法。试验前，通常先将试样进行饱和试验，试验可按照《土工试验方法标准》（GB/T 50123—2019）[41]执行。表 2.8、表 2.9 分别为南水北调中线工程陶岔至沙河南段 200 余组土样和新乡市潞王坟段膨胀岩土样及邯郸市强膨胀土试样的渗透系数试验结果统计表。试验结果显示，随着试样膨胀性的增大，渗透系数由 10^{-4} cm/s 减小到 10^{-6} cm/s。比较膨胀土试样和膨胀岩土样的渗透系数试验结果可见，除泥灰岩因较为破碎，渗透性偏高以外，黏土岩的渗透性与黏性土的渗透性基本相同。

表 2.8　陶岔至沙河南段膨胀土土样渗透系数统计表

土类	最大值/（cm/s）	最小值/（cm/s）	平均值/（cm/s）	统计组数
黏土	0.37×10^{-4}	0.52×10^{-8}	2.86×10^{-6}	33
粉质黏土	2.90×10^{-4}	1.10×10^{-8}	9.24×10^{-6}	141
重粉质黏土	4.50×10^{-4}	11.00×10^{-8}	39.10×10^{-6}	34

表 2.9　新乡市潞王坟段膨胀岩土样及邯郸市强膨胀土试样的渗透系数统计表　（单位：cm/s）

土类	最大值	最小值	平均值
泥灰岩	10^{-4}	10^{-6}	10^{-4}
黏土岩	10^{-4}	10^{-6}	10^{-5}
强膨胀土	10^{-6}	10^{-6}	10^{-6}

2）土体渗透性现场测试

膨胀土由于裂隙发育，其渗透性不能简单地用土块的渗透试验结果来反映，为此，膨胀土的现场渗透试验尤为重要。常用的膨胀土的渗透性现场测试方法包括：现场压水试验、注水试验、现场双环渗透试验、土壤入渗仪渗透试验等。前两种属于常规地质勘查中所采用的方法，后两种为一般现场试验时经常采用的方法。

考虑到膨胀土的裂隙性，现场双环渗透试验宜选用直径较大的内、外环。土壤入渗仪渗透试验一般采用土壤入渗仪，该仪器是根据马里奥特瓶原理制作的一种常水头设备，可用于室外岩土体渗透系数的快速测定（图 2.8）。假设随着入渗的进行，孔底土（岩）中会形成一个球形饱和区，其形状大小取决于岩土体类型、孔半径和孔内水头高度。通过测量确定水头条件下井孔中的水从孔底渗向非饱和土的稳定入渗速率，利用 Richards 分析方法即可得到岩土体的饱和渗透系数。

（a）现场双环渗透试验

（b）土壤入渗仪渗透试验

图 2.8　现场双环渗透试验与土壤入渗仪渗透试验

程展林等[42]对湖北省枣阳市、南水北调中心河南省新乡市潞王坟段膨胀土（岩）边坡用双环仪进行了原位测试，发现膨胀土渗透共有的特点是初始阶段入渗速率没有明显增大，入渗速率随时间变化不明显。究其原因是这三组土层的初始含水率较高，土层内部没有裂隙存在。从现场渗透试验可以得到以下认识：裂隙是影响膨胀土入渗速率的主要因素，沿膨胀土裂隙的渗透在短时间内即可使土体饱和，并达到稳定状态；随着土体慢慢吸水饱和及非胀缩裂隙的闭合，渗透性急剧减小，24 h 后渗透系数趋于稳定。

表 2.10 为现场双环渗透试验与土壤入渗仪渗透试验测得的各场地的稳态渗透系数对

比。其中，土壤入渗仪渗透试验对应的稳态渗透系数为待测场地选取的四个具有代表性测点渗透系数的平均值。尽管土壤入渗仪渗透试验在同一岩性场地测得的渗透系数的离散性较大，但泥灰岩场地渗透系数的平均值仍大于黏土岩。

表 2.10　原位渗透试验参数值

试验方法	试验编号	岩性描述	含水率 ω/%	干密度 ρ_d/（g/cm^3）	渗透系数/（cm/s）	渗透系数平均值/（cm/s）
现场双环渗透试验	DR-1	灰白色泥灰岩	9.6～18.6	1.60～1.85	1.38×10^{-5}	1.38×10^{-5}
	DR-2	棕红色黏土岩	20.3～24.0	1.35～1.70	3.54×10^{-6}	3.54×10^{-6}
土壤入渗仪渗透试验	G1-1	灰白色泥灰岩	12.8	1.60～1.85	1.66×10^{-6}	1.22×10^{-5}
	G1-2		8.1		2.56×10^{-6}	
	G1-3		15.1		4.11×10^{-5}	
	G1-4		6.8		3.56×10^{-6}	
	G2-1	棕红色黏土岩	20.2	1.35～1.70	4.03×10^{-6}	5.83×10^{-6}
	G2-2		22.9		2.70×10^{-6}	
	G2-3		24.7		7.70×10^{-6}	
	G2-4		24.0		8.89×10^{-6}	

由于试验场地岩体性质的复杂性及各种试验方法自身的局限性，不同试验方法测得的渗透系数有所差异。现场双环渗透试验被广泛应用于测定原位场地的渗透系数，可有效地克服场地的尺寸效应对测量结果的影响，但耗时较长，且其试验原理还有待进一步完善。土壤入渗仪渗透试验原理较为完善，使用快速简便，但也存在以下问题。

（1）尺寸效应问题。大尺度试验可减小由土壤颗粒、密度、虫孔、作物根系、裂隙等引起的岩土体空间变异性的影响。对于某个入渗试验点来说，直接参与测定的土壤入渗面越大，其试验结果对所测定的土壤的代表性也就越好。而土壤入渗仪入渗半径为6 cm，远小于双环仪，因而试验孔附近土体的孔隙和裂隙对结果的影响更大。

（2）试验数量问题。由于场地的空间变异性，试验点的数目不宜过少，否则所得结果缺乏代表性，甚至会导致错误。因此，确定合理的试验数目对于场地真实渗透系数的获取至关重要。

（3）大气作用的时间效应问题。岩体开挖面暴露于大气中的时间越长，受到的风化作用就越剧烈，岩体的裂隙发育情况等会发生变化，在不同的风化阶段，测试的水力特性会有很大差别，也只能分别代表对应的风化或大气作用程度下的岩体渗透性状。表 2.10 中土壤入渗仪渗透试验结果具有较大的离散性可能是上述三个原因导致的。

基于以上原因，在研究膨胀土（岩）边坡的渗透性状时，应在综合考虑场地尺寸、空间变异性及时间效应的基础上选取合适的试验方法，才能真实、全面、快速地揭示出岩体的渗透性状。

3）干湿循环对膨胀土饱和渗透系数的影响

膨胀土具有遇水膨胀、失水收缩的特性，膨胀土边坡在反复干湿循环的条件下会产生大量的干缩裂隙，从而导致渗透系数增大。通过干湿循环条件下膨胀土试样的渗透试验，探讨次生裂隙的形成对土体渗透系数的影响。

试验用土样取自南水北调中线工程南阳市现场试验段，为中膨胀土，土样的具体物理特性如表 2.11 所示。土样经风干碾碎后过 0.35 mm 筛，土样含水率与干密度控制为 25.4%、1.5 g/cm^3，采用分层击样法制成高为 4 cm、直径为 6.18 cm 的击实样，而后采用真空饱和法进行饱和，抽气时间控制为 4 h，试样在真空下浸泡的时间控制为 10 h。

表 2.11 土样的基本物理性质指标

自由膨胀率 F_s/%	液限 ω_{L17}/%	液限 ω_{L10}/%	塑限 ω_P/%	缩限 ω_S/%	塑性指数 I_{P17}	塑性指数 I_{P10}
79	51.0	40.3	19.7	11.1	31.3	20.6

本次试验采用低温（70 ℃）烘干法模拟膨胀土土体的脱湿过程，烘干时间控制为 8 h。脱湿过程结束后，将土样装进饱和器重新进行抽气饱和，抽气时间及浸泡时间控制为 4 h 和 10 h，饱和完成后，重新进行脱湿，以模拟反复干湿循环过程。按照上述方法，分别制成 0、1、2、3 循环土样，制成后重新抽气饱和，饱和完成后进行常规变水头渗透试验。

图 2.9 为试样的饱和渗透系数 k_{20}（20 ℃状态下）与干湿循环次数的关系曲线。

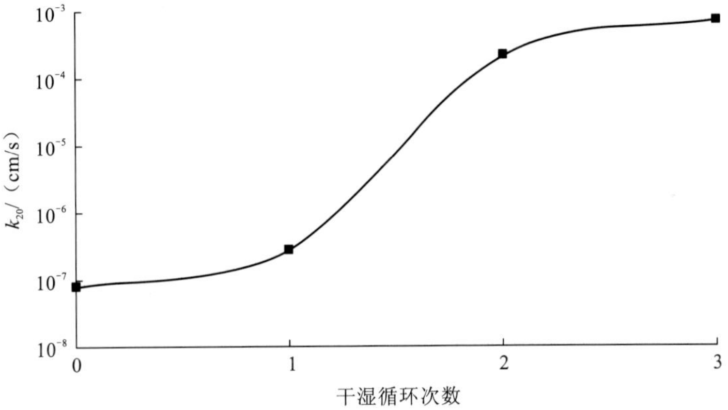

图 2.9 饱和渗透系数与干湿循环次数的关系曲线

从图 2.9 中可见，在尚未经历干湿循环的状态下，即土样中尚未有裂隙发育时，试样的渗透系数只有 8.07×10^{-8} cm/s，与普通黏性土基本处于同一水平。经历一次干湿循环以后，渗透系数略微增大至 2.78×10^{-7} cm/s。第二次干湿循环过后，渗透系数出现较大升幅，增长至 2.24×10^{-4} cm/s，比第一次干湿循环提高了三个数量级。干湿循环进行至第三级时，试样的渗透系数略微增长至 7.36×10^{-4} cm/s，仍然与第二次干湿循环处于同一数量级，可见此时干湿循环的作用减弱，渗透系数的发展趋于稳定。分析原因认为，随着干湿循环的进行，裂隙发育达到相对稳定的状态，在土体达到饱和的情况下，原有的裂隙将会闭合，使得渗透性不再增长，但裂隙的存在使土体的渗透系数维持在较高的水平。

比较南阳市膨胀土试验段中膨胀土试验区现场渗透试验结果发现，室内干湿循环试验得到的渗透系数与原位试验得到的渗透系数较为接近。

4）膨胀土（岩）的非饱和渗透系数推测

非饱和土渗透特性研究及参数的确定对于渗流分析和相应的工程设计非常重要。由于需要控制基质吸力，用现有的测试手段直接测定非饱和土的渗透系数相当困难，这也成为研究非饱和土渗流特性难度较大的主要原因之一。目前，国内外利用土水特征曲线对非饱和渗透系数进行预测已被证明是可行和有效的间接方法。

国内外已有的用于土水特征曲线拟合的数学模型基本上是根据土体结构特征和曲线的形状建立起来的。van Genuchten[43]、Fredlund 和 Xing[44]等都建立了自己的估值数据模型，其中 van Genuchten 提出的 S 形曲线模型（简称 VG 模型）的参数的物理意义较明确，拟合精度高，解决了其他模型的非连续性问题，无论是对于松散非饱和土体还是对于裂隙非饱和岩体，VG 模型对试验结果都能达到较好的拟合效果，使得该模型得到较为广泛的应用。

常用的 VG 模型将 θ-ψ 的关系表达为

$$S_e=\left[\frac{1}{1+(\alpha\psi)^n}\right]^m \tag{2.5}$$

式中：S_e 为有效饱和度；ψ 为基质吸力；α 为与进气值有关的参数；m、n 为模型参数，与介质空隙大小分布有关，$m=1-1/n$。

$$S_e=\frac{\theta-\theta_r}{\theta_s-\theta_r} \tag{2.6}$$

式中：θ 为体积含水率；θ_s 为最大体积含水率；θ_r 为最小体积含水率。

将式（2.5）和式（2.6）联立，得

$$\theta=\theta_r+(\theta_s-\theta_r)\left[\frac{1}{1+(\alpha\psi)^n}\right]^m \tag{2.7}$$

即可得出体积含水率 θ 与基质吸力 ψ 的函数关系表达式，其中有四个独立的参变量 θ_s、θ_r、α、n，需要利用室内实测汤坝土样的不同体积含水率对应的基质吸力数据拟合求得。

将式（2.6）代入 Mualem[45]提出的水分特征曲线和非饱和渗透系数的数值模型中，可以得到相对渗透系数 k_r：

$$k_r=S_e^{1/2}\left[1-(1-S_e^{1/m})^m\right]^2 \tag{2.8}$$

选取新乡市潞王坟膨胀岩试验段和南阳市膨胀土试验段的典型膨胀土（岩）试样，采用体积压力板仪进行土水特征曲线试验。图 2.10 分别为新乡市黏土岩、新乡市泥灰岩和南阳市膨胀土的土水特征曲线。

将 VG 模型作为非饱和水分运动参数的理论模型，对上述黏土岩、泥灰岩和膨胀土土水特征曲线试验的数据点曲线拟合与外拓，采用缩限含水量代替残余含水量进行拟合。表 2.12 为拟合得到的膨胀土（岩）土水特征曲线 VG 模型拟合参数。根据式（2.8）可以得到相对渗透系数 k_r。相对渗透系数是针对完全饱和渗透系数而言的，非饱和土实际的渗透系数为 $k_{20}\times k_r$。本部分选取的黏土岩、泥灰岩和膨胀土的饱和渗透系数分别为 2.20×10^{-5} cm/s、4.80×10^{-5} cm/s 和 8.16×10^{-6} cm/s，根据式（2.8）计算得到膨胀土（岩）的相对渗透系数，分别乘以对应的饱和渗透系数就可以得到相应的非饱和渗透系数。

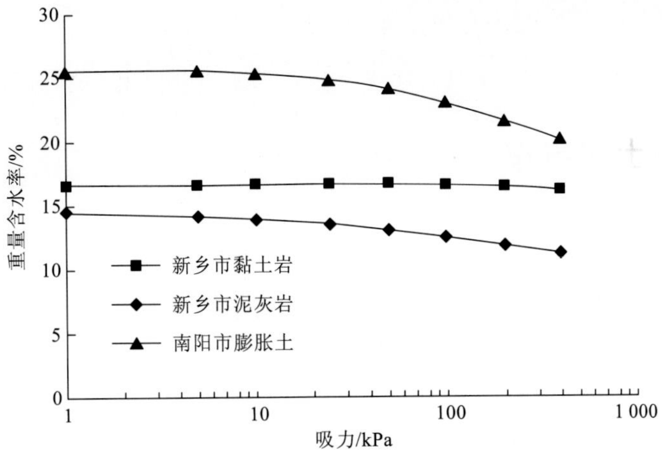

图 2.10　膨胀土（岩）的土水特征曲线

表 2.12　膨胀土（岩）土水特征曲线 VG 模型拟合参数

岩土类别	拟合参数			
	θ_s/%	θ_r/%	α	n
黏土岩	31.23	17.03	0.001 65	1.179 87
泥灰岩	26.74	14.81	0.059 87	1.219 80
膨胀土	41.10	11.58	0.015 53	1.191 82

图 2.11 分别为黏土岩、泥灰岩和膨胀土的非饱和渗透系数与基质吸力的关系曲线。由图 2.11 可知，饱和状态下膨胀土（岩）的渗透系数均为 $n\times10^{-4}$ cm/s。随着基质吸力的增大（同时伴随着含水量的降低），膨胀土（岩）的非饱和渗透系数不断降低，甚至低于 10^{-12} cm/s，几乎为不透水层。究其原因，主要是非饱和理论中的渗透系数是基于各向均质土体的，没有考虑含水量降低时膨胀土裂隙的开展对渗透特性的影响。因此，非饱和理论得到的渗透系数仅能代表裂隙间土块的非饱和渗透系数，不能作为裂隙性膨胀土体的非饱和渗透系数。

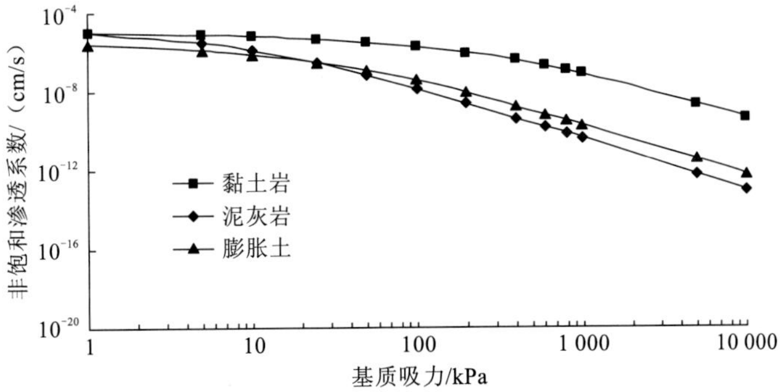

图 2.11　膨胀土非饱和渗透系数与基质吸力的关系曲线

2.3 膨胀土地球物理特征

2.3.1 膨胀土电导率

1. 膨胀土的膨胀机理

膨胀土是一种吸水膨胀、失水收缩，土体力学特性随水分变化敏感的特殊性黏土。膨胀土的膨胀变形机理十分复杂，代表性的理论较多，其中黏土矿物的晶格扩张理论和双电层理论是目前较为公认的膨胀土的膨胀变形理论。

晶格扩张理论认为：三大类黏土矿物——蒙脱石、伊利石、高岭石都是由硅氧四面体和铝氧八面体两种基本结构单位组成的，其晶格层间由弱键连接，外界水分子极易从晶格层间渗入，在晶格层间形成水膜，使晶层间距加大，从而引起土体体积增大。双电层理论认为：由于“同晶代换”作用，黏土矿物晶体表面以带负电荷为主，土颗粒周围形成静电场，在静电引力作用下，颗粒表面吸附相反电荷的离子（可交换阳离子），这些离子以水化离子的形式存在。这样带有负电荷的黏土矿物颗粒吸附水化离子，呈现扩散形式的离子分布，从而形成双电层（水化膜）。随着含水率的增加，结合水膜加厚，将土颗粒“楔开”，使固体颗粒间距离增大，从而表现出土的体积膨胀。

从上述两种理论可以看出，它们的核心思想都认为，膨胀土的膨胀变形实质上是土中水与黏土矿物相互作用，自由水渗入矿物颗粒转化为结合水或水膜厚度变化的过程，是土颗粒骨架吸附水分子以后的宏观现象，其根源在于膨胀土中富含的黏土矿物——蒙脱石、伊利石、蛭石等。李志洪等[46]从土壤学和矿物学观点分析了黏土矿物微观结构与膨胀性的关系，认为黏性土膨胀性的大小依赖于黏土矿物的种类和含量、可交换离子数量、晶格结构及晶格所携带的电荷等。黏土矿物的这些微观化学特征，都可以通过土壤的电化学特性来反映，因此，膨胀土的膨胀变形与土壤的电化学性能是密切相关的。

从膨胀土的膨胀机理分析可知，膨胀变形是黏土颗粒吸附水以后的表观现象，膨胀变形的大小与土颗粒的亲水能力密切相关，而土壤的亲水性又与土壤的矿物成分及化学性质密切相关，进一步分析发现，土壤的导电性能同样与土壤可交换阳离子的种类、数量线性相关。因此，土壤的电导率与土壤膨胀性质间必然存在联系。

2. 膨胀土的导电性

土壤电导率是反映土壤电化学性能的重要指标，也是一个地球物理概念明确、相对容易测试的标志。土壤的导电性主要取决于土壤中自由电子（离子）的种类与数量。土壤一般由土颗粒、孔隙水和孔隙气三相组成，干土在理论情况下是不导电的，土壤孔隙中充填水分以后，土壤才发挥其导电性，而导电性能的大小则取决于土壤的种类，确切地说，是取决于土壤矿物成分种类与含量。

根据土壤学理论，土壤矿物可分为原生矿物和次生矿物两类。土壤中的原生矿物主要存在于土壤的粗粒组分中，长石和石英是两种最为常见的原生矿物，占土壤砂粒和粉粒的 70%～90%，具有晶格稳定，基本上不吸水、不膨胀等特性；土壤中的次生矿物可以由原生矿物风化、淋溶后形成，也可以由风化成土过程中原生矿物的分解产物重新组合而成，还可以是沉积母岩的自身矿物。次生矿物主要存在于土壤的黏粒组分中，也称为黏土矿物。

膨胀土矿物具有强亲水性、离子交换性、膨胀性和可塑性等，从本质上讲，黏土矿物的这些特性都与其基本构造单元（四面体片或八面体片）有关，黏土矿物的自由电荷是黏土矿物具有一系列化学、物理特性的根本原因，它的电荷数量和种类直接影响着土体的理化特性。

研究表明，膨胀土矿物的构造主要有层状硅酸盐矿物和非层状硅酸盐矿物两类。层状硅酸盐矿物主要是指结构呈层状的高岭石、蒙脱石、伊利石和蛭石等；非层状硅酸盐矿物主要是指水铝石英组和含水氧化铁、氧化铝、硅胶等。层状硅酸盐矿物的基本结构有硅氧四面体和铝氧八面体，其晶层结构主要有 1∶1 型、2∶1 型和 2∶1∶1 型三种类型，即一个或两个硅氧四面体与一个铝氧八面体结合形成的基本晶层。不同的晶层结构，其组成矿物比表面积、离子吸附和交换特性、膨胀性具有显著的区别（表 2.13），从而导致黏土矿物的电化学特性显著不同，其在相同含水状态条件下，溶液的导电性也显著不同。

表 2.13　高岭石、伊利石、蒙脱石化学特性比较

黏土矿物	晶层结构	晶层结合力	总比表面积/（m^2/g）	阳离子交换量/（$cmol_c/kg$）	膨胀性
高岭石	1∶1	强	10～20	5～15	弱
伊利石	2∶1	中	70～120	20～40	中
蒙脱石	2∶1∶1	弱	600～800	80～120	强

缪林昌等[47]研究了水泥土、膨胀土的电阻率的特性，提出用土的水体积比表征土的电阻率特性，建立了电阻率-水体积比与吸力-水体积比（水分特征曲线）之间的关系，以简化水分特征曲线的测试。上述研究成果从侧面反映了土壤的导电性能与土体结构、工程特性之间的关系，但对于土壤导电的本质原因揭示较少。

在揭示土壤导电性的机理方面，董振亮和蒋引珊[48]研究了黏土矿物中可交换阳离子含量与电导率的相关性，认为黏土-水体系导电产生的原因，除了可溶盐类之外，主要是黏土中可交换阳离子的存在。当把蒙脱石中可溶盐除去后，蒙脱石-水体系的导电性，主要是由蒙脱石层间可交换阳离子的迁移造成的。在蒙脱石-水体系中，导电性阳离子的导电能力受蒙脱石对阳离子的束缚力的制约，当水量远比可塑状态所需水量大时，可交换阳离子位于距黏土表面较远的地方，并被水分隔。分隔的距离越远，黏土颗粒对阳离子的束缚力越小。董振亮和蒋引珊[48]的研究成果表明，无论是钠型、锌型还是铁型蒙脱石，其水体系的电导率均与八面体中可交换阳离子含量线性相关，即蒙脱石八面体层中可交换阳离子含量大，水体系的电导率大；可交换阳离子含量小，水体系的电导率小。对于不同类型的蒙脱石-水体系，其相关系数为 0.95～0.99。刘松玉等[49]通过开展土体电阻率室内试验认为，土的导电性包含土颗粒表面导电与孔隙水导电两部分。其中，孔隙水导电取决于孔隙水的含盐量与饱和度；土颗粒表面导电取决于颗粒表面吸附特征和颗粒之间的联结特性。黏土颗粒表面存在双电层，双电层中的阳离子与阴离子在电场的作用下具有导电能力。黏粒含量增加，土的比表面积增大，土体导电性增加，电阻率下降。运用上述原理，查普生等[50]采用电阻率法进行了膨胀土改良效果的试验测试，发现不同养护龄期下改良膨胀土的膨胀量、膨胀力随着电阻率呈线性递减关系。通过测试改良膨胀土不同养护龄期下的电阻率，可以准确地预测其膨胀量与膨胀力的大小。敬芸仪等[51]通过试验认为，土壤胶体的阳离子交换量和土壤电导率有极显著的正相关关系，随着土壤溶液阳离子交换量的增大，土壤电导率也相应地增大。同时，土壤的阳离子交换量表示的是固相土粒吸附净负电荷的电荷量，其大小主要与土壤胶体吸附的离子数量有关，也就是说阳离子交换量越大，土粒吸附的负电荷越多，土壤的导电率也越大。刘松玉等[49]也认为，黏土颗粒表面存在双电层，双电层中的阳离子与阴离子在电场作用下具有导电能力。

3. 膨胀土电导率与含水率和密度的关系

孙宇瑞[52]通过研究土壤含水率对电导率的影响发现，当土壤含水率在15%～30%变化时，土壤含水率对电导率的影响较为显著，且两者间近似为线性关系；含水率超过30%以后，土壤电导率的变化趋势明显减缓。

林义成等[53]通过室内试验测试了不同土壤含水率、不同含盐量的电导率，认为土壤含水率的变化将改变土壤盐离子的平衡状态，土壤水分的增加使土壤溶液的盐浓度降低，导致一部分土壤颗粒中的盐分被溶解到土壤溶液中，最后达到一种新的平衡状态，因此，随着含水率的增加，电导率逐渐下降，但下降的速率逐渐变小。

上述研究成果中均没有提及试验土壤密度对电导率的影响问题，实际上，土壤的密度不同，对电导率的测试结果存在一定的影响。为此，龚壁卫等[54]在室内开展了不同土壤密度、含水率对土壤电导率的测试结果的影响研究。试验选用一种中膨胀土，按照干密度 1.1～1.5 g/cm^3 制备若干组试样，分别测试试样在不同含水状态下的电导率，结果如图 2.12 所示。

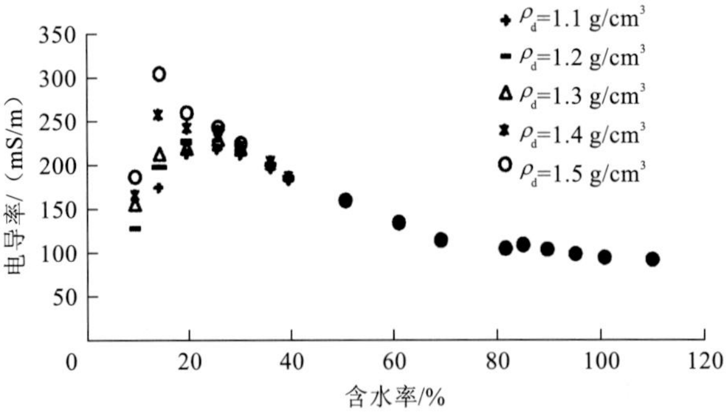

图 2.12　不同干密度、含水率条件下土壤的电导率

试验结果显示，不同干密度、含水率条件下土样的电导率呈现一条有峰值的、类似正态分布的曲线形式。分析这种现象产生的原因，认为与土样的击实特性密切相关。根据该土样的击实曲线，其最优含水率为 20%～24%，最大干密度为 1.57 g/cm^3。在土样的最优含水率附近，电导率测试结果的波动较大，并且随着干密度的增加，电导率呈增大的趋势。而当试样的含水率超过最优含水率以后，电导率测试值与含水率呈明显的单调降低趋势，当试样的含水率超过该土样的液限 58%以后，曲线下降的速率逐渐变小，并趋于平缓。

还可以从土壤的导电性机理进一步解释这种现象。土壤在干燥状态下是不导电的，随着水分的增多，土壤中的离子开始向水中扩散，土壤的导电性逐渐增大；当土壤的水分达到一个最佳状态时，土壤的导电性发挥到最佳状态；而后，随着水分的继续增多，土壤中的游离离子数量不变，但是离子浓度减小，导电性能反而降低；当水分继续增多，土壤离子浓度达到一定的时候，前两阶段土壤的导电性由孔隙水溶液和黏土矿物的导电性共同决定，但是孔隙水溶液的导电性起主导作用，后两阶段则是黏土矿物的导电性起主导作用。

2.3.2　膨胀土的波速特性

土壤的母体是岩石，土的弹性波波速与土体的结构存在相关性，因此，可以将波速作为土体损伤测量的理论依据，即土体的波速与土体的弹性性质有关，与岩石的内部结构是否存在缺陷有关。弹性波在不同土体介质中具有不同的传播速度，伴随着近数十年来仪器和技术的发展，人们发现这种传播速度不仅与岩体工程的抗震、隔震等动力特性有关，还可以推广到土体的其他物理性质。

王峥辉[55]通过对原状和扰动状态下的黄土进行声波测试，得到了黄土的声波波速经验公式，说明了利用岩体中常用的声波波速来了解岩体性质的方法在土体中是可行的。黄震和韦秉旭[56]采用声波仪对含水率分别为塑限和最佳含水率的碾压膨胀土进行了声速测试，研究了等幅干湿循环作用下膨胀土纵波速度的变化规律，提出了裂隙产生与发展是干湿循环作用下膨胀土纵波波速衰减的根本原因。韦秉旭等[57]利用纵波波速定义膨胀土疲劳损伤的损伤变量，综合运用计算机断层扫描（computed tomography，CT）和超声波测试技术，探讨了膨胀土细观结构与平均纵波波速的关系，讨论了干湿循环作用下膨胀土的疲劳损伤变化规律，研究了膨胀土内部裂隙的演化过程。刘鹏等[58]采用超声波进行土体纵波波速测试，发现通过膨胀土波速变化能有效判断膨胀土裂隙的发育情况，同时膨胀土纵波波速与干湿循环次数和控制含水率之间存在密切联系。黄震和陈铖[59]对广西壮族自治区百色市的膨胀土超声纵波波速进行了分析，验证了声波对检测路基膨胀土力学参数的效用，并建立了声波速度与膨胀土强度的关系。沙佳等[60]通过对不同含水率膨胀土的声波频谱进行分析，发现含水率越高，主频衰减越小。高玉峰和刘汉龙[61]对合肥市的膨胀土进行了现场土层剪切波测试，通过统计分析得到了合肥市膨胀土剪切波波速特征。合肥市膨胀土剪切波波速沿深度的变化规律符合指数分布 $V_s=a\cdot H^b$（H 为深度)，a、b 的平均值分别为 120.1、0.34。

综合上述研究成果，膨胀土的波速与其含水率、压实度及裂隙发育情况密切相关，弹性波在膨胀土中的传播特征可反映膨胀土的内部结构，是一项重要的声学参数。在同一含水率条件下，膨胀土波速的大小随干湿循环次数的增加非线性衰减。在历经相同次数的干湿循环情况下，波速随控制含水率的增加而增大。

2.3.3 膨胀土力学特性地球物理声-电响应特征

1. 膨胀土力学特性测试方法

目前，评价膨胀土物理力学特性的方法有直接法和间接法，其中间接法是一种采用地球物理探测手段构建膨胀土力学参数与电阻率、波速等参数关系的高效、便捷的无损探测方法。目前较为常用的探测膨胀土含水率的方法主要包括弹性波法、电阻率法及电磁波法等方法。弹性声波的波形、振幅、频谱及波速等参数与土体的孔隙度、质量、成分等密切相关。尽管以往研究人员采用声波方法对膨胀土的裂隙、含水率进行了一定的研究，但尚未建立声波速度与含水率-密实度之间的关系。本节采用声波波速和电阻率测试方法开展膨胀土力学特性的声-电响应特征研究。

2. 膨胀土声波波速测试原理及方法

1）声波波速测试原理

声波是机械波，当声波穿越裂隙发育带时，其会在裂隙区域边缘产生绕射、折射及反射等现象，声波的振幅、相位信息都会发生变化。根据波速的升高或降低，振幅的增强或减弱，相位的同向或反向等现象，判断膨胀土的含水率、裂隙发育等属性特征。目前，Wyllie 方程较好地描述了流体速度、基质速度与孔隙度之间的关系：

$$\frac{1}{v}=\frac{\phi}{v_f}+\frac{1-\phi}{v_r} \tag{2.9}$$

式中：v 为波在岩石中的传播速度；v_f 为波在岩石孔隙流体中的速度；v_r 为波在岩石基质中的传播速度；ϕ 为孔隙度。

式（2.9）表明，孔隙、岩石中的孔隙流体波速及岩石基质波速均对声波波速产生影响，这正是利用声波探测孔隙度、含水率的理论基础。

2）声波波速测试方法

为便于开展声波试验工作，参考声波设备校验时采用的声时棒测试方法，在制作膨胀土声波测试土样时，将其制作成圆柱状。对某一含水率的试样（含水率分别为 15%、25%、35%、40%，本次试验的含水率只测试到 40%，当含水率大于 40%时，土样难以成型，因此未开展相关的声波测试试验，制作的试样见图 2.13），采用分层击实法制备不同密实度的试样，拟对 5 种密实度（90%、85%、80%、75%、70%）土样开展声波测试工作。

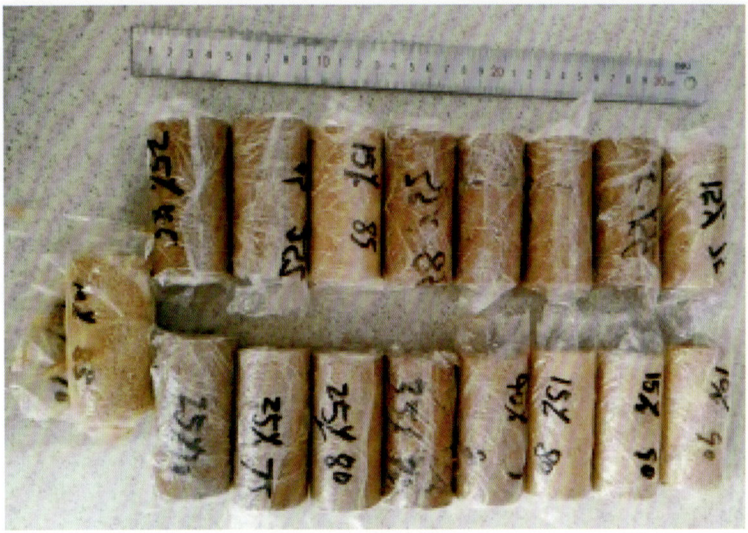

图 2.13　声波波速测试土样

声波波速测试采用湖南奥成科技有限公司的 HX-SY02B 型声波测试仪 1 台、声波探头 2 个、锡纸若干、石膏若干。测试时将声波的两个探头（发射、接收探头）分别置于试样的圆形截面两端，如图 2.14（b）所示。在发射探头发射脉冲波，脉冲波在膨胀土中传播后被另一端的接收探头接收，由于不同含水率、密实度的试样对脉冲波的吸收、衰减机制不同，声波波速发生不同变化，由此测试出不同密实度、含水率与超声波速之间的变化规律。

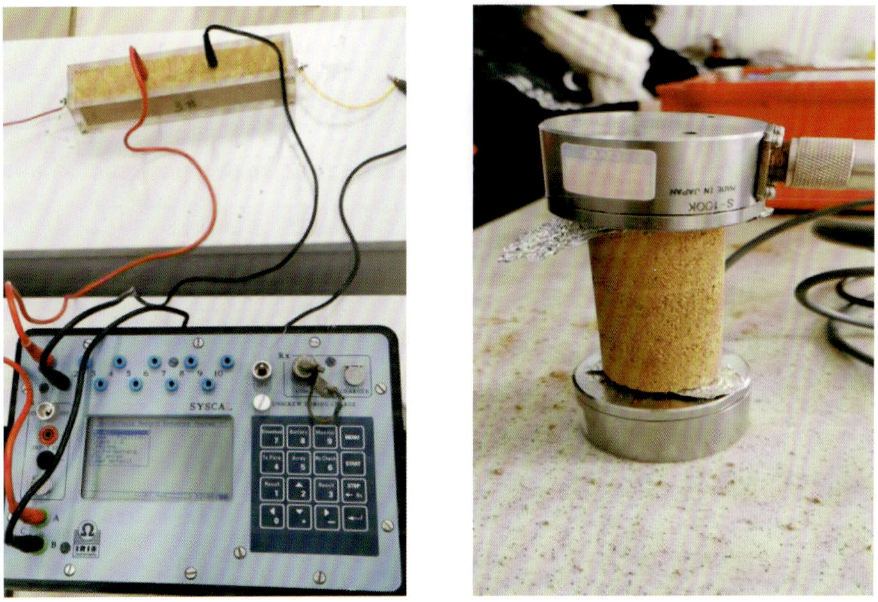

（a）土体电阻率测试　　（b）土体超声波速测试

图 2.14　土体物性参数测试工作照片

3. 膨胀土电阻率测试原理及方法

1）电阻率测试原理

对于饱和无黏性土、纯净砂岩的电阻率模型，在不考虑固体颗粒导电性的前提下，可将电阻率与土的力学参数的关系表示为

$$\rho_s = a'\phi^{-m}\rho_w \tag{2.10}$$

式中：ρ_s 为土的电阻率；ρ_w 为孔隙水的电阻率；ϕ 为孔隙度；a' 为试验参数，a' 为常数；m 为胶结系数，m 为常数。

对于一般化的电阻率含水饱和度公式，可表示为

$$\rho_s = \rho_w\phi^{-m}S_w^{-n} \tag{2.11}$$

式中：ρ_s 和 ρ_w 分别为土体与孔隙水的电阻率；ϕ 为孔隙度；S_w 为含水饱和度；n 为饱和指数，一般情况下的取值为 2。

通过式（2.11）可以发现，土的电阻率是关于孔隙水电阻率、孔隙度、含水饱和度的多参数函数，因此，在某几个参数已知的情况下，可以通过测试土体的电阻率，计算土的孔隙度或含水饱和度。一般而言，含水率高的土体，其电阻率低，孔隙度（无充填）越高，其电阻率越高，这也是采用电阻率探测膨胀土含水率、孔隙度的物性基础。

2）电阻率测试方法

土体电阻率测试通常采用 Miller soil box 方法。为了便于试验，试验时选用透明、绝缘的有机玻璃试验盒（对不能固结的试样同样适用），试验盒尺寸为 24 cm×6 cm×6 cm（长×宽×高）。供电电极（A、B）采用紫铜薄片并置于试验盒两端，测量电极（M、N）置于试验盒内。其中，供电极距 L_{AB}=24 cm，测量极距 L_{MN}=8 cm，测量电极（M、N）所测电阻率为膨胀土的电阻率。

对于不同含水率（20%、30%、35%、40%、45%、50%）的试样，在试验盒内采用分层击实法分别制备不同密实度的试样，拟定 9 种密实度（95%、90%、85%、80%、75%、70%、65%、60%、50%）的测试方案，部分土体的电阻率测试试样如图 2.15 所示，依次开展电阻率测试，每一密实度下的电阻率重复测量 3 次，取算术平均值为最终测试结果（试验前计划制作 54 组电阻率测试土样，但由于有些土样无法成型，实际有效测试土样为 38 组）。电阻率测试时采用对称四极装置测试不同土样的电阻率。

测试仪器设备包括法国 IRIS 公司生产的 SYSCAL PRO 高密度电法仪主机 1 台、供电电源 1 个、Miller soil box 试验盒 1 个，测试照片如图 2.14（a）所示。

4. 膨胀土电阻率-声速参数测试数据分析

1）膨胀土试样土工试验

首先对膨胀土试样进行土工试验参数测试分析，测试结果显示，膨胀土的液限为 52.1%，最优含水率 ω_{op} 为 25.8%，最大干密度 ρ_{dmax} 为 1.51 g/cm^3。膨胀土分类为高液限黏土，详细试验结果见表 2.14。

图 2.15　Miller soil box 土体电阻率测试试样

表 2.14　膨胀土试样测试结果

液限 ω_{L17}/%	塑限 ω_P/%	塑性指数 I_{P17}	颗粒组成/%				按《水电水利工程土工试验规程》(DL/T 5355—2006)分类定名	击实试验	
			沙粒(0.25～0.075 mm)	粉粒(0.075～0.005 mm)	黏粒(＜0.005 mm)	胶粒(＜0.002 mm)		最优含水率 ω_{op}/%	最大干密度 ρ_{dmax} /(g/cm^3)
52.1	25.9	26.2	15.0	49.5	35.5	22.0	高液限黏土	25.8	1.51

2）电阻率测试

从图 2.16 和表 2.15 可见，膨胀土的密实度为 50%～95%，含水率为 20%～50%时，膨胀土的电阻率在 5.4～123.5 Ω·m 变化。含水率相同时，电阻率随着密实度的增大而减小，这是因为随着密实度的增加，膨胀土的孔隙率降低，水有效促进了孔隙间的连通性，从而导致电阻率减小，当含水率≥45%时，不同密实度情况下的电阻率-含水率曲线逐渐趋于水平，即膨胀土含水率越接近液限，密实度对电阻率的影响越小，因为此时裂隙水在不需要压实的情况下已连通土体。在相同密实度情况下，电阻率随着含水率的增大而逐渐减小，当含水率＜30%时，随着含水率的增大，电阻率降低的速率较快，当 30%≤含水率＜45%时，随着含水率的增大，电阻率减小的速率放缓，当含水率≥45%时，随着含水率的增加，电阻率受含水率变化的影响越来越小；当含水率≥40%，密实度≥75%时，不同含水率下测得的电阻率差值不足 1 Ω·m，此时电阻率基本趋于稳定，未发生明显变化。

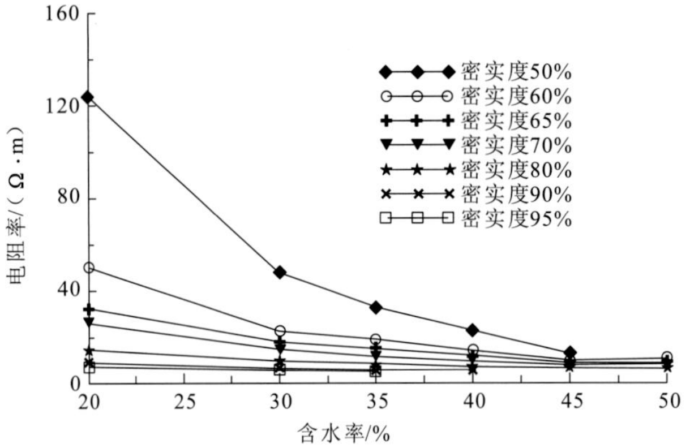

图 2.16　不同密实度下含水率与电阻率的关系曲线

表 2.15　不同含水率-密实度岩样电阻率测试结果统计表

密实度/%	电阻率 ρ_s/（Ω·m）					
	含水率 20%	含水率 30%	含水率 35%	含水率 40%	含水率 45%	含水率 50%
50	123.5	48.1	33.0	23.1	—	—
60	50.3	22.7	19.3	14.4	13.4	11.0
65	32.3	18.1	15.5	11.9	9.8	9.0
70	26.5	14.6	12.1	9.8	9.2	8.4
75	—	—	—	—	7.9	7.4
80	14.8	9.6	8.5	7.3	7.0	6.8
85	—	—	—	—	6.3	—
90	9.2	6.9	6.1	6.0	—	—
95	7.4	6.0	5.4	—	—	—

从图 2.17 可知：当含水率＜45%时，随着含水率的增加，膨胀土电阻率的变化率逐渐减小；当含水率≥45%时，电阻率的变化率基本相同，已无法从电阻率的变化率方面区分膨胀土含水率的大小。

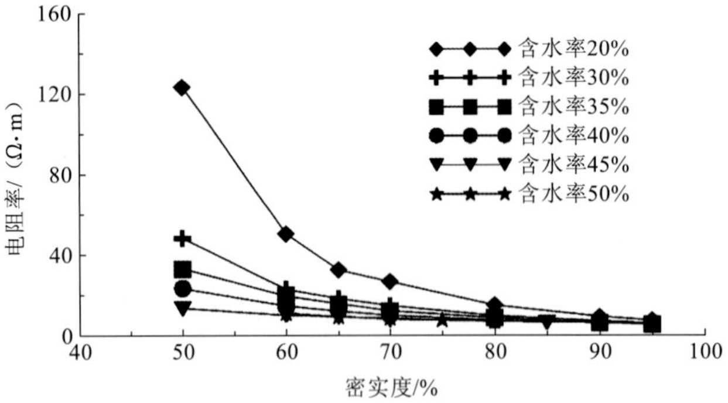

图 2.17　不同含水率下密实度与电阻率的关系曲线

通过上述分析发现，电阻率测试方法无法对含水率超过 45%的膨胀土进行区分，因为不管是在电阻率的数值大小，还是在电阻率的变化速率方面已无明显差异。可以利用电阻率与含水率的这个变化规律，推断膨胀土含水率的临界状态（以 45%含水率为临界值）。对于如何判断含水率＞45%，可以采用含水率测试仪或其他物探方法，综合分析、评价膨胀土含水率的大小。

3）声波测试

从图 2.18 和表 2.16 可以发现，膨胀土的密实度为 70%～90%，含水率为 15%～40%时，膨胀土的声波速度为 235.2～616.3 m/s。声波速度与密实度有紧密联系：含水率≤25%时，含水率一定，随着密实度的增加，声波速度基本也增加。含水率≥35%时，声波速度随着密实度的增大总体表现为逐渐增大的趋势，但在局部密实度位置出现奇点，当含水率为 35%时，声波速度在密实度为 85%时达到峰值，在密实度为 90%时开始降低，其原因在于含水率为 35%，密实度为 85%时，孔隙被流体充满，而水是波速增大的关键因素之一，故波速增大，密实度为 90%时，影响了孔隙含水率，导致波速降低；当含水率为 40%时，密实度在 70%比在 75%时的声波速度大，推测密实度为 70%时膨胀土孔隙处于饱和状态，因此声波速度高于 75%密实度时的波速。图 2.18 显示，含水率为 40%，密实度≥80%时，声波速度不再发生变化，可能是因为含水率为 40%，密实度为 80%时，膨胀土的吸水膨胀性质趋于稳定。推断认为，膨胀土试样含水率在 25%～35%存在一个临界值（最优含水率 25.8%），当高于这个临界值时，声波速度表现出不规则变化，这可能与膨胀土的物理力学性质发生变化有关。

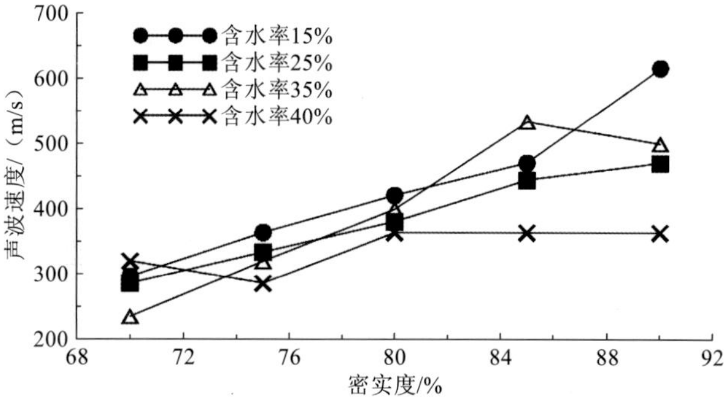

图 2.18　不同含水率下密实度与声波速度的关系曲线

表 2.16　不同含水率-密实度岩样声波测试结果统计表

密实度/%	声波速度/（m/s）			
	含水率 15%	含水率 25%	含水率 35%	含水率 40%
70	296.5	285.9	235.2	320.3
75	364.0	333.6	320.4	286.0
80	421.5	381.3	400.4	364.0
85	471.1	444.9	533.7	364.0
90	616.3	471.1	500.3	364.0

由图 2.19 可知，不同含水率的声波速度变化率总体表现为随膨胀土密实度的增大逐渐

减小，只有当含水率为 35%时，声波速度变化率出现异常变化现象，即含水率为 35%的波速变化率大于 25%含水率时的波速变化率，造成这种现象的原因还需通过试验进一步求证。

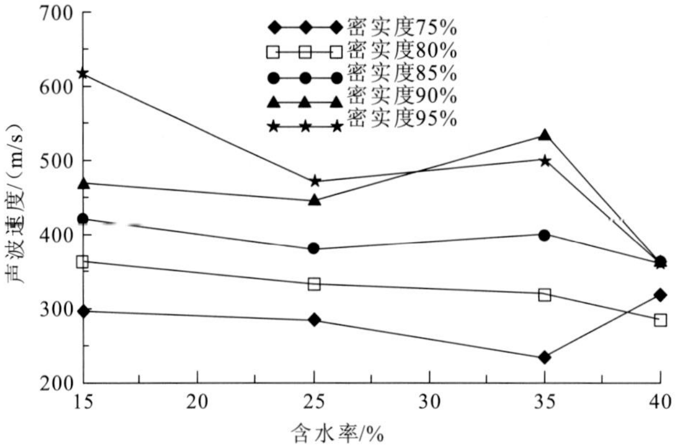

图 2.19　不同密实度下含水率与声波速度的关系曲线

通过上述试验结果可以发现，当 25%＜含水率＜40%，密实度＜80%时，波速出现无规则变化，此时，通过声波速度无法准确判断含水率的大小。为了明确含水率与声波速度之间的关系，应在含水率为 25%～35%时加密土样试验，进一步验证声波速度与含水率间的变化规律。同时，对于含水率＞40%的膨胀土，应制作 1～2 组，以便进一步明确含水率在不同密实度所对应的声波速度下的变化情况。

4）测试情况分析

不管是电阻率测试方法还是声波测试方法，在含水率大小的确定方面都存在一定的局限性。就电阻率测试方法而言，当密实度大于 80%，含水率大于 20%时，电阻率已不能有效区分含水率的大小，这也体现了土体中孔隙水的连通性对电阻率的大小所起的决定性作用。对于密实度大于 80%的膨胀土而言，此时，应采用声波测试方法，如图 2.20 所示，当含水率为 35%和 40%时，尽管不同密实度的电阻率差异不大，但声波速度存在较为显著的差异（波速差值约为 140 m/s），因此，此时通过波速与含水率间的对应关系及规律，可以推断膨胀土含水率的大小。

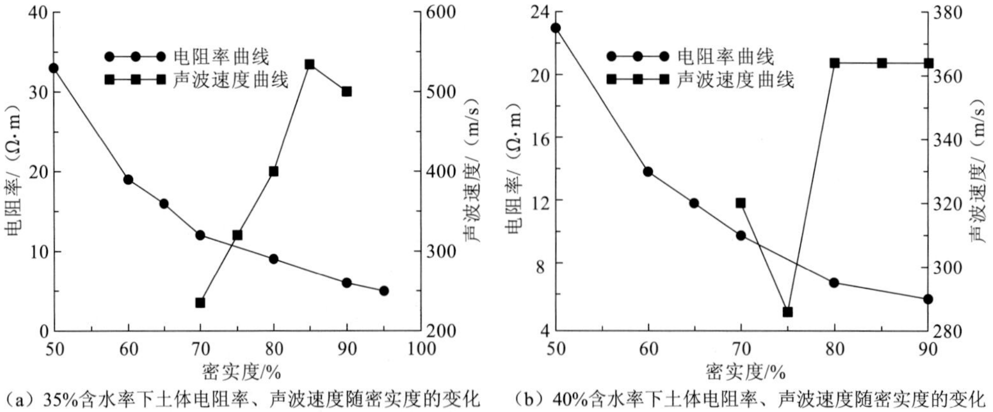

（a）35%含水率下土体电阻率、声波速度随密实度的变化　（b）40%含水率下土体电阻率、声波速度随密实度的变化

图 2.20　电阻率、声波速度综合对比分析图

如果单独采用声波方法测试膨胀土的含水率，会出现如下情况。当含水率大于 25%时，声波速度出现不规则变化，这种不规则的波速变化加大了对含水率大小分析的难度。以膨胀土含水率为 30%和 35%为例，假设膨胀土含水率为 30%与含水率为 35%时出现相同的声波速度变化规律，此时采用声波方法是无法区分膨胀土含水率的大小的。如果含水率为 30%与含水率为 35%的声波速度变化规律不同，但在不同密实度下声波速度均出现跳跃的奇异值，并且它们的波速存在交叉点，对于无可靠规律可循的波速变化情况，很难通过声波速度曲线去辨识膨胀土的含水率是 30%还是 35%。对于声波速度存在交叉的情况，如果膨胀土的密实度小于 80%，那么就可以采用电阻率测试方法，综合分析膨胀土含水率的大小，提高其评判准确性。

地球物理参数（波速、电阻率、介电常数等）对膨胀土的含水率和密实度的敏感性不一，并且受测试环境的干扰影响，如果单纯采用某一参数去评价膨胀土的属性特征，会存在较大的不确定性，因此在条件允许或成本可控的情况下，应以多参数综合测试分析为主，提高膨胀土土力学参数评价解译精度，从而为膨胀土岸坡稳定性评价、处理提供更加可靠的数据资料。

5. 测试结论

1）波速与含水率的关系

膨胀土的液限为 52.1%，密实度为 70%～90%，含水率为 15%～40%时，膨胀土的声波速度为 235.2～616.3 m/s。含水率一定，随着密实度的增大，声波速度增大，含水率≥40%，密实度≥80%时，膨胀土声波速度保持不变，推测此时膨胀土的力学特性参数保持稳定；当密实度一定时，≤25%的含水率和≥35%的含水率的声波速度出现交叉现象，此时，依靠声波速度大小判定含水率的多少存在较大的不确定性。

2）电阻率与含水率的关系

密实度为 50%～90%，含水率为 20%～50%时，膨胀土的电阻率在 5.4～123.5 Ω·m 变化。一定密实度下，膨胀土含水率与电阻率呈负相关性，即含水率越大，电阻率越小；一定含水率下，膨胀土密实度与电阻率呈负相关性，密实度越大，电阻率越小。当含水率≥35%，密实度≥75%时，不同含水率膨胀土的电阻率差异非常小，此时较难通过电阻率的大小区分其含水率的多少。

3）多参数综合分析

当膨胀土的含水率和密实度在某一区间变化时，声波速度出现的交叉现象、电阻率差异的微小变化，使利用单一参数分析、评价膨胀土含水率和密实度大小成为困难，而借助不同参数对膨胀土含水率、密实度变化特征的反映，综合分析其含水率、密实度大小能够避免单一参数分析方法的局限性，提高膨胀土属性参数分析、评价的准确性。

尽管通过参数试验研究了膨胀土含水率-密实度的声-电响应特征，揭示了膨胀土含水率与电阻率和声波速度之间的关系，但在试验过程中仍存在考虑不够全面的地方，现对试验中的不足之处提出以下建议，希望能为后续开展相关试验的人员提供一定的帮助。

（1）测试样品组数偏少，尤其是含水率为 25%～35%，以及含水率大于 40%的膨胀土样品较少，导致试验结果存在一定的不确定性，后续应增加相应试样的测试工作。

（2）实际场地测试过程中，如果只开展二维或三维的测试工作，很难根据某一时刻的电阻率或声波速度的大小去量化含水率的多少。如能开展不同时刻的电阻率或波速的测试工作，即时间推移电法或时间推移地震探测，这将有利于根据不同时段的电阻率或速度的变化特征去推断膨胀土含水率的变化，进而对膨胀土边坡的液限滑移状态进行预测。因此，如能在室内试验时，开展不同时间含水率变化规律的声-电响应特征研究，将为场地测试工作提供更有意义的指导。

（3）含水率、孔隙度均为影响膨胀土边坡稳定性的主因，因此除了研究含水率的变化与电阻率、波速之间的关系外，还应加强膨胀土孔隙度与电阻率和波速之间对应关系的试验研究。

第3章

时间推移地球物理探测理论及技术

3.1 时间推移地球物理探测发展概述

传统的地球物理探测方法是对地下目标体进行一个现状瞬态的观测，通过对观测数据进行处理、分析，查看异常体的形态与赋存位置。正如水体在岸坡土体内部的渗透演进过程，观测对象往往是动态变化的，只进行一次观测，无法了解目标体的发展趋势。地球物理探测多年来一直是多学科的交叉领域，涉及数学、物理学、地球物理学等多个学科，随着计算机性能的不断提高，资料处理能力也在逐年提高，尤其是近年来随着人工智能的发展，在海量的数据中寻找变化，是地球物理探测领域的新机遇和挑战。

时间推移探测概念国际上最早于20世纪80年代提出，起源于石油地震勘探中的油藏监测，工程师通过时间推移地震探测，进一步提高了油气的采收率。1998年特大洪水后，使用先进技术手段对岸坡和堤坝渗透滑动的发生、发展进行观测，为防汛人员提供预测、预警信息，成为地球物理工作者的重要任务。为突破传统岸坡和堤坝隐患探测技术的瓶颈，国内学者相继提出了地球物理检测到探测转变的思路，高密度电法成为最早在堤坝工程勘察领域引入并开展的物探方法，通过多期观测数据反演模型的对比，查明电性变化趋势，从而定性评价其性质是早期地球物理探测技术的基础思路。而时间推移电法则是在探测思路的基础上发展起来的，它探测的目标不仅仅针对地质缺陷，更是以介质物理参数变化为研究对象，实现对水体渗透滑动隐患产生、发育、发展过程的追踪，有效地对险情的时空演变特征做出诊断。

时间推移探测技术最早起源于国外，目前已发展有时间推移地震法、时间推移电磁法、时间推移电阻率法等。时间推移地震法试验是最初由ARCO公司1982～1983年在北得克萨斯州的Holt储层上进行的试验勘探，Greaves和Fulp[62]于1987年记录了那次试验勘探的过程。试验主要是通过时间延迟的多次地震采集观察地震响应的差异，进而确定油藏随时间的变化，即动态变化。然而，由于当时过分强调永久性检波器，而且成本十分高昂，此项技术的应用前景受到严重的影响。

进入20世纪90年代中期，由于三维地震技术被广泛接受和应用，在全球范围内有一些油田结合不同时间采集的三维地震资料，构成了时间推移地震数据体。人们对这些数据进行分析、处理和解释，获得了相当不错的效果，从而使得时间推移地震技术有了广泛的前景，其中WesternGeco、CGG、PGS等主要地球物理服务公司成立了相当多的技术队伍，而石油公司如Shell、ExxonMobil、ChevronTexaco也组织专门的应用及开发小组，对其拥有的油田建立了相应的可行性分析手段，并在世界各地的实际油田中得到了应用，如Gullfaks油田、Shell的Draugen油田等。

进入21世纪，人们提出e-field的概念，即在油田开发的每个阶段，在油藏表面、井筒内，如套管上均安装检波器。然后，选择不同时间进行地震激发，并迅速处理和分析，以及时跟踪油藏动态并调整开发方案，最终获得最佳的采收率。在解释、处理方面，Huang等[63]于1997年正式提出地震历史匹配的概念，并在工业界取得了应用，其核心是结合生产动态信息去约束地震处理，并引导解释和标定过程。之后，Statoil ASA、Total Fina Elf、

Schlumberger 等公司联合开展相当多的试验研究工作，使得此技术成为地震信息进入油藏开发的重要手段。另外，近年来各大研究机构、院校也展开了有关时间推移地震和动态数据结合的研究工作，如斯坦福大学、塔尔萨大学、得克萨斯农工大学、赫里奥特瓦特大学等。

国内也在 20 世纪 90 年代中期从国外引入时间推移地震探测技术，中国的新疆、辽河、大庆等油田在这个方面进行了积极的探索，国内的中国科学院、中国石油大学、西南石油大学等院校也积极参与到时间推移地震探测技术的研究中。

在基础研究领域，国内学者从堤防土体的组分结构、含水率、密实度等与地球物理参数的相关关系的研究入手，寻找含水率发生变化后堤防典型隐患演变为渗漏、管涌、流土的临界物性参数变化特征，以实现对典型隐患演变规律的分析研究。例如，白广明等[64]在对黑龙江省九龙水库堤坝土样的模拟研究中，分析了浸润线上、下部位电阻率和含水率的关系及电阻率与土体密实度的关系等。

3.2　时间推移地球物理探测技术原理

3.2.1　基本原理

时间推移地震探测技术是指在探测过程中，对同一地下区域目标体或保护对象在不同时刻进行原位重复性观测，通过分析所获得的地球物理响应特征差异，来获得目标体的参数变化情况，基本原理如图 3.1 所示。

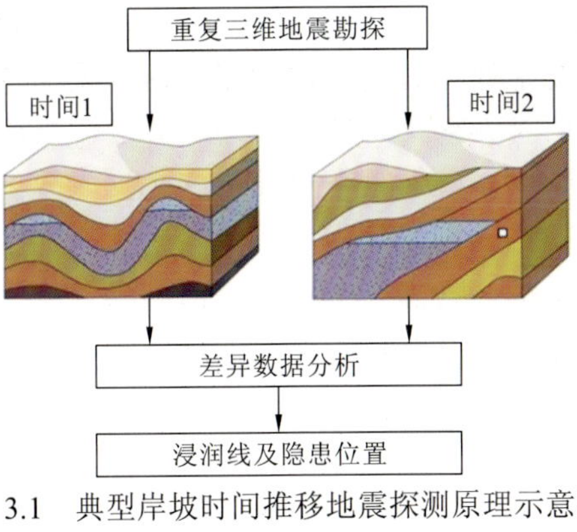

图 3.1　典型岸坡时间推移地震探测原理示意图

时间推移探测技术研究和发展主要集中在三个环节：数据获取、数据反演及数据分析。

（1）数据获取。时间推移探测与传统的瞬态探测在观测系统设计上没有本质的不同，仍然可采用传统的布设形式，但由于时间推移强调原位，工作布置要充分考虑后期现场保护。近年来，随着三维探测技术研究的深入，利用三维采集技术，结合时间推移电法的思想，开发四维探测技术。

（2）数据反演。时间推移探测与传统的瞬态探测最显著的区别集中在数据反演方面。

时间推移数据的反演过程增加了时间约束的概念。时间约束体现在两个方面：第一是反演初始模型的构建；第二是反演的过程约束。对于基于单一地球物理数据的反演工作而言，多解性是不可避免的问题，因此对于一个剖面的电法数据，其反演可能出现不同的结果，而反演初始模型是影响反演结果的重要因素之一，在目前的时间推移探测数据处理中，反演初始模型的构建主要参考前一时刻或前几个时刻的反演或检测成果，这样可以保证相邻两次反演成果的近似性。反演过程中的时间约束是指同时进行若干个时刻剖面数据的反演，在每次迭代的过程中，根据前一时刻数据的迭代结果修正下一时刻数据迭代的结果。

（3）数据分析。时间推移探测的最终目的是根据地球物理参数的变化量分析探测目标的变化情况。例如，在时间推移地震探测数据分析中，主要通过对不同时刻的反演结果进行运算得到地震波波速变化率百分比图、波速变化比例图等图件，从而进行分析、解释。

3.2.2 工作方法

总体来说，时间推移探测系统可以按照工作方法分为以下三种类型。

（1）固定型。这种类型的系统将电极、传感器、电缆、监测主机等永久性地安装、布设在目标体上。如果出于成本或安全的考虑，也可以将主机与电极、电缆分离，平时将主机单独保管，测试时再将主机和电缆连接。系统具有灵活、及时采集数据的能力，但由于主要观测设备被固定在探测区域，需要特别注意固定设备的保护，防止意外和人为破坏。

（2）半固定型。这种类型的系统将电极埋设在固定位置，而电缆与主机并不固定在堤防上，只在测试的时候才与电极进行组装。这种系统比固定型的系统在防护成本上要低得多，而且相对不易发生损耗和破坏。其缺点是反应速度不如固定型系统，采集数据时需要较多的耗时和人力。

（3）移动型。这种类型的系统只是在需要采集数据时才安装在目标体上，此时监测工作更加类似于一种巡检的方式。但是由于不能精确地保证观测装置每次都布设在同一位置，其数据的可比性和处理的精确度都要低于前两种系统。其反应速度也是最慢的。其优点是系统不易受损，硬件成本最低。在应用移动型系统时需要极为注意的一点是，要保证同一位置布设的系统极距相同，极距不同的观测成果不建议采用成果时间序列处理方法进行处理。

3.2.3 数据处理

1. 电法探测数据处理基本原则及关键技术

1）基本原则

传统的单一断面反演可以归结为解如式（3.1）所示的方程。

$$(\boldsymbol{J}_i^{\mathrm{T}}\boldsymbol{R}_{\mathrm{d}}\boldsymbol{J}_i+\lambda_i\boldsymbol{W}^{\mathrm{T}}\boldsymbol{R}_{\mathrm{m}}\boldsymbol{W})\Delta\boldsymbol{r}_i=\boldsymbol{J}_i^{\mathrm{T}}\boldsymbol{R}_{\mathrm{d}}\boldsymbol{g}_i-\lambda_i\boldsymbol{W}^{\mathrm{T}}\boldsymbol{R}_{\mathrm{m}}\boldsymbol{W}\boldsymbol{r}_{i-1} \tag{3.1}$$

式中：$\boldsymbol{g}_i$ 为实测视电阻率与计算得到的视电阻率的误差向量；$\Delta\boldsymbol{r}_i$ 为第 i 次迭代模型变化量；$\boldsymbol{r}_{i-1}$ 为上次迭代模型参数向量，即模型电阻率的对数值；$\boldsymbol{J}_i$ 为雅可比偏导数矩阵；$\boldsymbol{J}_i^{\mathrm{T}}$ 为雅可比偏导数转置矩阵；$\boldsymbol{W}$ 为 1 阶粗糙滤波器；$\boldsymbol{W}\boldsymbol{r}_{i-1}$ 为上次迭代模型参数向量 1 阶粗糙滤波器；$\boldsymbol{W}^{\mathrm{T}}$ 为 1 阶粗糙滤波器转置矩阵；λ_i 为阻尼系数；$\boldsymbol{R}_{\mathrm{d}}$、$\boldsymbol{R}_{\mathrm{m}}$ 为权重矩阵。

监测系统在不同时刻取得的监测数据组成了一个成果时间序列，与传统的针对单一的地电断面数据进行的电阻率反演成像不同，对于时间序列数据，可以同时利用在同一空间位置、不同时刻采集的 2 个或更多的地电断面数据进行联合反演。在联合反演的过程中，前一时刻数据会被当作参考，参与到后一时刻数据的反演过程中，即在反演过程中增加时间约束。大多数情况下，时间上相邻的两个断面数据，仅在一个有限的区域内出现变化，而其他部分数据没有发生变化，或者变化有限。针对这种情况，可以对式（3.1）进行修改，以保证相邻两个时刻数据的电阻率模型的对数值差异最小，修改后的公式见式（3.2）。

$$(\boldsymbol{J}_i^{\mathrm{T}}\boldsymbol{R}_{\mathrm{d}}\boldsymbol{J}_i+\lambda_i\boldsymbol{W}^{\mathrm{T}}\boldsymbol{R}_{\mathrm{m}}\boldsymbol{W})\delta\boldsymbol{m}_i^k=\boldsymbol{J}_i^{\mathrm{T}}\boldsymbol{R}_{\mathrm{d}}\boldsymbol{g}_i-\lambda_i\boldsymbol{W}^{\mathrm{T}}\boldsymbol{R}_{\mathrm{m}}\boldsymbol{W}\boldsymbol{m}_{i-1}^k-\beta_i\lambda_i\boldsymbol{V}^{\mathrm{T}}\boldsymbol{R}_{\mathrm{t}}\boldsymbol{V}(\boldsymbol{m}_{i-1}^k-\boldsymbol{m}_{i-1}^0) \tag{3.2}$$

其中，$\boldsymbol{m}_{i-1}^k$、$\boldsymbol{m}_{i-1}^0$ 为第 k 个时刻的模型和初始时刻模型对应的参数向量，$\boldsymbol{m}_i^k$ 对应第 k 个时刻序号为 i 的模型。式（3.2）右边增加的 $\beta_i\lambda_i\boldsymbol{V}^{\mathrm{T}}\boldsymbol{R}_{\mathrm{t}}\boldsymbol{V}(\boldsymbol{m}_{i-1}^k-\boldsymbol{m}_{i-1}^0)$ 部分包含了第 k 个时刻的模型和初始时刻模型的变化量，作为参考模型的初始时刻模型也可以保证反演效果，β_i 是相关权重，代表不同反演模型间的约束，$\boldsymbol{R}_{\mathrm{t}}$ 是权重矩阵，$\boldsymbol{V}$ 是模型间的权重矩阵，$\boldsymbol{V}^{\mathrm{T}}$ 是模型间的权重转置矩阵，决定了联合反演的模型间的差异。

2）关键技术

时间序列反演的基本思路是通过时间约束，将前一时刻成果作为后一时刻成果的参考，提高反演成果的准确性和反演速度。具体来讲，时间约束可以分为以下三种类型。

（1）最小变化约束。在初始模型和目标模型间施加阻尼最小二乘约束，保证目标模型的反演成果与初始模型间的差异最小化。

（2）最小二乘光滑约束。在初始模型和目标模型间施加最小二乘光滑约束，保证目标模型的反演成果与初始模型间的变化最光滑。

（3）鲁棒光滑约束。保证目标模型反演得到的电阻率与初始模型的电阻率间变化的绝对值最小。

反演策略包括两种，即同时反演和依序反演。

同时反演的情况下，首先对初始模型进行一次反演迭代，完成后进行一次目标模型反演迭代，然后再进行初始模型反演迭代，随之再进行一次目标模型反演迭代，如此往复，直至反演完成。

依序反演的情况下，首先对初始模型进行多次迭代，得到一个较为满意的反演结果后，将该模型作为目标模型反演的参考模型，这种策略在测试结果中的电阻率存在较大反差的情况下反演结果较好。

参考模型的选取有两种方式：一种是将最早时刻的模型作为参考模型，后面所有测试成果反演时都以其为参考；另一种是进行某一时刻成果反演时，以其前一时刻的成果为参考。同时，反演过程中还需要考虑的一个参数是时间约束权重，该参数决定了目标模型与初始模型的相似程度，该参数越大，目标模型与初始模型越相似，也就是将不同时刻的反演结果间的差异最小化。

2. 地震探测数据处理基本原则及关键技术

1）基本原则

将地震反演技术应用到时间推移问题，可进一步刻画地震响应和地层参数变化之间的关系。不同于传统反演，时间推移地震反演主要是利用不同时刻对同一区域地震响应的重复勘探，来获得地层地质参数的变化情况，并基于该变化情况来预测渗透滑动的发展趋势。

时间推移地震数据处理的基本思路是：针对两次或者更多次的地震勘探数据，应用相同的处理软件、相同的处理流程进行处理。如果某一次探测具有较高的覆盖次数和较大的偏移距，其结果明显好于其他的探测，则将其作为主要的参考信息，用来进行速度分析；对于两次地震数据的处理，要采用相同的速度模型、相同的偏移距范围、相同的偏移距参数进行偏移成像。

2）关键技术

在时间推移地震探测数据处理过程中，要在高保真的前提下有效识别信号和各种噪声，消除各种干扰波，得到时间推移地震数据体的准确成像，筛选出敏感参数，最终处理得到具有可靠性和稳定性的时间推移地震数据差异体。其关键处理技术包括空间匹配技术、子波整形技术、高保真降噪技术、互均衡处理技术等。

（1）空间匹配技术。对两次或多次采集的数据进行面元网格、采样长度、炮间距、接收道数、偏移范围等的匹配。通过空间匹配处理，提高时间推移地震数据在空间位置上的重复性。

（2）子波整形技术。对于两个不同类型的子波，以其中之一为标准，通过设计滤波算子，对另外一个子波进行整形。时间推移地震数据因震源、采集仪器、采集环境、采集方式的微小差别，可能使时间推移地震子波出现较大差异，主要表现在地震子波不一致，需要进行子波整形，以消除不同震源子波的影响。

（3）高保真降噪技术。由于采集环境及客观条件改变，不同时期的数据噪声有较大差异，需要独立降噪。由于噪声和信号具有重复性，难以实现噪声和信号的完全分离。高保真降噪技术的基本原理是将原始数据进行去噪处理，获得一个信号模型数据和噪声数据；然后对第一次信噪分离后的噪声数据再次进行信噪分离，获得新的信号模型数据和噪声数据。从理论上讲，信噪分离可以重复进行下去，最后将所有模型数据相加获得地震数据的高保真降噪结果。

（4）互均衡处理技术。互均衡处理技术是一种综合性处理方法，主要包括时间校正、振幅均衡、带宽均衡及相位均衡等。该技术是进一步消除或削弱时间推移地震数据中目标体变化以外的非一致性因素影响的关键技术。互均衡处理技术的基本原理是对于基础资料和检测资料中不包含地下物性参数变化的区域，取单个时间窗，设计匹配滤波器，然后用此滤波器对检测资料进行整体滤波，从而消除不同时间点探测数据资料中非目标体物性参数变化引起的差异。其数学本质可以表述如下：记时间域的检测资料为 T_{dma}，经过滤波的时间推移探测资料为 T_{fir}，匹配滤波器为 f_{match}，则

$$T_{\mathrm{fir}} = T_{\mathrm{dma}} \cdot f_{\mathrm{match}} \tag{3.3}$$

其中，$f_{\mathrm{match}} = f_{\mathrm{ts}} \cdot f_{\mathrm{amp}} \cdot f_{\mathrm{bw}} \cdot f_{\mathrm{ph}}$，这里 f_{ts}、f_{amp}、f_{bw}、f_{ph} 分别代表时间校正、振幅均衡、带宽均衡、相位均衡对匹配滤波算子的贡献。

对两组时间推移探测资料进行互相关运算，求取互相关函数的峰值对应的时间，从而计算出两组资料的时间推移校正量，即可求出时间校正的均衡算子 f_{ts}；分别计算基础资料和探测资料所有接收道的均方根振幅或每一接收道各自的均方根振幅，求出振幅均衡算子 f_{amp}。在时间域里带宽和相位是耦合的，进行带宽、相位的互均衡的算法较多，常见的如最小平方意义上的维纳滤波器。设同一地区不同时间 Y_1、Y_2 得到的时间推移地震探测数据记录分别为 $G_{T1}(t)$、$G_{T2}(t)$ 等，相应的第 Y 年第 m 条测线第 n 道地震记录记为 $G_{m,n}^{Y}(t)$。取 Y_1 年的地震记录为参考地震道，使 Y_2 年相应道的地震记录与之匹配。选取归一化算子 P，使得目标泛函极小：

$$E(t) = \| G_{T1}(t) - PG_{T2}(t) \| \tag{3.4}$$

利用计算得到的归一化算子 P 去校正相应的地震剖面，完成互均衡处理，解释 $E(t)$。

3.2.4　资料解释

时间推移探测技术可获得每个探测断面在时间推移中所发生的变化的估值，采取科学、合理的解释方法，可以更好地识别目标体及异常变化，提升探测资料的解释水平。

1. 成果图件的选择

时间推移地球物理探测成果图主要包括初始探测成果图、不同时间点探测剖面成果图（图 3.2）、相邻时间点物性参数相对变化百分比图（图 3.3）等，其中物性参数相对变化百分比图是重点分析、解释图件。虽然物性参数相对变化百分比图的物理意义并不是探测断面上的真实地球物理参数，但是其异常形态和异常体的理论异常形态是接近的，可以根据相对变化百分比图判断异常的位置、性质。

在岸坡堤坝渗透探测工作中，需要关心和确定的正是岸坡堤坝隐患的位置信息与变化趋势，并不是其真实的地球物理参数特征值，因此物性参数相对变化百分比图应作为分析的主要图件。

数据处理方法与联合反演相结合，开发出精度更高、更能满足工程需求的时间推移地球物理探测系统。

（4）在时间推移地球物理探测的反演和资料分析中，引入时间序列分析与预测、人工智能、云计算等信息技术，实现反演参数的自动化选择和反演成果的自动化分析，减少资料分析中主观因素的影响，大幅提升时间推移探测数据的智能处理与智慧分析水平。

（5）将地球物理探测的数据和反演成果与渗流分析、边坡稳定分析等技术耦合应用，实现检测、监测与安全预警、评价的整合应用。

（6）加强高性能采集卡和处理芯片在地球物理仪器装备中的应用，以实现高速、高分辨数据采集和大通量数据信息处理，以解决时间推移探测中，在目标体性状突变阶段，探测时间点离散、不连续的问题。

（7）利用物联网、5G等信息技术提高观测设备的远程智能化水平，实现远程控制、自动化检测数据的网络化传输。仪器功能向多功能集成方向发展，可实现多元信息融合。

第 4 章

岸坡和堤坝时间推移电法探测技术研究

4.1 直流电法概述

4.1.1 基本理论

假设大地为均匀、各向同性、电阻率为 ρ 的无限介质，点电流源 A 在地表向地下供入电流 I 时，地下电流线的分布便以点电流源 A 为中心向四周辐射，任意一点（M）的电位和电场强度分别为

$$U = \frac{\rho I}{2\pi R} \tag{4.1}$$

$$E = \frac{\rho I}{2\pi R^2} \tag{4.2}$$

式中：ρ 为大地电阻率；I 为电流强度；R 为 M 至点电流源的距离。

当两个异性点电流源 A 和 B 分别以 $+I$、$-I$ 向地下供电时，任意一点（M）的电位和电场强度可由每个点电流源在 M 点形成的电位与电场强度按叠加原理求出。图 4.1 为地下电流线、等位面分布示意图及 A、B 之间电位、电场强度的变化曲线图，可知：点电流源附近电位和电场强度的绝对值大，且随位置变化快；在 AB 中间 1/3～1/2 位置，电位和电场强度均变化缓慢，可近似为均匀场。

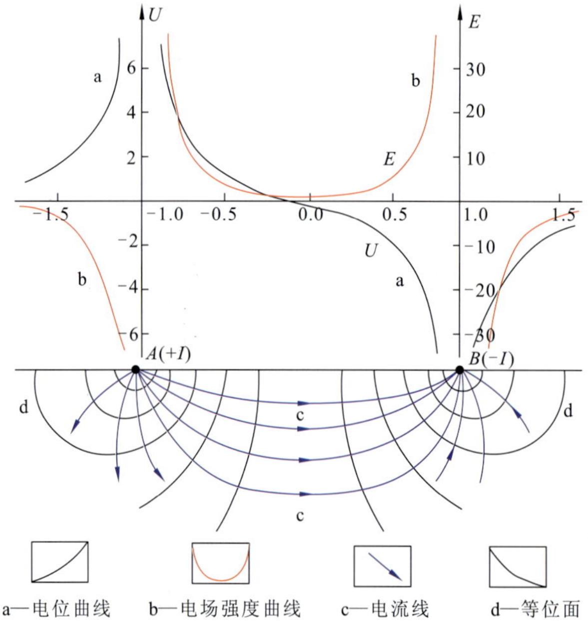

图 4.1 异性点电流源电场分布示意图

直流电法探测以稳恒电流场基本性质和边界条件为基础，通过供电电极（A、B）建立特定稳恒电流场，根据地表测量电极（M、N）之间的电位差和相对位置关系，计算视电阻率，并以此为依据推断勘探区域内不均匀体的赋存状态及其影响范围。因此，只有

当地下不均匀体引起的地表电场变化足够大时，该方式才能取得较好的应用效果，根据电流线分布情况，当 A、B 距离增大时，会有更多的电流流入地下，深部电流密度也增大，即通过改变 A、B 之间的距离能够探测不同深度不均匀体的分布情况。

根据测量电极 M、N 之间的电位差 ΔU_{MN} 和各电极间的位置关系，可采用式（4.3）计算电阻率：

$$\rho = K\frac{\Delta U_{MN}}{I} \tag{4.3}$$

$$K = \frac{2\pi}{\frac{1}{AM}-\frac{1}{AN}-\frac{1}{BM}+\frac{1}{BN}} \tag{4.4}$$

式中：K 为装置系数；I 为电流强度；AM、AN、BM、BN 为电极之间的距离。

直流电法探测中，一般把长为 AB、宽和高等于 $AB/2$ 的长方体定为理想勘探体积（图 4.2），在这个勘探体积范围内集中了大部分的电流，与围岩有明显电性差异的不均匀体对正常场的扰动才会被观测到。

一般情况下，地下为非均匀介质，如图 4.3 所示。当勘探体积范围内包含了电阻率分别为 ρ_1、ρ_2 和 ρ_3 的介质时，式（4.3）计算出的数值不再是某一介质的电阻率，而是三种介质的综合反映，这个值称为视电阻率，用 ρ_s 来表示。

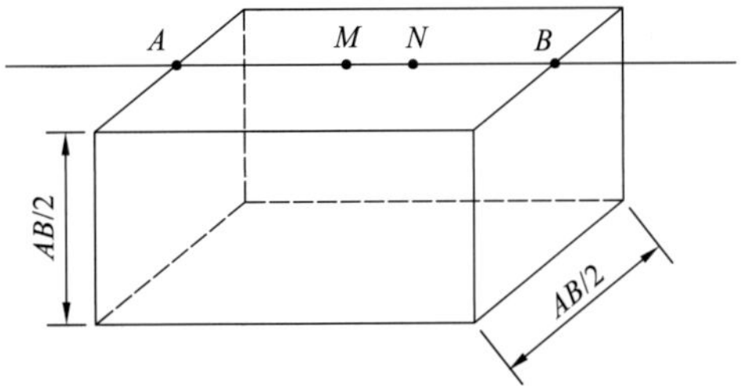

图 4.2　理想勘探体积示意图

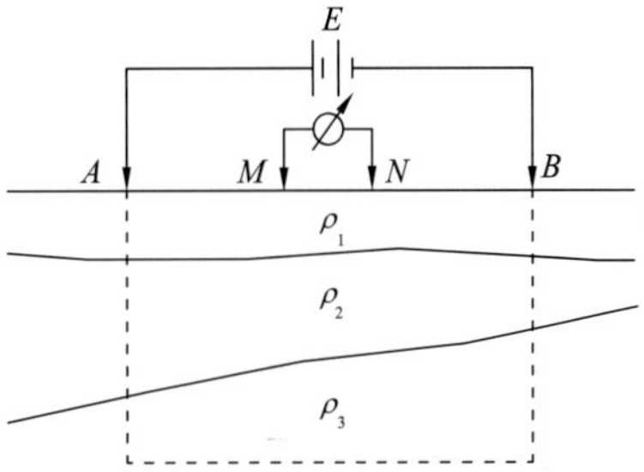

图 4.3　非均匀介质测量示意图

视电阻率虽然不是地下介质的真电阻率，但却是地下电性不均匀体和地形起伏的一种综合反映，利用其变化规律可以发现和探查地下电性不均匀体，以达到解决地质和工程问题的目的。

4.1.2　常见探测方法

根据观测系统及观测方式，直流电法可分为直流电测深法、直流电剖面法、高密度电法等。

1. 直流电测深法

直流电测深法是目前应用较为广泛的直流电法，该方法主要用于研究测区内的垂向电性结构，包括资源探查、隐伏地质构造探测、地层划分等。

直流电测深法的主要特点为：在测量过程中测点位置保持不变，由小到大或由大到小逐渐改变供电电极距，测量结果所对应的地层深度也随之改变，从而得到主要反映测点附近垂直方向上电性变化的视电阻率曲线，然后通过对比不同测点视电阻率曲线的变化特点，了解沿测线方向上的电性变化特征，进而获得整个测区的地层电性结构。

根据电极排列方式的不同，直流电测深法可分为不同的装置类型，如图 4.4 所示。每种装置类型都具有其各自的优点，它们的共同特点为：供电电极（A、B）作为发射源，向地下供以电流；测量电极（M、N）用来测量大地中两点的电位差；按照选定的电极距序列和供电电极距与测量电极距的比例（AB/MN）移动电极，进行逐点测量；根据稳恒电流场扩散理论，采用式（4.3）计算视电阻率。

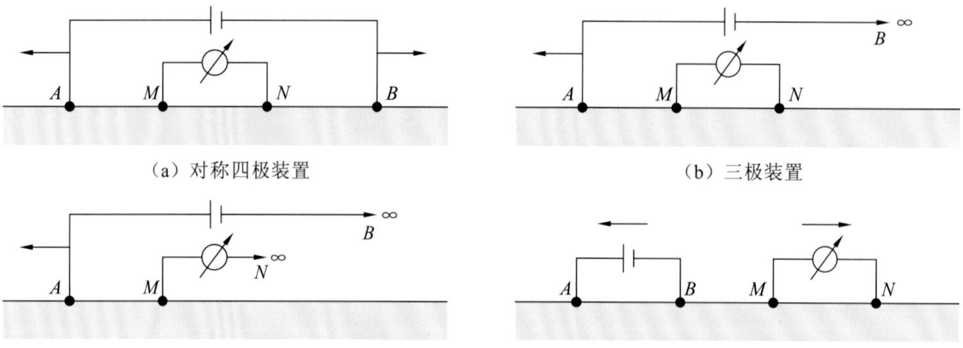

（a）对称四极装置　（b）三极装置

（c）二极装置　（d）偶极装置

图 4.4　常用直流电测深法的装置类型图

2. 直流电剖面法

直流电剖面法主要用来探查地下一定深度范围内的横向电性变化，相对于直流电测深法，直流电剖面法更适用于探测产状陡立的高、低阻体，如划分不同岩性的接触带、追索断层及构造破碎带等。

根据电极排列方式的不同，直流电剖面法主要分为二极、三极、联合剖面、对称四极、偶极、中间梯度等装置类型（图 4.5），每种装置类型都有其各自的特点和应用条件，它们的共同特点为：用供电电极 A、B 向地下供电，同时在测量电极 M、N 间观测电位差 ΔU_{MN}，并计算视电阻率 ρ_s，各电极沿选定的测线同时逐点向前移动和观测，得到地下一定深度的视电阻率曲线，以此分析该深度的地质情况，包括地层起伏、构造发育等。

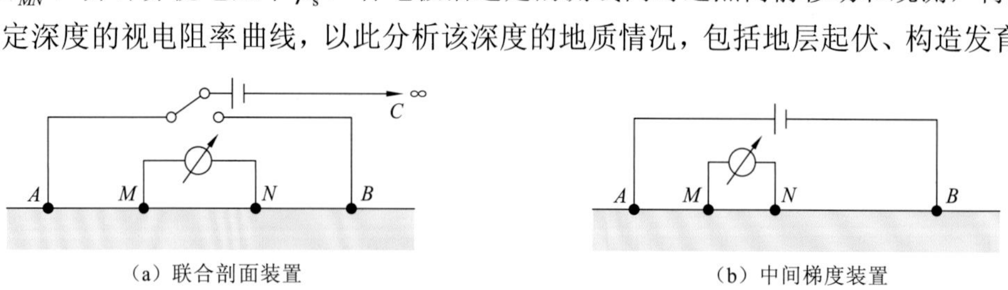

（a）联合剖面装置　（b）中间梯度装置

图 4.5　直流电剖面法装置示意图

直流电剖面法的常用装置为联合剖面装置和中间梯度装置，以下分别进行介绍。

（1）联合剖面装置。电极排列方式如图 4.5（a）所示。电源负极（或称 C 极）置于无穷远处，电源的正极可接 A 极，也可接 B 极，分别组成 AMN 和 MNB 三极装置，在每个点进行两次测量，得到 ρ_s^A 和 ρ_s^B 两组视电阻率值，然后将 MN 中点作为记录点，绘制视电阻率曲线。电性参数按式（4.5）计算：

$$
\begin{cases}
\rho_s^A = K_A \dfrac{\Delta U_{MN}^A}{I_A} \\
\rho_s^B = K_A \dfrac{\Delta U_{MN}^B}{I_B} \\
K_A = 2\pi \dfrac{AM \cdot AN}{MN} \\
K_B = 2\pi \dfrac{BM \cdot BN}{MN}
\end{cases}
\tag{4.5}
$$

式中：K_A 为 AMN 装置系数；K_B 为 MNB 装置系数；I_A 为供电电极 A 在测量电极 M、N 之间产生的电流；I_B 为供电电极 B 在测量电极 M、N 之间产生的电流；ΔU_{MN}^A 为供电电极 A 在测量电极 M、N 之间产生的电位差；ΔU_{MN}^B 为供电电极 B 在测量电极 M、N 之间产生的电位差；AM、AN、BM、BN、MN 为电极之间的距离。

由于联合剖面装置由两个三极装置组合而成，较其他直流电剖面装置可获得更为丰富的地质信息。因此，联合剖面装置具有分辨能力强、异常明显等优点，在水文及工程地质等调查中获得了广泛的应用。但由于联合剖面装置设有无穷远极，野外施工装备较为笨重，效率低，易受地形影响。

（2）中间梯度装置。电极排列方式如图 4.5（b）所示。中间梯度装置采用异性点电流源进行建场，在偶极源中部[一般（1/3～1/2）AB 范围内]，电流线基本与地表平行，该范围内电场可视为匀强电场，并且在偶极源两侧约 1/6AB 范围内，电场也近似均匀，中间梯度装置不仅可以在偶极源所在测线上进行测量，也可以在偶极源连线两侧 1/6AB 范围内的测线上进行测量，具有“一线布极，多线测量”的优点。中间梯度装置供电电极距较大，一般 $AB=(70\sim80)H$（H 为覆盖层厚度），测量电极距 $MN=(1/50\sim1/30)AB$。测量过程中保持供电电极固定不动，测量电极在供电电极中部 1/3～1/2 范围内移动，逐点进行测量。

中间梯度装置采用大极距的建场方式，最大限度地克服了供电电极附近电性不均匀体的影响，减少了供电电极的移动次数，施工效率高，但在供电电极移动处，视电阻率曲线不连续，每个测点的勘探深度也有轻微的变化。

直流电剖面法供电电极距的选择主要考虑覆盖层厚度及其电阻率，一般应满足 $AB \geqslant 6H$（H 为覆盖层厚度），其次还应根据地电断面的产状、规模及相邻地质体的影响，选择合适的装置类型。

3. 高密度电法

高密度电法是一种阵列式的电法勘探方法，早在 20 世纪 70 年代末期，英国学者就建立了高密度电法的最新模式。80 年代后期，我国地质矿产部门首先开展了高密度电法及其应用技术的研究，并探讨、完善了该方法的技术和理论。该探测方法在金属与非金属矿产、地质构造、水文地质、工程灾害地质、考古、岩溶洞穴景观资源勘察等领域得到了广泛的推广应用，解决了诸多实际问题，产生了极大的经济效益。

高密度电法是集直流电测深法和直流电剖面法于一体的一种多装置、多极距组合方法，它具有一次布极即可进行多装置数据采集的优势，其主要特点如下。

（1）电极布设一次完成，测量过程中无须跑极，因此可防止由电极移动引起的故障和干扰；

（2）通过电极转换开关，可实现多种电极排列方式的扫描测量，获得较丰富的地电断面信息；

（3）数据自动化或半自动化采集，避免了人工操作引起的误差，提高了数据采集速度；

（4）相比于传统的电阻率法，具有施工成本低、效率高，获取的地质信息丰富、解释方便等优点。

高密度电法在一条观测剖面上，通常要打上数十根乃至上百根电极，且多为等间距布设。观测系统是指在一个排列上进行逐点观测时，供电和测量电极采用的排列方式，目前常用的是四极排列装置，包括温纳装置、偶极装置、双二极装置（又称微分装置）等。现对其测量方式分别进行介绍。

温纳装置又称对称四极装置，该装置适用于固定断面扫面测量，电极排列如图 4.6 所示。A、M、N、B 等间距排列，其中 A、B 是供电电极，M、N 是测量电极，测量时，$AM=MN=NB=a$ 为一个电极间距，A、M、N、B 逐点同时向前移动，得到第一条剖面线；接着，AM、MN、NB 同时增大一个电极间距，M、N、B 逐点同时向前移动，得到第二条剖面线；依此进行下去，直到获得 n 条剖面线，进而绘制倒梯形断面。视电阻率 ρ_s^α 的表达式为

$$\rho_s^\alpha = K_\alpha \frac{\Delta U_{MN}}{I} \tag{4.6}$$

$$K_\alpha = 2\pi a \tag{4.7}$$

式中：ρ_s^α 为温纳装置的视电阻率；ΔU_{MN} 为测量电极 M、N 之间的电位差；I 为测量电极 M、N 之间的电流；K_α 为温纳装置系数；a 为电极之间的距离。

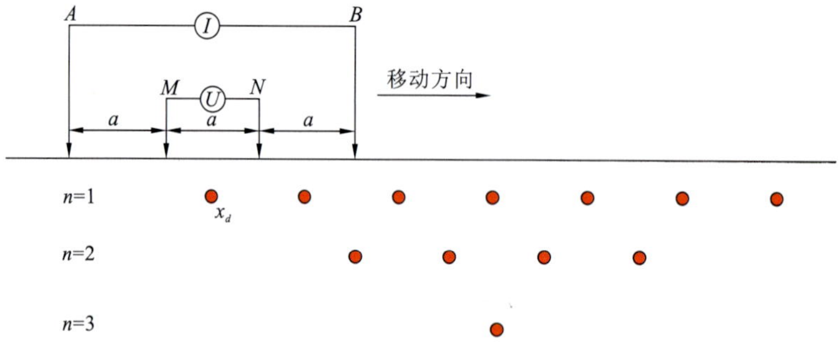

图 4.6　温纳装置示意图

x_d 为探测记录点的桩号位置

偶极装置供电电极 A、B 和测量电极 M、N 均采用偶极，并按照一定的距离（na）分开，如图 4.7 所示。测量时，$AB=BM=MN=a$ 为一个电极间距，A、B、M、N 逐点同时向前移动，得到第一条剖面线；接着，BM 增大一个电极间距，A、B、M、N 逐点同时向前移动，得到第二条剖面线；依此进行下去，直到获得 n 条剖面线，进而绘制倒梯形断面。视电阻率 ρ_s^β 的表达式为

$$\rho_s^\beta = K_\beta \frac{\Delta U_{MN}}{I} \tag{4.8}$$

$$K_\beta = 6\pi a \tag{4.9}$$

式中：ρ_s^β 为偶极装置的视电阻率；ΔU_{MN} 为测量电极 M、N 之间的电位差；I 为测量电极 M、N 之间的电流；K_β 为偶极装置系数；a 为电极之间的距离。

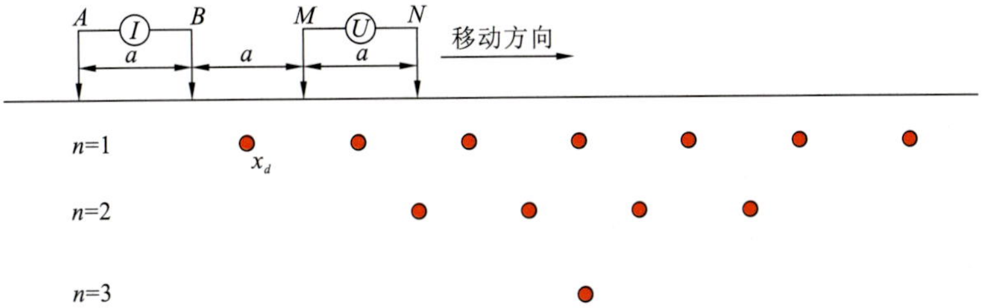

图 4.7　偶极装置示意图

微分装置采用供电电极与测量电极相间的电极排列方式，供电电极距与测量电极距相等，如图 4.8 所示。测量时，$AM=MB=BN=a$ 为一个电极间距，A、M、B、N 逐点同时向前移动，得到第一条剖面线；接着，AM、MB、BN 增大一个电极间距，A、B、M、N 逐点同时向前移动，得到第二条剖面线；依此进行下去，直到获得 n 条剖面线，进而绘制倒梯形断面。视电阻率 ρ_s^γ 的表达式为

$$\rho_s^\gamma = K_\gamma \frac{\Delta U_{MN}}{I} \tag{4.10}$$

$$K_\gamma = 3\pi a \tag{4.11}$$

式中：ρ_s^γ 为微分装置的视电阻率；ΔU_{MN} 为测量电极 M、N 之间的电位差；I 为测量电极 M、N 之间的电流；K_γ 为微分装置系数；a 为电极之间的距离。

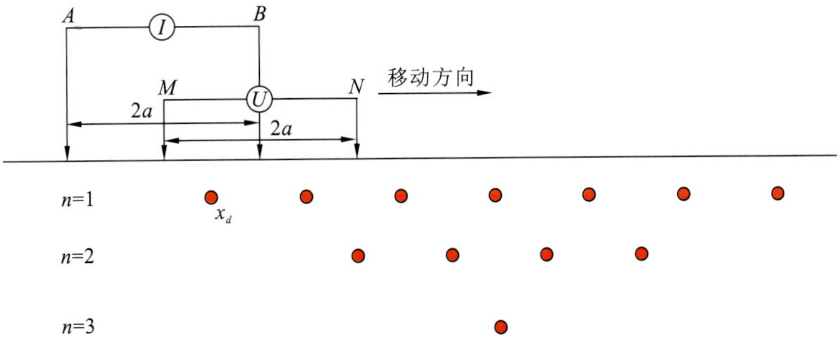

图 4.8　微分装置示意图

4.1.3 野外施工方法

直流电法野外施工主要包括仪器设备选择，测线、测网布置，观测系统参数选择等。

1. 直流电法仪器设备选择

直流电法仪器设备主要包括直流电法仪、供电电源、电极、电缆等。

1）直流电法仪

为了在恶劣的工作环境下，保证采集信号的精确性，直流电法仪应满足以下基本要求。

（1）灵敏度高。仪器灵敏度越高，可测的 ΔU_{MN} 越小。在 ρ_s 一定的条件下，ΔU_{MN} 与 I 成正比。因此，提高仪器灵敏度可减小供电电流，有利于减轻电源重量，并减少供电电极数目，而且可以使用细的供电导线，从而使整个装备轻便。

（2）抗干扰能力强。仪器要求对 50 Hz 工业干扰信号和各种偶然干扰具有很强的抑制能力，以保证仪器的高灵敏度。

（3）稳定性好。野外用的仪器要求能够适应各种气候条件，因此仪器应能在相当大的温度和湿度变化范围内保持性能稳定。

（4）输入阻抗高。在野外电极接地条件改变的情况下，仪器仍能保持所需精度，因此要求仪器必须具有较高的输入阻抗。

2）供电电源

直流电法的供电电源，一般多采用干电池、蓄电池串联或并联的方式，但对供电电极距较大的中间梯度装置和测深装置而言，有时需要采用配有整流器的汽油发电机。

3）电极

在直流电法中，供电和测量均需要用接地的电极。电极 A、B 一般用棒状铜电极，长度通常为 30～50 cm，直径为 1.8～2.2 cm，当对测量精度要求较高时，可采用不极化电极。

4）电缆

在直流电法中，供电电极与电源之间、测量电极与仪器之间，均需用导线连接。对导线的基本要求是，除应具有良好的导电性能和绝缘性能外，还应有足够的机械强度和抗张力。

2. 测线、测网布置

（1）测网布置应根据任务要求、探测目标体的规模与埋深等因素综合确定，测网和工作比例尺的选择应能反映探测目标体，并可在平面图上清楚地标示出其位置和形态。

（2）测线方向宜垂直于地层或目标体的走向（长轴方向），并且最好布置在地形起伏较小和表层介质相对均匀的地段；测线应尽可能避开干扰源。

（3）当测区边界附近发现重要异常时，应把测线适当扩展到测区外追踪异常。

（4）在地质构造或目标体发育的复杂区域，测线应适当加密，并在主要测线之间布置辅助测线。

（5）探测范围大于勘探目标体分布范围，尽量将与勘探目标体有直接关系的已知信息包括到测区的范围内，以有利于解释资料。

3. 观测系统参数选择

（1）最小的 $AB/2$ 应能使电测深曲线出现或接近首支渐近线；

（2）最大的 $AB/2$ 应能满足勘探深度的要求，使曲线出现尾支渐近线，尾支渐近线至少由三个极距点控制；

（3）供电电极距序列满足对数均匀分布；

（4）测量电极距的变化范围为 $\frac{1}{3}AB > MN > \frac{1}{30}AB$。

4. 应注意的问题

在实际工作中还需要注意电极的接地电阻、电缆漏电、观测精度等问题。

（1）电极的接地电阻。在直流电法中，一般用铜电极与大地相接，以进行供电与测量。电极的接地电阻是指从电极表面到大地无限远处所呈现的电阻，接地电阻的大小通常与电阻接触土壤的电阻率及电极尺寸有关。在实际工作中，总是希望接地电阻尽可能小些。供电电极接地电阻小，可在一定的供电电压下供较大的电流，测量电极接地电阻过大，将使观测误差增大。

（2）电缆漏电。野外工作中，电缆某一部分漏电会对观测结果产生很大误差，必须引起重视。通常漏电电流占供电电流的比例越大、越靠近测量电极，所形成的误差越大。

（3）观测精度。在直流电法工作规范中，要求对原始观测数据进行一定数量的系统检查观测，并用均方相对误差衡量精度。

4.1.4　资料处理与解释

直流电法资料解释分为定性解释和定量解释。定性解释的目的在于初步了解测区电性层的特征及其分布规律，包括基岩起伏、构造发育及分布情况等，以期对测区的电性特征有一个大概的了解，为资料的定量解释做准备。定性解释的任务就是根据测区电测深曲线的特点，绘制并分析有关的定性图件。这些图件主要包括电测深曲线类型分布图、视电阻率断面图等。

电测深曲线的类型取决于地电断面的性质。图 4.9 为三层地电断面及对应的电测深曲线图。由图 4.9 可知：三层地电断面有 5 个地电参数，即 ρ_1、ρ_2、ρ_3、H_1、H_2；三层地电断面电测深曲线类型由各层电阻率的相对大小确定，可分为 H 型、K 型、A 型、Q 型，曲线特点如下。

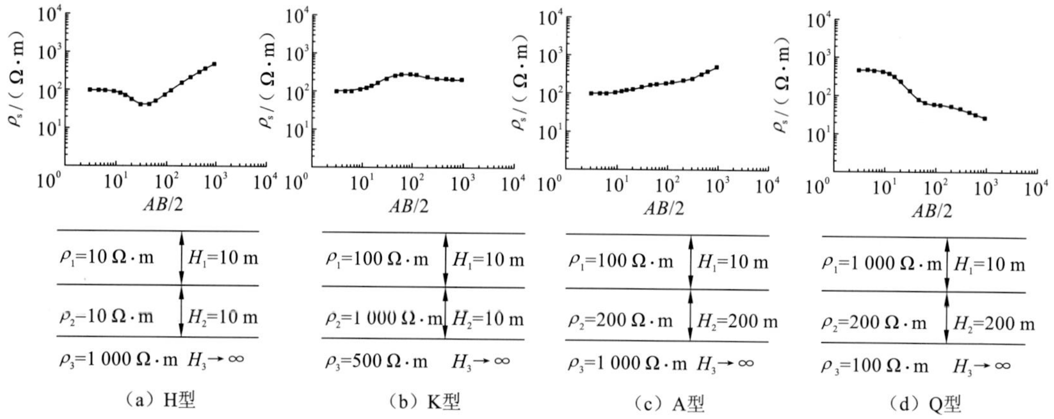

图 4.9　三层地电断面及对应的电测深曲线图

（1）曲线首支和尾支分别存在 $\rho_s \to \rho_1$ 和 $\rho_s \to \rho_3$ 的水平渐近线；

（2）曲线中间段的变化，反映了断面中间层参数的变化；

（3）当第三层介质电阻率为极限情况，即 $\rho_3 \gg \rho_2$ 或 $\rho_3 \ll \rho_2$ 时，ρ_s 曲线尾支渐近线与横轴呈 45° 上升或 63° 下降。

因此，曲线类型的变化反映地电断面的特征，如地层的超覆与尖灭、构造类型等。

在实际工作中，由于观测误差的存在，不同地电断面可能对应同一条电测深曲线，这种情况称为电测深曲线的等值现象。常见的等值现象有 S 等值现象和 T 等值现象。

对于 H 型、A 型曲线而言，当 $\mu_3 = \dfrac{\rho_3}{\rho_1} \gg 1$，$v_2 = \dfrac{H_2}{H_1} \ll 1$ 时，只要 $S_2 \dfrac{H_2}{\rho_1}$ 保持不变，不管 ρ_2、H_2 的数值如何变化，ρ_s 就有可能保持等值，这种现象为 S 等值现象。其物理实质为：当第二层电阻率很低时，在第二层中的电流线的方向将平行于层面，其内部的电流将取决于纵向电导 S_2，如果其他地电参数不变，仅同倍数地改变 ρ_2、H_2，保持 S_2 不变，对整体的电流分布改变很小，以致地面测量电位差改变很小，ρ_s 曲线的形态变化不大。

对于 K 型、Q 型曲线而言，当 $\mu_3 = \dfrac{\rho_3}{\rho_1} \ll 1$，$v_2 = \dfrac{H_2}{H_1} \ll 1$ 时，只要 $T_2 = H_2\rho_2$ 保持不变，不管 ρ_2、H_2 的数值如何变化，ρ_s 就有可能保持等值，这种现象为 T 等值现象。其物理实质为：当第二层电阻率很高，厚度不大，电极距较大时，第二层中电流线的方向将趋于与分界面垂直，电流垂直通过第二层时的阻力正比于第二层的横向电阻 T_2，当 ρ_2、H_2 在一定范围内变动，但保持 T_2 不变时，对整体的电流分布改变很小，以致地面测量电位差改变很小，ρ_s 曲线的形态变化不大。

在对高密度电法野外采集的数据进行剔除坏点、滤波、平滑处理后，一般采用绘制视电阻率断面图、比值换算等方法进行初步解释，在对地电断面有了初步认识后，选取合适的反演方法进行处理，然后绘制视电阻率断面图进行解释。其基本步骤如下。

（1）数据传输：将仪器主机中存储的数据传输至计算机。

（2）坏点编辑：在野外数据观测过程中，由于多种因素的干扰，难免产生一些质量较差的观测数据，从而影响反演数据的质量，故需对一些数值极大和极小的数据点进行删除，避免产生假异常。

（3）地形校正：反演软件一般都是建立在水平层状介质条件下的，为了使处理结果与实际情况更为吻合，需加载地形数据，进行地形校正工作。

（4）反演：在进行了上述工作后，可以在处理软件中设置参数进行数据反演。本次选用 RES2DINV 软件中的最小二乘法进行反演。

（5）绘制成果图：首先在 Surfer 制图，再转换到 AutoCAD 中，形成最终的成果图，供分析、解释。

视电阻率断面图以测点为横坐标，以 $AB/2$ 为纵坐标，把每个测点各极距上的观测值标在相应测点对应的极距位置上，然后绘制视电阻率等值线。视电阻率断面图可以反映岩层视电阻率沿水平方向和垂向方向的变化情况，从而得到沿测线的基岩起伏、断层分布、电性层的划分和构造变化等许多重要信息。

由于三种装置的电极布极方式不同，对于同一地电条件，三种装置的视电阻率断面图差异较大，但三者之间可采用式（4.12）进行转换。

$$\begin{cases} \rho_s^\alpha = \dfrac{1}{3}\rho_s^\beta + \dfrac{2}{3}\rho_s^\gamma \\ \rho_s^\beta = 3\rho_s^\alpha - 2\rho_s^\gamma \\ \rho_s^\gamma = \dfrac{1}{2}(3\rho_s^\alpha - \rho_s^\beta) \end{cases} \tag{4.12}$$

式中：ρ_s^α 为温纳装置的视电阻率；ρ_s^β 为偶极装置的视电阻率；ρ_s^γ 为微分装置的视电阻率。

高密度电法的比值参数可分为 λ 比值参数和 T_s 比值参数。λ 比值参数以联合三极测深的观测结果为基础，采用式（4.13）进行计算。λ 比值参数反映了视电阻率沿剖面水平方向的变化率，能够突出高阻体中的低阻构造。T_s 比值参数是直接利用三电位电极系的测量结果并将其加以组合，以偶极装置和微分装置的测量结果为基础的一类比值参数，可按式（4.14）进行计算。由于偶极装置和微分装置的测量结果在同一地电体上所获得的视参数总是具有相反的变化规律，利用该参数所绘的比值断面图，在反映地电结构的分布形态方面，远较相应排列的视电阻率断面图要清晰和明确得多。

$$\lambda(i,i+1) = \frac{\rho_s^A(i)}{\rho_s^B(i)} \bigg/ \frac{\rho_s^A(i+1)}{\rho_s^B(i+1)} \tag{4.13}$$

$$T_s(i) = \frac{\rho_s^\beta(i)}{\rho_s^\gamma(i)} \tag{4.14}$$

式中：$\lambda(i,i+1)$ 为第 i 测点与第 i+1 测点的 λ 比值参数；$\rho_s^A(i)$ 为 AMN 装置第 i 测点的视电阻率；$\rho_s^B(i)$ 为 MNB 装置第 i 测点的视电阻率；$\rho_s^A(i+1)$ 为 AMN 装置第 i+1 测点的视电阻率；$\rho_s^B(i+1)$ 为 MNB 装置第 i+1 测点的视电阻率；$T_s(i)$ 为第 i 测点的 T_s 比值参数；$\rho_s^\beta(i)$ 为偶极装置第 i 测点的视电阻率；$\rho_s^\gamma(i)$ 为微分装置第 i 测点的视电阻率。

4.2 岸坡和堤坝时间推移电法探测原理与实现

4.2.1 岸坡和堤坝时间推移电法探测概述

时间推移电法探测是在常规直流电法探测的基础上加一个时间序列的表征，其基本原理与常规直流电法一致，观测方式则实现了由一次性探测到连续、智能监测的转变，同一条剖面线（排列）或多条剖面线在保持其电极位置固定、观测系统一致的前提下，通过不同时刻的基础数据采集、处理、解译，分析不同时刻介质电阻率的差异特征，探究外部环境影响下，地下介质物性随时间的动态演变规律，持续监测、捕捉隐患的产生、发育、成长信息，并对其性质、特征做出定量分析与研究。岸坡和堤坝时间推移电法探测主要针对水体在土体内渗透引起的电阻率的变化，通过对不同时刻电阻率分布的追踪，实现水体运移过程的捕捉。

岸坡和堤坝时间推移电法探测数据处理通常将某一时刻的观测数据作为基准值，将其反演结果用作其他时刻数据反演的初始模型或约束条件，可有效减少反演结果的多解性。为了突出地下介质电性结构的局部微小变化部分，可使用基准数据的反演结果对不同时刻的反演结果进行视电阻率归一化，常用的归一化方法有数据差和数据比两种方式，计算公式分别为

$$\begin{cases} D(x,z,t_i)=\rho_s(x,z,t_i)-\rho_s(x,z,t_0) \\ R(x,z,t_i)=\dfrac{\rho_s(x,z,t_i)-\rho_s(x,z,t_0)}{\rho_s(x,z,t_0)}\times 100\% \end{cases} \tag{4.15}$$

式中：$D(x,z,t_i)$为同一空间位置 i 时刻视电阻率与基准值的差值；$R(x,z,t_i)$为同一空间位置 i 时刻视电阻率相较于基准值的变化率；$\rho_s(x,z,t_i)$为某一空间位置 i 时刻的视电阻率；$\rho_s(x,z,t_0)$为某一空间位置的基准视电阻率。

4.2.2 时间推移电法探测工作布置

时间推移电法探测工作布置与常规直流电法基本一致，常用装置类型为温纳装置、偶极装置和微分装置。为研究堤坝、岸坡在水体渗透变化条件下，隐患的产生、发育、成长所伴随的电阻率的变化信息，在堤坝、岸坡的临水面、坝（坡）顶、背水面布置阵列式测线，通过观测人工稳恒电流场的时空分布变化规律来实现水体渗透变化致灾过程的检测。

结合堤坝、岸坡线性结构及其隐患发育的特点，时间推移电法测线一般平行于河流流向或堤坝轴线布置，测线长度和电极距以达到探测目的的深度与精度要求进行确定，一般情况下，线距在堤（岸）坡为 6～8 m，在堤（岸）顶为 4～5 m，电极间距一般不大于 2 m，测线长度至少为探测目标体深度的 6 倍，测量供电电压由测线长度及电极接地条件来确定。

时间推移电法在不同时间对同一位置进行原位探测，为保证电极位置固定，一般可采用两种布设形式：一是将电极长期固定埋设在探测区域；二是可采用实时动态（real-time kinematic，RTK）等测量设备对电极位置进行精确测量，每次采用放样的方式布设电极。

4.2.3　时间推移电法探测系统实现

由于岸坡和堤坝在外形结构上是一类非规则的梯形几何体（其一侧临水，一侧临空），其复杂的空间结构及外部条件，会引起电场在堤坝、岸坡表面的剧烈弯曲，所测结果势必会受到影响。作者提出了一种适用于堤坝、岸坡的时间推移电法探测系统，如图 4.10 所示。整个探测系统包括一套硬件系统（含多通道电法工作站、分布式电缆及惰性金属电极、远参考电位检测装置、水位监测装置）、一种新型辐射型电极排列布置、一种单极-偶极型数据测量跑极装置及一套系统双预警启动装置。该系统能够解决堤坝复杂几何体结构的电法探测工作布置问题，同时能够满足对时间推移探测的需求。

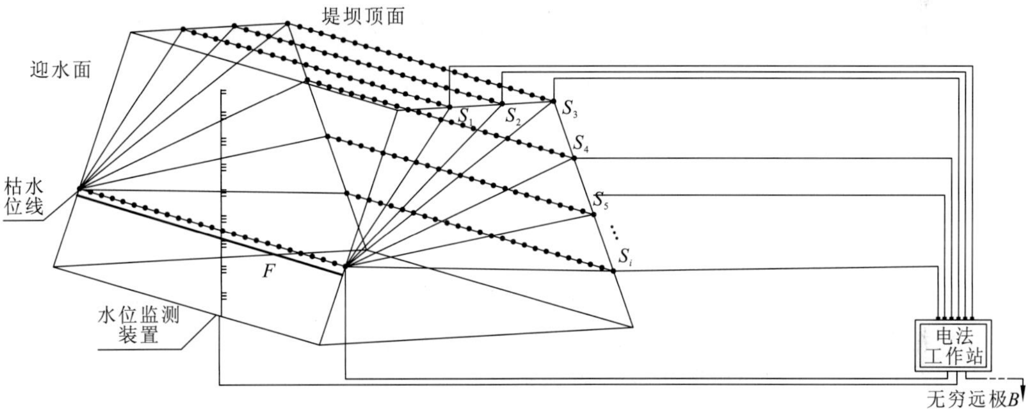

图 4.10　时间推移电法探测系统示意图

（1）单供多采的辐射型电极排列布置。采用供电排列与测量排列分开的供-采分离模式，由专门的供电排列 F 进行供电，其他所有测量排列同时进行数据采集。在枯水期将供电排列 F 布置于迎水面枯水位线附近，供电排列沿水流方向平行堤坝轴线布置；然后在堤坝、岸坡顶部及背水面坡面沿水流方向布置多条空间相互平行、等间距分布的测量排列 S_i，测量排列间距和条数可根据堤坝结构尺寸大小及探测分辨率要求调整。每条测量排列的电极道数与供电发射排列道数相同，且第一道对齐布置。将供电排列 F 中的每个电极分别作为 A 极与无穷远极 B 极供电，将测量排列 S_i 中的电极分别作为测量电极 M 极、N 极进行电阻率滚动测量，采集 F 排列与 S_i 排列空间连线的电阻率断面数据，在堤坝、岸坡内部空间切出 F 与 S_i 排列连线的电阻率断面切片，最终获得呈空间扇形、辐射状排列的多个视电阻率断面，从而获取堤坝、岸坡内部空间视电阻率的分布数据。

（2）单极-偶极型数据测量跑极装置。如图 4.11 所示，将 F 排列中的电极依次作为供电电极 A 极，供电电极 B 极为无穷远极，布置于远离堤坝、岸坡水体的稳定场地中；接收排列中的电极依次作为测量电极 M、N。A 极、$B(\infty)$极供电时，不同接收排列上的测量电极 M、N 可同时进行测量，从而实现单供多采的并行电阻率数据采集。具体跑极方式如下。

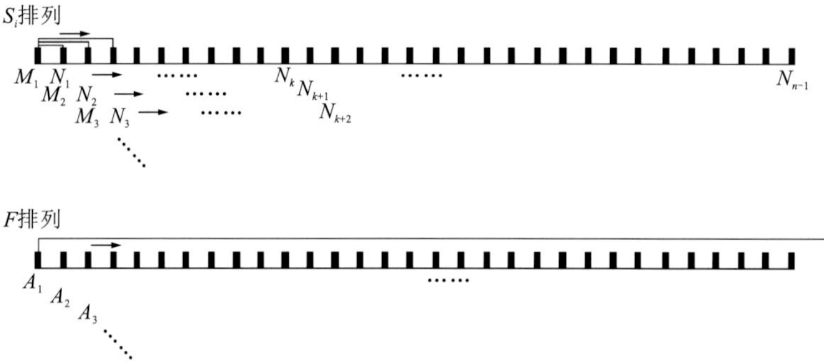

图 4.11　单断面测量跑极示意图

步骤 1：供电排列第 1 道为 A_1，A_1 与 B 供电时，各条接收排列上的第 1 道电极 M_1 作为测量电极 M、第 2 道电极 N_1 作为测量电极 N 进行数据采集，然后保持测量电极 M 不动，N 极向后滚动，极距逐渐增大，直至 MN 极距不超过 A_1M 极距，且 MN 极距与 A_1M 极距的差值小于测量排列极距。

步骤 2：供电电极由 A_1 移至 A_2，A_2 与 B 供电，各接收排列上的测量电极 M 由 M_1 移至 M_2，然后 M_2、N_2 作为测量电极进行数据采集，保持测量电极 M 不动，测量电极 N 向后滚动。

步骤 3：重复步骤 2，直至供电电极 A 移至发射排列末尾，完成完整断面数据采集。

（3）远参考电位检测装置。利用多通道电法采集站，运用多通道电位并行快速扫描程序，采集供电及测量排列中的每一根电极与置于稳定场中的无穷远极 B 间的自然电位，并将其作为探测区域背景电位，通过电位差值精确计算各测量电极 M、N 之间的自然电位差，用于自然电位补偿计算，从而减小采集数据的误差。

（4）系统双预警启动装置。采用水位和自然电位“双位”信号预警启动模式。利用置于水中的水位监测装置获取水位信息，通过检测排列与无穷远电极间的自然电位突变预警信号，控制数据采集系统的启动。设置分段预警水位，在水位上涨过程中，当水位达到设置的预警水位时，系统启动采集，预警水位的设置根据不同季节的气象情况进行动态调整，采集时间间隔尺度根据不同预警水位预先设置；同时，在水位稳定阶段，预设背景自然电位变化阈值，在自然电位动态变化超过阈值时，采集系统自动启动并进行观测。

4.3　岸坡和堤坝典型隐患时间推移电法正演数值模拟

4.3.1　正演方程的建立及单元分析

1. 稳恒电流场基本方程及边界条件

时间推移电法是在直流电法基础上改进的一种探测手段，其基本正演理论与直流电法一致，不同点为增加了时间因素的影响。

由电磁场理论可知，当介质内部没有面电荷和体电荷存在时，在其内部空间任意一点，稳恒电流场的基本性质如下。

（1）微观欧姆定律。

$$\boldsymbol{j}=\frac{\boldsymbol{E}}{\rho}=\sigma\boldsymbol{E} \tag{4.16}$$

式中：$\boldsymbol{j}$ 为电流密度；$\boldsymbol{E}$ 为电场强度；ρ 为电阻率；σ 为电导率。式（4.16）说明地下导电介质中任意一点的电流强度 $\boldsymbol{j}$ 和电场强度 $\boldsymbol{E}$ 成正比。

（2）稳恒电流场的势场性。

$$\boldsymbol{E}=-\frac{\partial U}{\partial r}=-\mathrm{grad}\,U \tag{4.17}$$

式中：U 为供电电压；r 为供电点至测点的距离。

稳恒电流场为势场。电场强度的旋度为零，即

$$\mathrm{rot}\,\boldsymbol{E}=\boldsymbol{0} \tag{4.18}$$

（3）稳恒电流场的连续性。

$$\mathrm{div}\,\boldsymbol{j}=0 \tag{4.19}$$

即电流密度的散度等于零。

由式（4.16）、式（4.17）和式（4.19）可计算电压 U 的梯度向量的散度值：

$$\mathrm{div}(\mathrm{grad}\,U)=\nabla^2 U=0 \tag{4.20}$$

式（4.20）称为 Laplace 方程，该公式仅在无源空间下成立。

由电荷守恒定律可得到电流密度 $\boldsymbol{j}$ 与电荷密度 q 的关系式：

$$\nabla\cdot\boldsymbol{j}=\mathrm{div}\,\boldsymbol{j}=-\frac{\partial q}{\partial t} \tag{4.21}$$

将式（4.16）代入式（4.21）中可得电压 U 与电荷密度 q 之间的方程：

$$\nabla\cdot(\sigma\nabla U)=-\frac{\partial q}{\partial t} \tag{4.22}$$

式（4.22）仅在有源空间下成立。

为了得到电压 U 和电流强度 I 之间的微分方程式，引入狄拉函数，则式（4.22）可以表示为

$$\nabla\cdot(\sigma\nabla U)=-I\delta(x-x_0)\delta(y-y_0)\delta(z-z_0) \tag{4.23}$$

式中：(x, y, z)为测点坐标；(x_0, y_0, z_0)为点电流源坐标。

式（4.23）是直流电法的基本微分方程式。

双异性点电流源场设置两个电流强度分别为 I_1、I_2 的异性点电流源（$I_1=-I_2$），坐标分别为 $P_1(x_1, y_1, z_1)$和 $P_2(x_2, y_2, z_2)$，则其微分方程表示为

$$\nabla\cdot(\sigma\nabla U)=-\sum_{i=1}^{2}I_i\delta(x-x_i)\delta(y-y_i)\delta(z-z_i)\quad (i=1,2) \tag{4.24}$$

即

$$\frac{\partial}{\partial x}\left[\sigma(x,y,z)\frac{\partial U}{\partial x}\right]+\frac{\partial}{\partial y}\left[\sigma(x,y,z)\frac{\partial U}{\partial y}\right]+\frac{\partial}{\partial z}\left[\sigma(x,y,z)\frac{\partial U}{\partial z}\right]=-\sum_{i=1}^{2}I_i\delta(x-x_i)\delta(y-y_i)\delta(z-z_i) \tag{4.25}$$

上述微分方程是描述稳恒电流场一般问题的数学物理方程，但针对具体问题需要给定具体的定解条件。在电阻率法中，这些条件在求解区域的边界上给定，也称边界条件，通常采用如下三类边界条件。

第一类边界条件：

$$U=0\quad 或\quad U=U_1 \tag{4.26}$$

即所选计算区域的外部边界上电压为 0 或另一部分边界的电压为已知值 $U=U_1$。

第二类边界条件：

$$j_n=-\frac{1}{\rho}\frac{\partial U}{\partial n}=0 \tag{4.27}$$

其中，j_n为电流密度法向分量，即电流密度的法向分量为 0。

第三类边界条件：

$$\frac{\partial U}{\partial n}+\alpha U=0 \tag{4.28}$$

式中：$\alpha=(\cos\theta)/\gamma$，$\theta$ 为点电流源到边界的径向矢量 γ 与方向 n 的夹角。

令点电流源位于 x 轴，地下电场仍为三维分布，则有 $U(x, y, z)=U(x, -y, z)$，此时式（4.25）变为

$$\frac{\partial}{\partial x}\left[\sigma(x,z)\frac{\partial U}{\partial x}\right]+\frac{\partial}{\partial y}\left[\sigma(x,z)\frac{\partial U}{\partial y}\right]+\frac{\partial}{\partial z}\left[\sigma(x,z)\frac{\partial U}{\partial z}\right]=-\sum_{i=1}^{2}I_i\delta(x-x_i)\delta(y)\delta(z) \tag{4.29}$$

由于电导率 σ 与 y 无关，可通过傅里叶余弦变换将其变换为二维问题，即令

$$\varphi(x,\lambda,z)=\int_0^{+\infty}U(x,y,z)\cos(\lambda y)\mathrm{d}y \tag{4.30}$$

式中：$\varphi(x,\lambda,z)$为变换电位；λ 为空间波数。

将式（4.29）两端通过傅里叶余弦变换转换成二维问题，得

$$\frac{\partial}{\partial x}\left[\sigma(x,z)\frac{\partial \varphi}{\partial x}\right]+\frac{\partial}{\partial z}\left[\sigma(x,z)\frac{\partial \varphi}{\partial z}\right]-\lambda^2\sigma(x,z)\varphi(x,\lambda,z)=-\sum_{i=1}^{2}I_i\delta(x-x_i)\delta(z-z_i) \tag{4.31}$$

在大地和空气的分界面上，可采用第一类边界条件，对于无限远的边界，为了提高计算精度，采用第三类边界条件。基于稳恒电流场的基本方程和边界条件，可进行正演数值模拟。

2. 正演方法

直流电法正演是已知地质体形态大小、空间位置、电阻率参数等条件，在人工场源的作用下求解电位数据分布的过程。解决直流电法正演问题的主要方法包括解析法、试验法、数值模拟法等。其中，解析法由于推导过程极其复杂，应用范围较小，只适用于均匀半空间模型和均匀层状模型；试验法仅能模拟较为简单的地质构造，不能满足实际需求；数值模拟法能够模拟复杂地质模型和复杂的边界条件，是目前常用的解决电阻率正演问题的方法。

随着计算机技术的发展，数值模拟方法发展迅速。用于直流电法正演的数值模拟方法主要有有限差分法、有限单元法、有限体积法等。其中，有限差分法的优点是编程方法简单，易于在计算机上实现，缺点是对于物性参数分布复杂及地形起伏的地质体，有限差分法很难进行模拟；有限单元法又叫有限元法，其优点是能够模拟复杂的地质模型，缺点是计算复杂，计算量大；有限体积法为有限差分法与有限单元法的结合。

有限单元法是以变分原理和剖分插值为基础的数值计算方法，用这种方法求解稳恒电流场问题时，首先将连续的求解区域离散化，按照一定的规则将求解区域剖分为一些仅在节点处互相连接的网格单元；其次利用变分原理将所要求解的边值问题转化为相应的变分问题，即泛函的极值问题；再次在各单元上近似地将变分方程离散化，导出以各节点电位值为未知量的高阶线性方程组；最后，求解此方程组，得到各节点的电位值，以表征稳恒电流场的空间分布。

有限单元法需要将求解区域离散化，即网格剖分。对于三维正演，可采用四面体非结构化网格对求解区域进行剖分，每个网格内部介质的电导率为常数。

采用 Galerkin 加权余值法，对式（4.25）进行标量有限元离散：

$$\int_{\Omega} N_j \nabla \cdot (\sigma \nabla u) \mathrm{d}\Omega = -\int_{\Omega} N_j I \delta(r - r_0) \mathrm{d}\Omega \tag{4.32}$$

式中：Ω 为模型体积积分空间；r_0 为点电流源位置；N_j 为标量插值函数。将边界条件代入式（4.32），得

$$\int_{\Omega} \sigma \nabla u \cdot \nabla N_j \mathrm{d}\Omega + \int_{\partial \Omega_M} N_j \sigma \frac{\cos(r,n)}{|r|} u \mathrm{d}(\partial \Omega_M) = \int_{\Omega} N_j I \delta(r - r_0) \mathrm{d}\Omega \tag{4.33}$$

式中：$\partial \Omega_M$ 为无穷远处边界。

将自由度赋在节点上，在单元内任意位置的电势可以表示为

$$u = \sum_{i=1}^{n'} N_i u_i \tag{4.34}$$

式中：n'为节点总数。将式（4.34）代入式（4.33）中，并借助矩阵形式，可得如下有限元方程：

$$\begin{cases} K_{ij} \cdot u_j = F_j \\ K_{ij} = \int_{\Omega} \sigma \nabla N_i \cdot \nabla N_j \mathrm{d}\Omega + \int_{\partial \Omega_M} N_j \sigma \dfrac{\cos(r,n)}{|r|} u \mathrm{d}(\partial \Omega_M) \\ F_j = \int_{\Omega} N_j I \delta(r - r_0) \mathrm{d}\Omega \end{cases} \tag{4.35}$$

对所有剖分的网格进行单元分析之后，形成大型线性稀疏方程组，采用多核学习（multiple kernel learning，MKL）库中的并行求解器 PARDISO 对方程组进行直接求解。

4.3.2 典型隐患电性参数变化响应特征研究

1. 典型隐患测量电位变化响应特征

地电模型参数：堤高 10 m，堤顶宽 12 m，底部宽 62 m，堤身电阻率 100 Ω·m，河宽 200 m，河水高 8m，河水电阻率设置为 20 Ω·m，如图 4.12 所示。

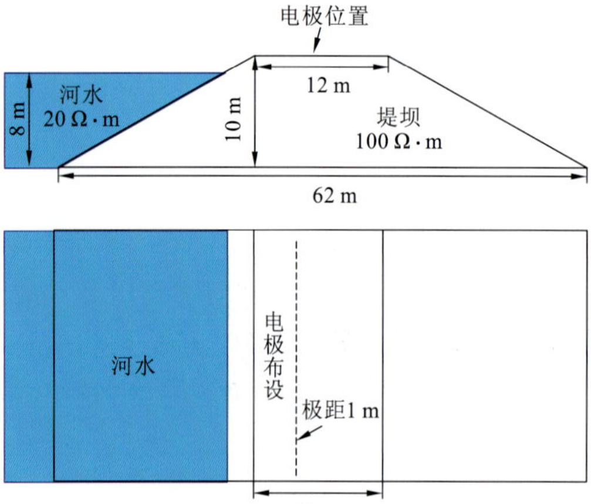

图 4.12 堤防模型结构图

观测系统：测线排列沿堤身走向布设于堤顶，排列道数取 120 道，极距为 1 m，装置类型为温纳装置，供电电流大小设为 10 A。

1）管状渗漏模型分析

在堤坝内部设置一个管状体，模拟管状渗漏，河水通过管状体进入大坝内部，贯穿整个堤坝。剖分网格时，管状体和电极采用精细的网格剖分，堤坝采用较细的网格，堤坝周边使用较粗的网格，如图 4.13 所示。

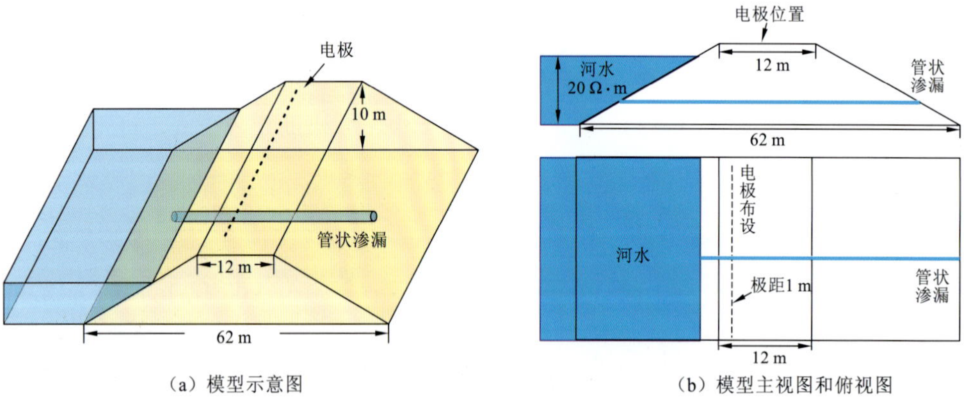

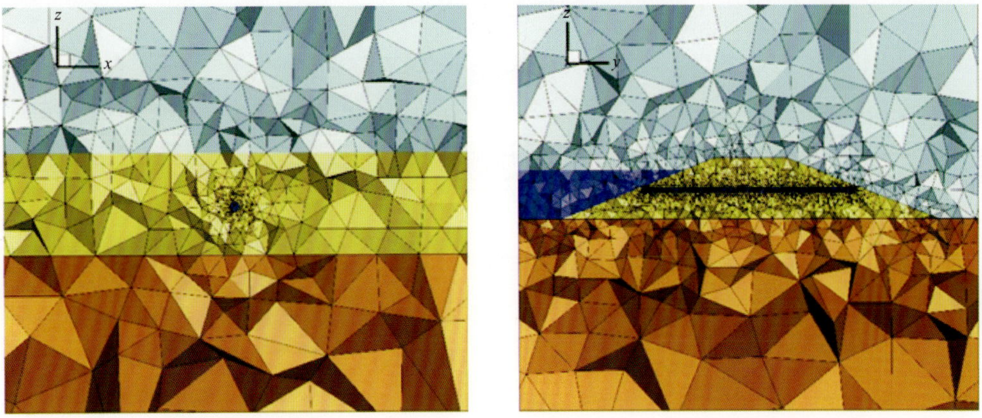

（c）网格剖分左视图　　（d）网格剖面主视图

图 4.13　管状渗漏模型及网格剖分示意图

根据隐患特征设置两种对比方式：一种是直径分别为 0.1 m、0.2 m、0.3 m、0.4 m、0.5 m，埋深为 6 m 的定深变径管状渗漏模型；另一种是直径为 0.2 m，埋深为 4.5 m、6 m、7.5 m、9 m 的定径变深管状渗漏模型，管体渗漏电阻率取 10 Ω·m，测量电位的相对变化特征如下。

由图 4.14（a）可知，对于不同直径的管体，在管体位置附近产生了规律性的异常曲线，而其他测量区域的异常幅值接近于零，而且随着管体直径的增加，相对电位变化逐渐变大，信号幅值总体在 5～60 mV；对于不同埋深的管体，有相似的规律，如图 4.14（b）所示，随着深度的增加，电位变化逐渐变小，总体在 2～30 mV。

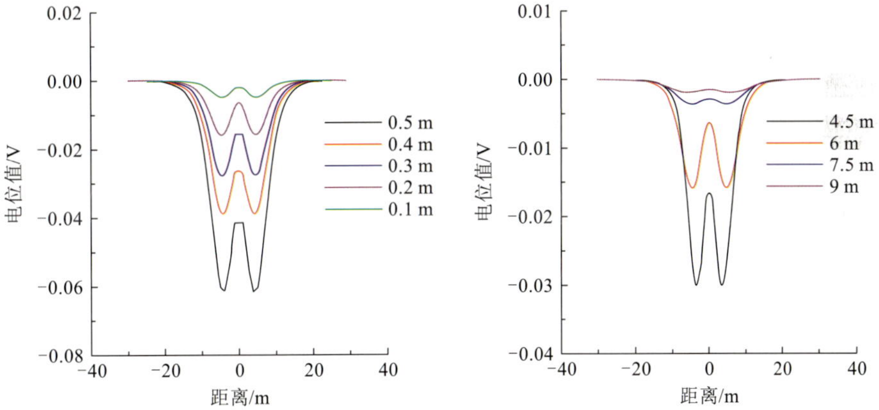

（a）定深变径电位响应曲线图　　（b）定径变深电位响应曲线图

图 4.14　定深变径和定径变深电位响应曲线图

2）层状渗漏模型分析

坝体层状渗漏模型分析时，在堤坝内部设置一个渗漏层，以模拟河水渗入大坝内部，甚至贯穿整个堤坝，采用与管状渗漏模型相同的网格剖分方式，如图 4.15 所示。

选择两种隐患特征的对比方式，即厚度分别为 0.15 m、0.2 m、0.25 m、0.3 m，埋深为 6 m，以及厚度为 0.25 m，埋深为 4.5 m、6 m、7.5 m、9 m，长为 62 m，宽为 25 m 的层状渗漏模型，渗漏层电阻率取 10 Ω·m，其测量电位变化特征如下。

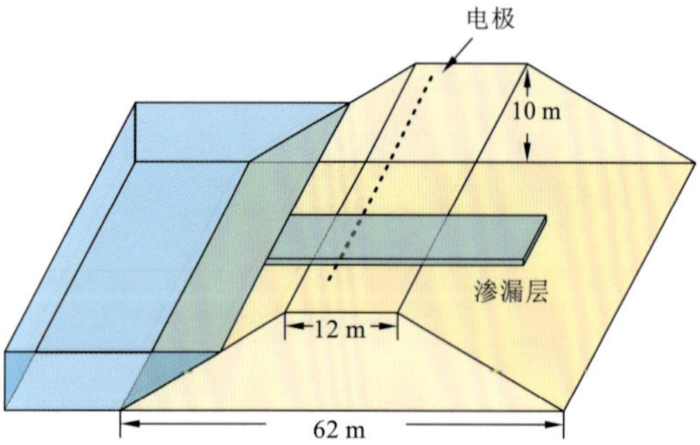

（a）模型示意图

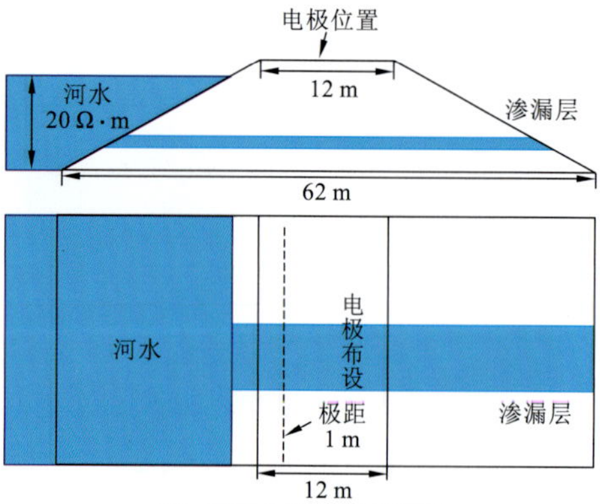

（b）模型主视图和俯视图

（c）网格剖分左视图

（d）网格剖面主视图

图 4.15　层状渗漏模型及网格剖分示意图

由图 4.16（a）可知，对于不同厚度的层状渗漏模型，在层体位置下方产生了规律性的水平状异常曲线，而其他测量区域的异常幅值趋近于零，可以发现随着厚度的增加，相对电位变化逐渐变大，信号幅值总体在 0.6～1.4 V；对于不同埋深的层状渗漏模型，随着深度的增加，电位变化逐渐变小，总体在 0.2～2 V，如图 4.16（b）所示。

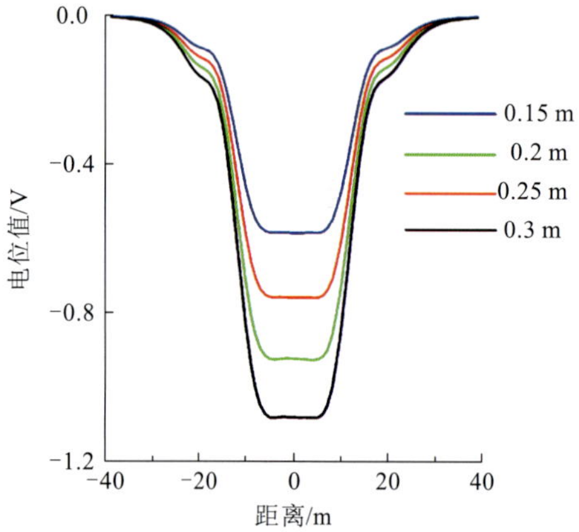

（a）定深厚度变化的电位响应曲线图

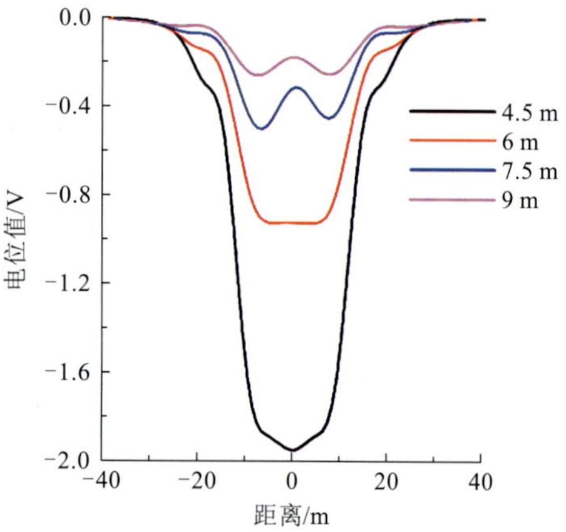

（b）定厚埋深变化的电位响应曲线图

图 4.16　定深厚度变化的和定厚埋深变化的电位响应曲线图

3）裂缝模型分析

裂缝模型中裂缝位于堤身部位，如图 4.17 所示，模拟枯水期堤坝裂缝隐患，裂缝性质为非充填型。采用同样的网格剖分方式。在该模型下，通过设置不同的裂缝倾斜角度，分析不同倾角条件下的裂缝异常响应变化。

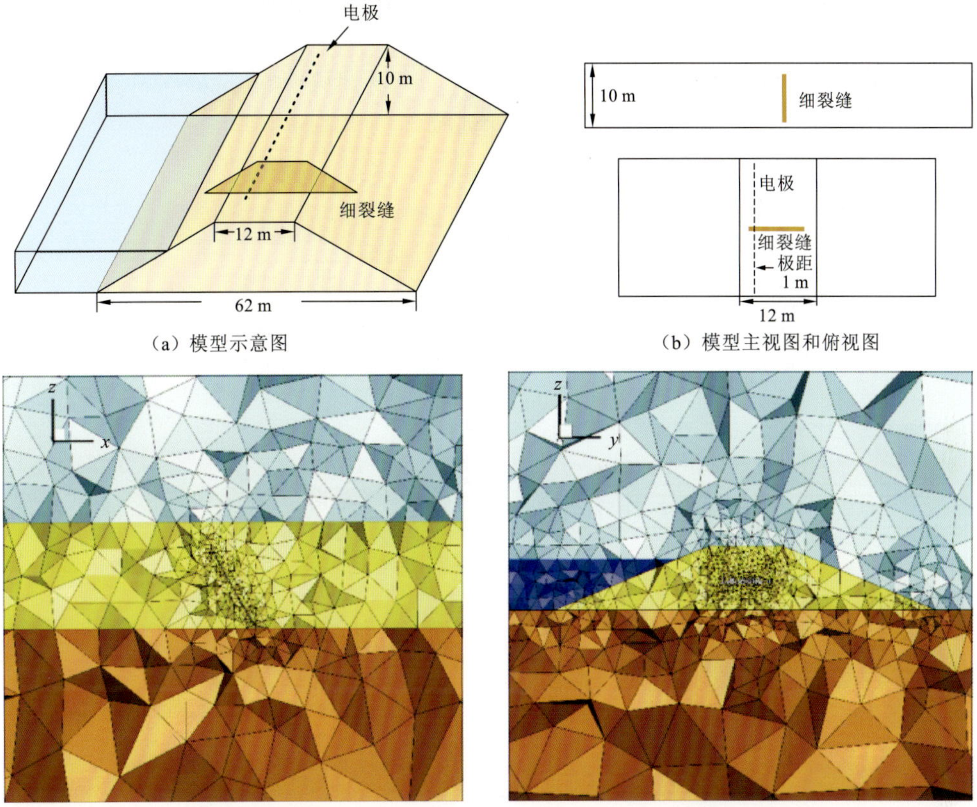

（a）模型示意图　（b）模型主视图和俯视图

（c）网格剖分左视图　（d）网格剖面主视图

图 4.17　裂缝模型及网格剖分示意图

裂缝宽度设置为 0.1 m，垂直于堤身走向长 10 m，沿堤身下延深度为 8 m，电阻率设置为 10^8 Ω·m（模拟裂缝中的空气），中心埋深为 6 m，选取 0°～90°的倾角进行数值模拟演化计算，电流大小为 10 A。测量电位变化响应如图 4.18 所示。

随着倾角的增加，电位变化逐渐变大，总体在 0.5～8 V。并且，从 0°到 90°，电位曲线表现出从两侧峰值一致，到两侧峰值差距逐渐变大，直至最终只出现一个中心峰值的规律。

2. 典型隐患测量视电阻率变化率响应特征

考虑堤坝、岸坡结构及地质条件，构建了堤坝、岸坡地电模型。堤高 10 m，顶宽 12 m，底宽 62 m，堤身土层电阻率设置为 100 Ω·m，江水电阻率设置为 30 Ω·m，覆盖黏土层厚 3 m，电阻率设置为 20 Ω·m，下部粉细砂层的电阻率设置为 200 Ω·m，堤坝结构模型及不均匀网格剖分图如图 4.19 所示。

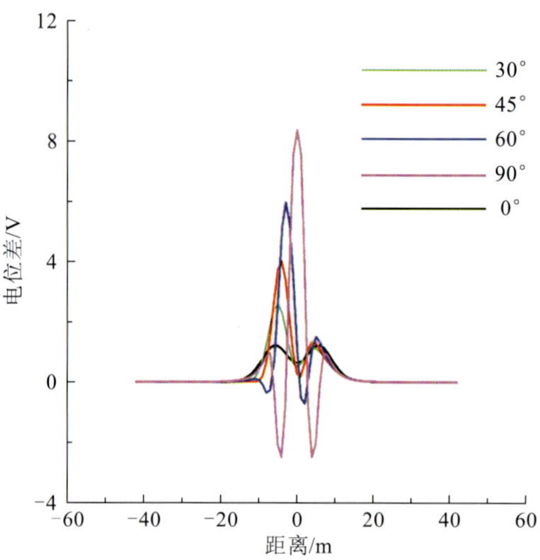

图 4.18　不同倾角下裂缝剖面电位响应曲线图

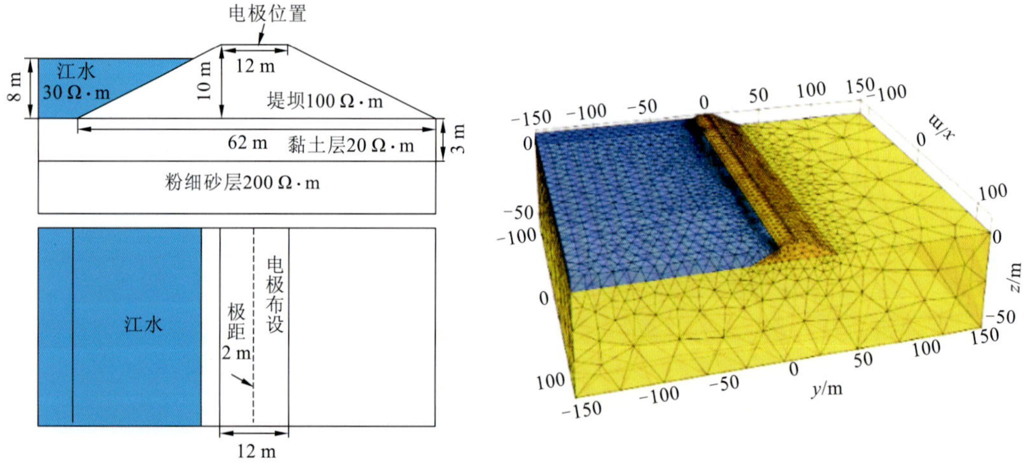

(a) 模型主视图和俯视图　　(b) 模型网格剖分图

图 4.19　堤坝结构模型及不均匀网格剖分示意图

观测系统：测线排列沿堤身走向布设于堤顶，排列道数 120 道，电极距为 2 m，装置类型为温纳装置，供电电流大小设计为 1 A。视电阻率变化率采用式（4.36）计算：

$$M_{\rho(x,z,t)}=\frac{\rho_{V_{(x,z)}I_{(x,z)}t_1}-\rho_{V_{(x,z)}I_{(x,z)}t_2}}{\rho_{V_{x,z}I_{(x,z)}t_1}} \tag{4.36}$$

式中：$M_{\rho(x,z,t)}$为视电阻率变化率；$\rho_{V_{(x,z)}I_{(x,z)}t_1}$为$(x, z)$位置 t_1 时刻的视电阻率；$\rho_{V_{(x,z)}I_{(x,z)}t_2}$为$(x, z)$位置 t_2 时刻的视电阻率。

1）管涌模型

模型参数：管涌直径 1 m，中心距堤坝顶 13.5 m（堤基渗透层），如图 4.20 所示，管涌电阻率设置为 50 Ω·m；管涌演化趋势由堤内渐进式地向堤外发展，延伸长度依次为 14 m、28 m、35 m（堤坝正下方）、42 m、56 m、70 m。视电阻率变化率断面如图 4.21 所示，由图 4.21 可知，管涌险情越靠近测线，时间推移电阻率的变化率越明显，随着管涌长度的不断增大，异常响应幅值强度增大，相对于围岩呈现负相关异常响应，并且当管涌长度超过监测剖面一定距离后，其异常响应强度及范围变化不明显。

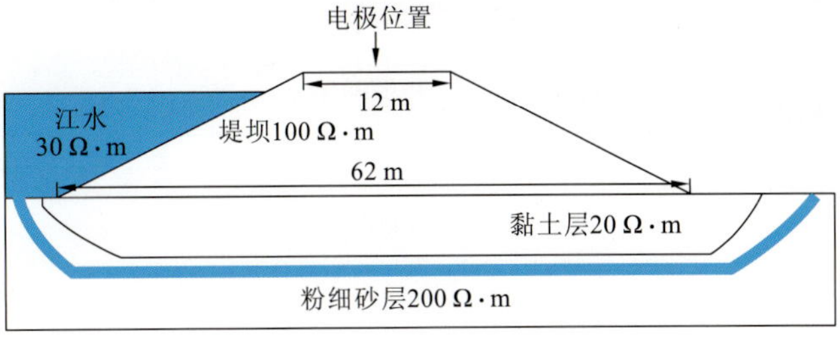

图 4.20 管涌模型示意图

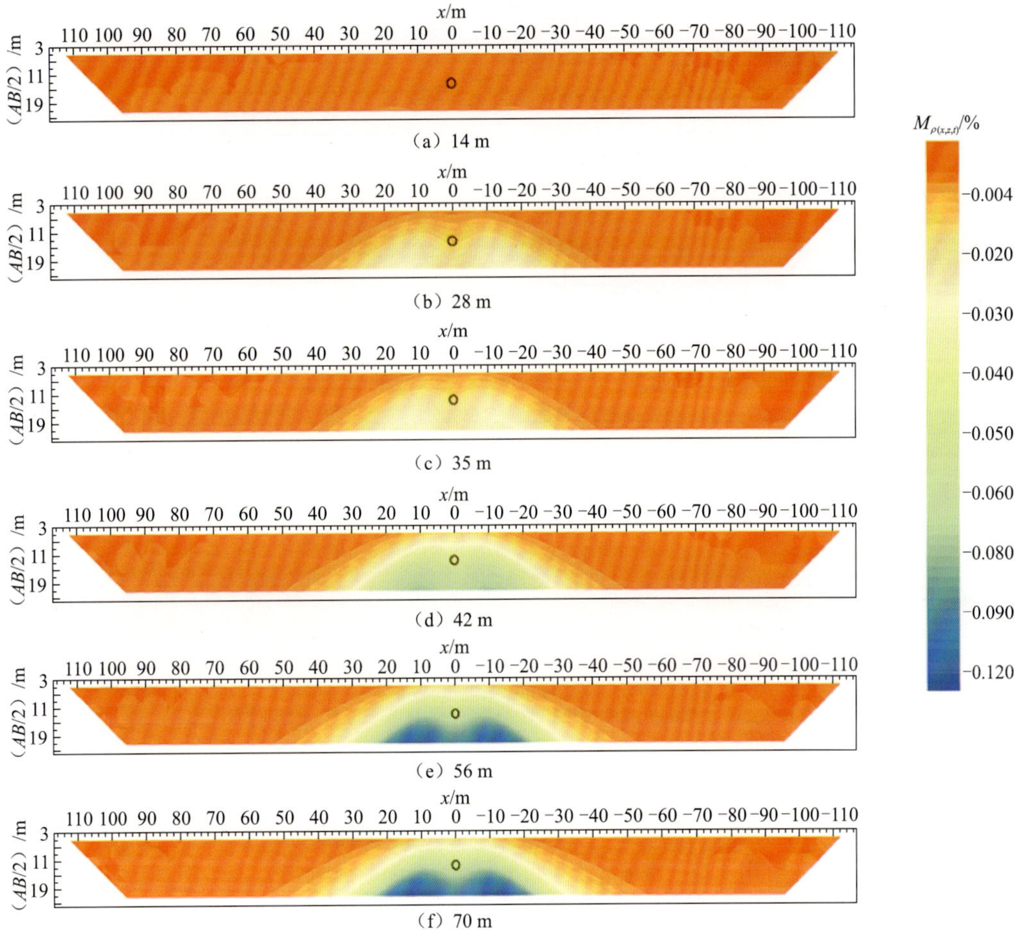

图 4.21 管涌模型视电阻率变化率断面图

2）浸润线模型

模型参数如图 4.22 所示，依次为初始模型、变化一次模型、变化二次模型，堤坝浸润线以上土体的电阻率为 100 Ω·m，浸润线以下土体的电阻率为 80 Ω·m。视电阻率变化率断面如图 4.23 所示，由图 4.23 可知，视电阻率变化率异常响应为负相关，且随着浸润线的抬升，异常强度增大，层状变化规律明显。

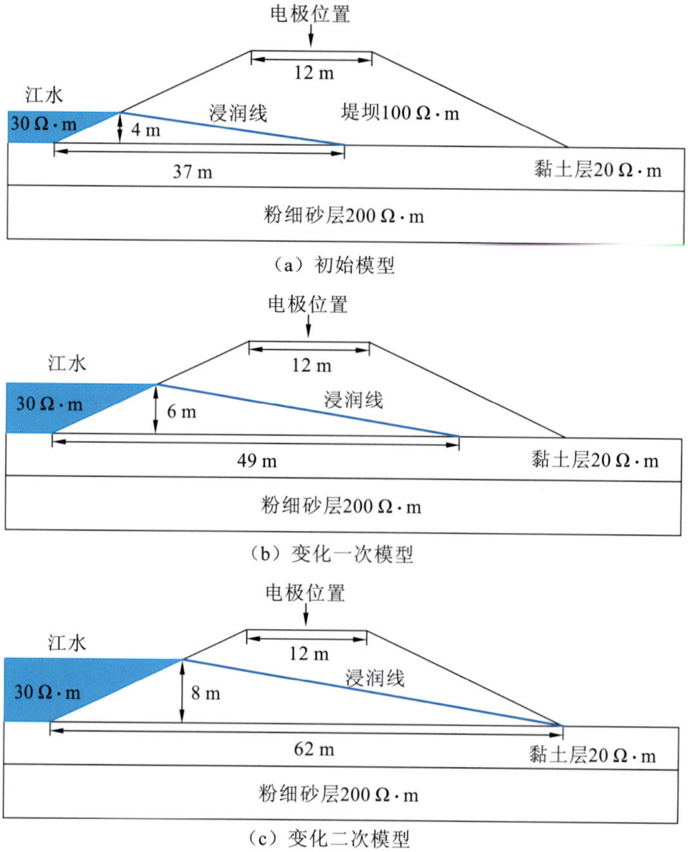

图 4.22 不同水位浸润线模型示意图

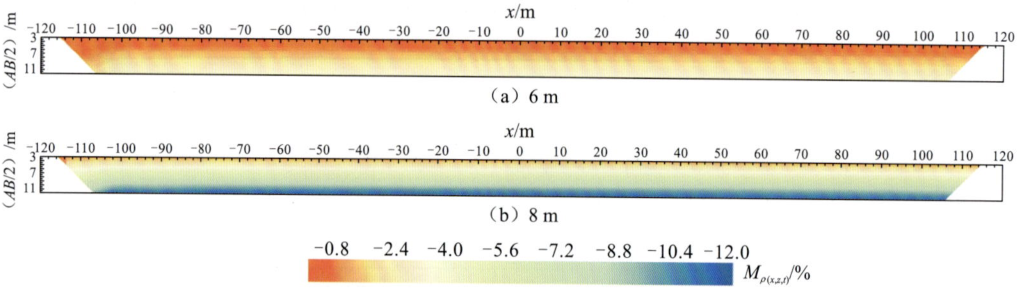

图 4.23 浸润线模型视电阻率变化率断面图

3）洞穴模型

模型参数：洞穴直径 $D = 0.6$ m，中心位于距堤坝顶 6 m 堤身处，如图 4.24 所示。设置空洞、低阻土充填和充水三种性质的隐患模型，对应的电阻率分别为 1 000 Ω·m、70 Ω·m 和 30 Ω·m。视电阻率变化率断面如图 4.25 所示，由图 4.25 可知，在空洞状态下，异常响应显示正相关特性，随着江水的不断浸入，异常响应逐渐由正变负，并且强度不断增大，但异常响应形态基本一致。

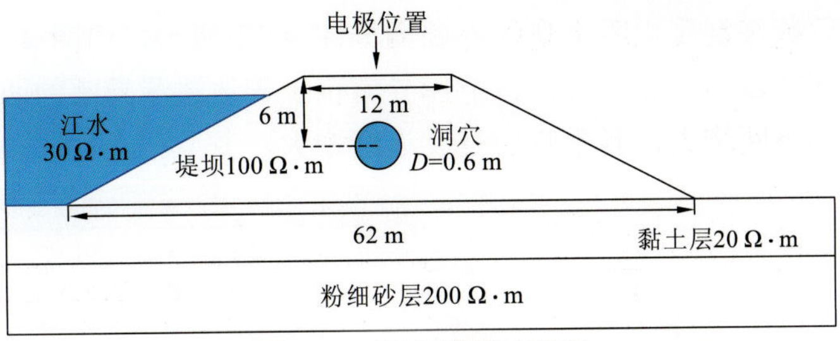

图 4.24　洞穴模型示意图

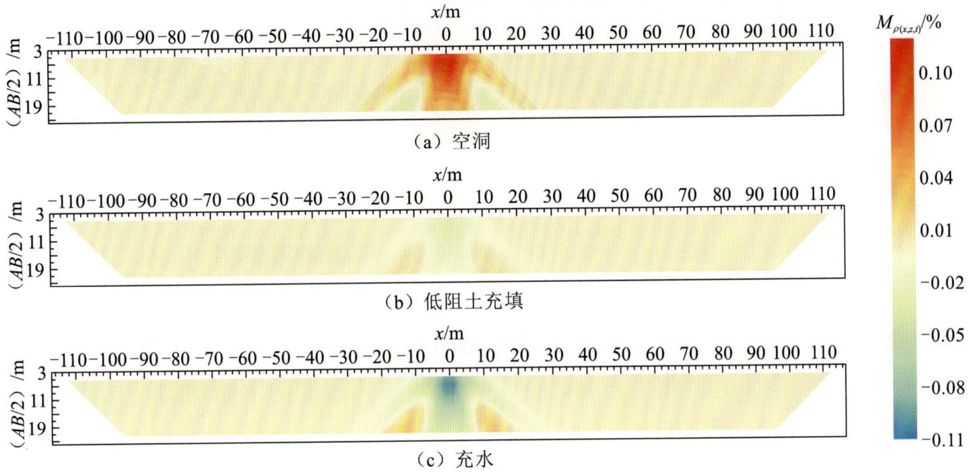

图 4.25　洞穴模型视电阻率变化率断面图

4）管状渗漏模型

模型参数：管状渗漏体埋深 6 m，直径依次为 0.1 m、0.2 m、0.3 m、0.4 m、0.5 m；管状渗漏体直径为 0.2 m，埋深依次为 4.5 m、6 m、7.5 m、9 m，管状渗漏体的电阻率为 20 Ω·m，如图 4.26 所示。

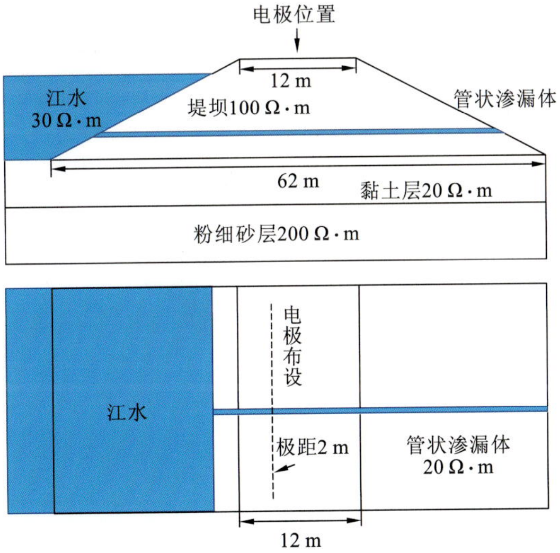

图 4.26　管状渗漏模型示意图

不同直径的管状渗漏视电阻率变化率断面如图 4.27 所示，由图 4.27 可知，视电阻率变化率异常响应特征为负相关异常，响应异常位于管体渗漏异常的两侧下方，且随着管状渗漏体直径的不断增大，异常响应强度逐渐增大。

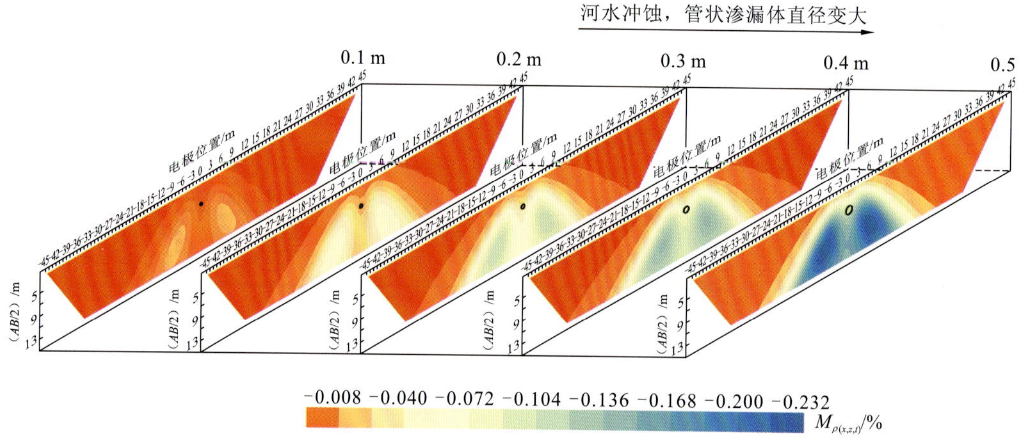

图 4.27　管状渗漏体直径分别为 0.1 m、0.2 m、0.3 m、0.4 m、0.5 m 的视电阻率变化率断面图

不同深度的管状渗漏视电阻率变化率断面如图 4.28 所示，由图 4.28 可知，视电阻率变化率异常响应特征为负相关异常，随着管状渗漏体深度的不断加深，异常响应中心不断下移，并且强度逐渐降低。

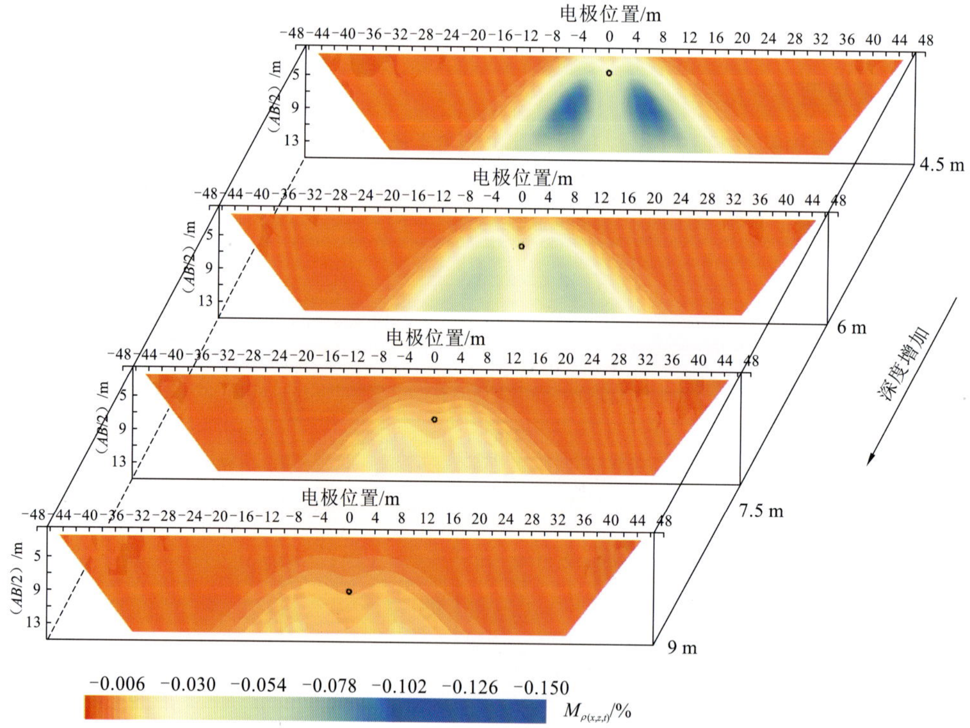

图 4.28　深度为 4.5 m、6 m、7.5 m、9 m 的管状渗漏视电阻率变化率断面图

5）层状渗漏模型

模型参数：渗漏层埋深 6 m，厚度依次为 0.15 m、0.2 m、0.25 m、0.3 m；渗漏层厚度为 0.25 m，埋深分别为 4.5 m、6 m、7.5 m、9 m，渗漏层电阻率为 20 Ω·m，如图 4.29 所示。

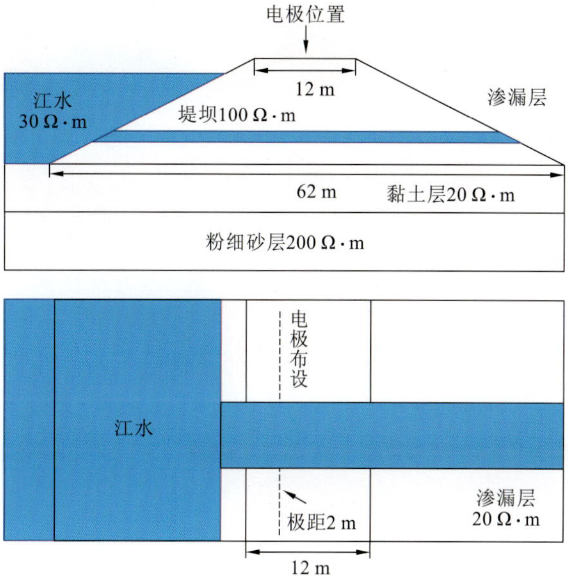

图 4.29　层状渗漏模型示意图

不同厚度的层状渗漏体视电阻率变化率断面如图 4.30 所示，由图 4.30 可知，视电阻率变化率异常响应特征为负相关异常，异常响应出现在板体的正下方，且随着板状渗漏厚度的不断增加，异常响应强度呈逐渐加大趋势。

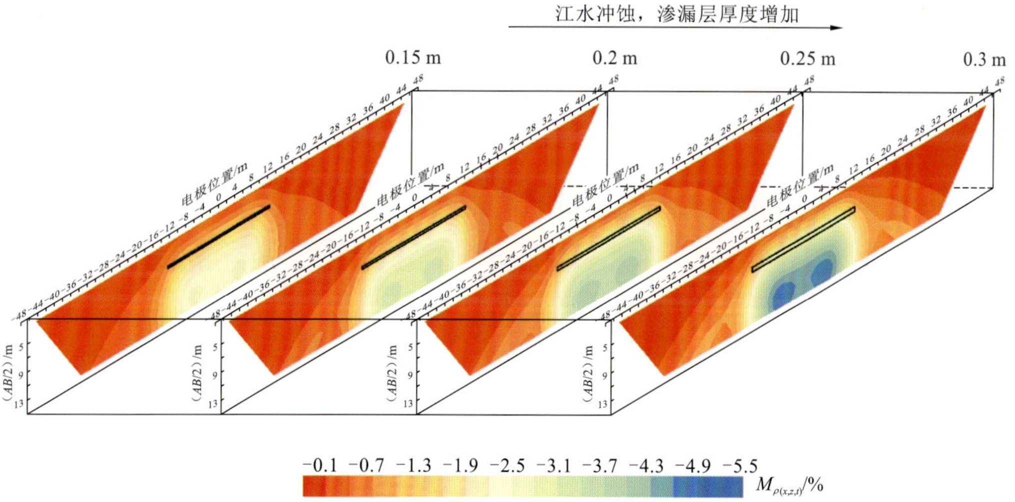

图 4.30　厚度为 0.15 m、0.2 m、0.25 m、0.3 m 时视电阻率变化率断面图

不同埋深的层状渗漏体视电阻率变化率断面如图 4.31 所示，由图 4.31 可知，视电阻率变化率异常响应特征为负相关异常，且随着埋深的增加，异常响应中心逐渐下移，并且强度逐渐变小。

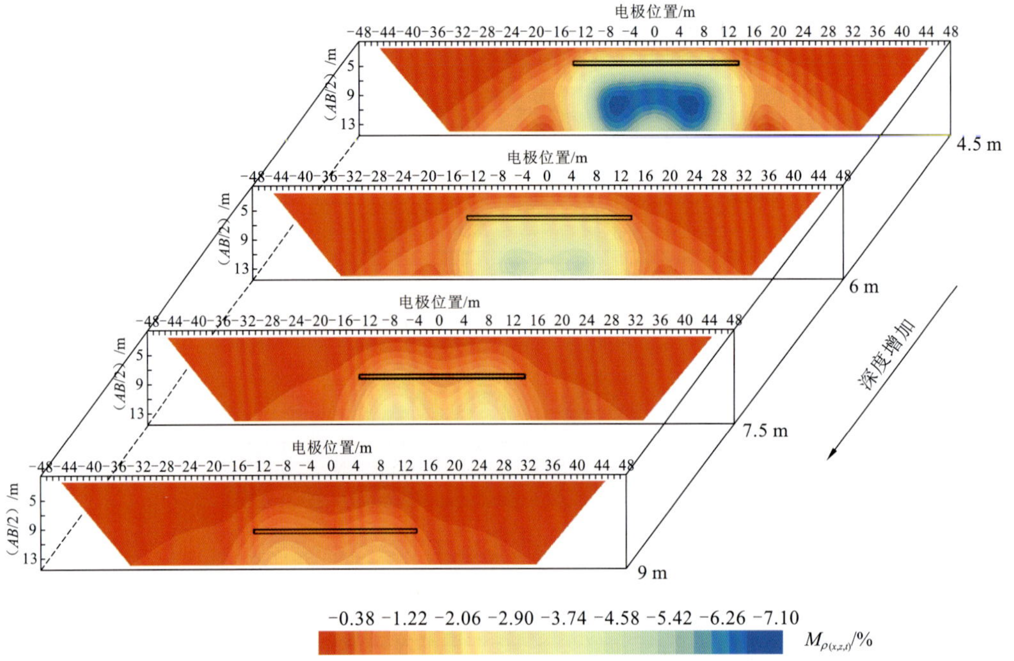

图 4.31　埋深为 4.5 m、6 m、7.5 m、9 m 时视电阻率变化率断面图

4.4　岸坡和堤坝时间推移电法探测系统研究

4.4.1　探测系统设计原则

根据堤坝与岸坡典型隐患地电模型数值模拟结果，采用时间推移电法进行堤坝、岸坡隐患的监测，其探测系统设计需遵循以下原则。

（1）测线方向平行于堤坝、岸坡。堤坝、岸坡隐患的发育一般为渐变过程，平行于岸坡布置测线有利于监测隐患的渐进变化过程。

（2）测线布置于迎水面、坡顶、背水面。水位变化对坝体土层含水率影响较大，且距离越近，影响越大，测线布置于坝体迎水面、坡顶、背水面能够较早捕捉到隐患的发生和变化情况。

（3）电极间距以不大于 2 m 为宜。堤坝、岸坡隐患具有小而密的特点，采用小电极间距能够减小时间推移电法体积效应的影响，从而提高分辨率，有利于监测到微小隐患的发生及变化情况。

（4）检测过程具有连续性和可比性。数据采集时间点可以采用固定周期和特殊时间点密集监测（如汛期水位突然上涨、地震影响等）相结合的形式，连续性监测有利于掌握岸坡土体结构的赋存状态，比对性检测更易于发现岸坡的局部变化情况。

4.4.2　探测系统参数研究

堤坝与岸坡时间推移电法探测系统参数研究借助洪湖市虾子沟长江干堤、南阳市淅川县丹江口库区宋岗码头及南京市胜利圩堤防工程进行，主要对时间推移电法探测系统的电极间距、供电时间、装置类型等进行分析，确定最优参数。

1. 堤防岸坡试验

1）试验工作布置

试验区位于洪湖市虾子沟长江干堤，根据工作区地形、地貌及干堤走向的分布特征，共布设了 3 条时间推移电法测线，如图 4.32 所示。测线方向为上游至下游，每条测线上均设计了 1 m 点距排列和 2 m 点距排列，排列道数均为 120 道，剖面长分别为 119 m 和 238 m，两种排列的中心点号重合，布设方向一致。

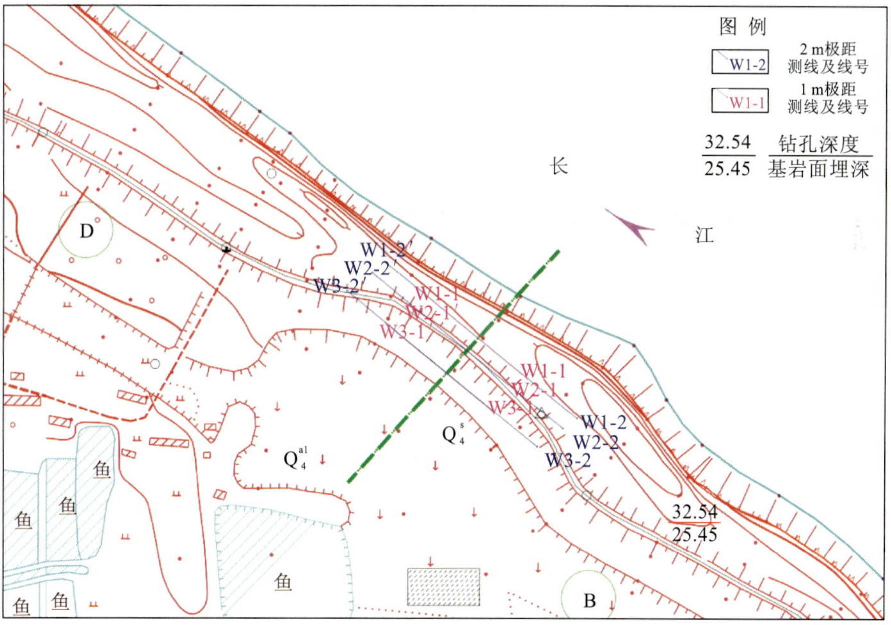

图 4.32　洪湖市虾子沟长江干堤时间推移电法测线布置示意图

其中，W1 线位于迎水面堤坡，高程为 28.5 m，W2 线位于迎水面一侧堤顶附近，高程为 32.5 m，W3 线位于堤内一侧，高程为 27.5 m，长江水位为 21.85 m，测线空间位置如图 4.33 所示。

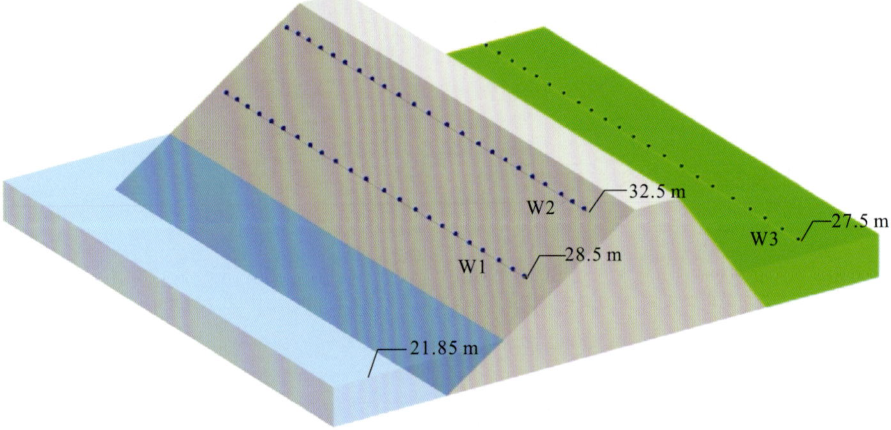

图 4.33　虾子沟长江干堤时间推移电法测线空间位置示意图

2）供电时间

由浅至深选取了 W1 断面上的 5 个剖面，进行了 1 s、2 s、3 s、4 s、5 s 供电时间条件下不同装置类型、不同深度剖面的视电阻率数据相对误差分析，经计算统计，其视电阻率测量值在不同深度剖面上的变化均小于 5%。供电时间越长，采集的数据的稳定性越好。3 s 供电时间下，视电阻率幅值梯度变化较大，异常点特征明显，电极的极化稳定性及一次场信号强度更优，尤其在深部，信号强度较小的情况下，具有较好的稳定性和天然电场干扰压制功能，曲线变化特征较明显。同时，考虑到检测效率，供电时间设置在 3 s 左右是较理想的。

3）电极间距

对 3 条时间推移电法测线分别实施了电极间距为 1 m 和 2 m 的测量，W1～W3 测线不同电极间距温纳装置视电阻率成像对比如图 4.34～图 4.36 所示。由图 4.34～图 4.36 可知：电极间距为 1 m 时，浅部异常区较多，即分辨率较高；电极间距为 2 m 时，重叠部分与 1 m 电极间距视电阻率等值图形态基本一致，但分辨率较低；时间推移电法具有体积效应，在满足探测深度的条件下，为提高分辨率，应尽可能减小电极间距，对于堤坝与岸坡隐患探测而言，电极间距以不大于 2 m 为宜。

4）装置类型

本次试验中分别对温纳装置、温纳-偶极装置、施伦伯格装置进行了装置类型试验，从数据采集结果及反演成果分析上看，温纳装置具有垂向分辨率高、探测深度大、一次场强度高、数据稳定、抗干扰较强等特点；施伦伯格装置具有垂向分辨率高、探测深度大、深部一次场信号弱、异常扩展效应强等特点；温纳-偶极装置具有垂向、横向分辨率高，探测深度较浅，抗干扰较差等特点。通过对比分析，结合对隐患的分辨率及堤防探测的目标深度（探测深度大于堤基下 10 m）要求，最终选择的工作装置类型为温纳-偶极装置。

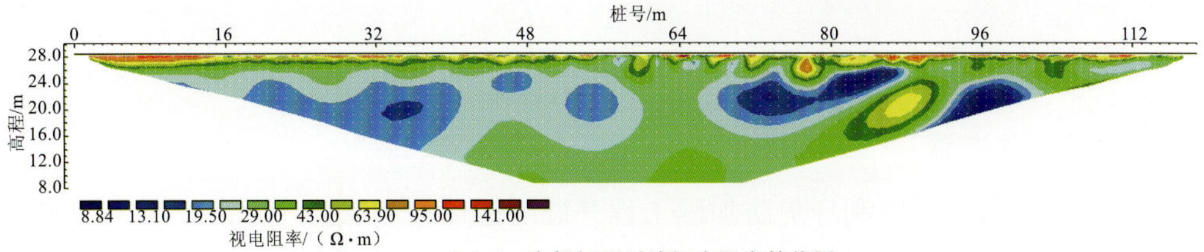

（a）1 m电极间距反演视电阻率等值图

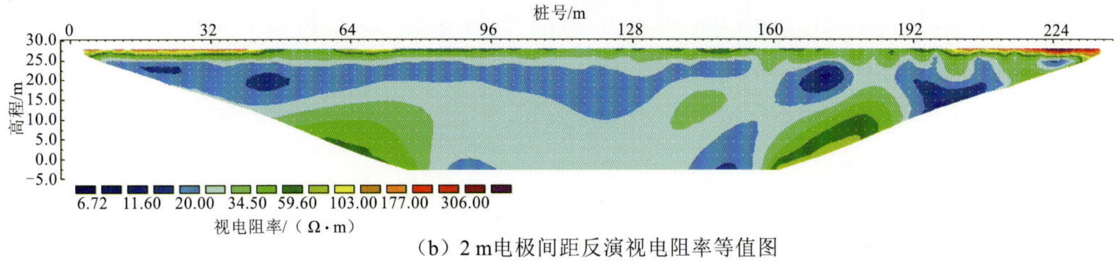

（b）2 m电极间距反演视电阻率等值图

图 4.34　W1 测线 1 m、2 m 电极间距温纳装置视电阻率成像对比图

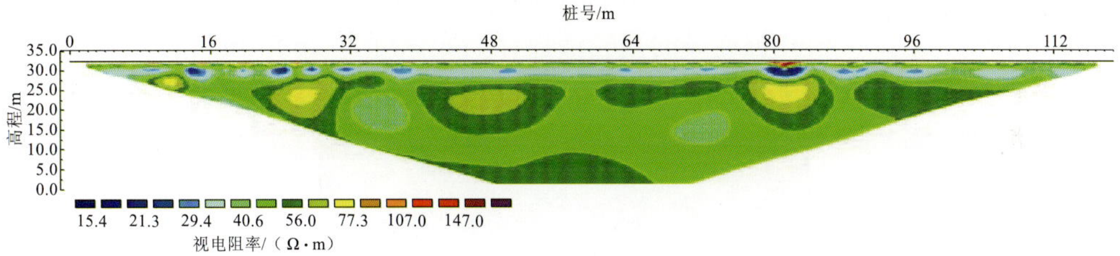

（a）1 m电极间距反演视电阻率等值图

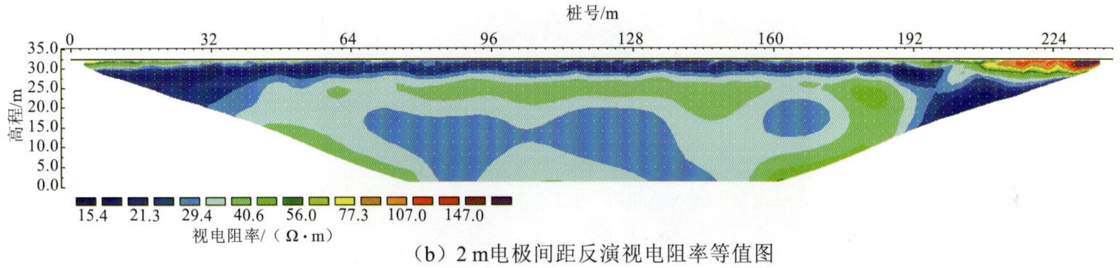

（b）2 m电极间距反演视电阻率等值图

图 4.35　W2 测线 1 m、2 m 电极间距温纳装置视电阻率成像对比图

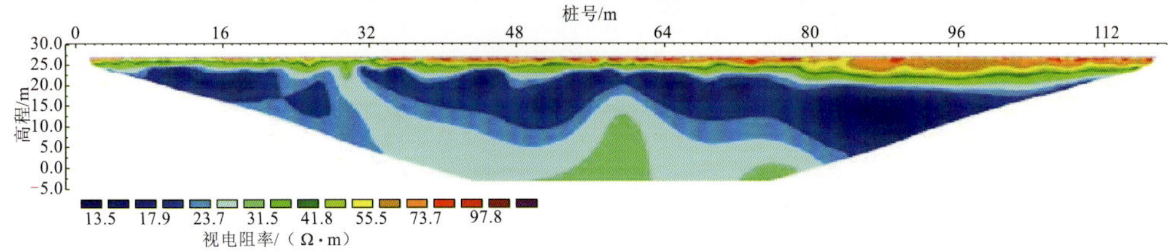

（a）1 m电极间距反演视电阻率等值图

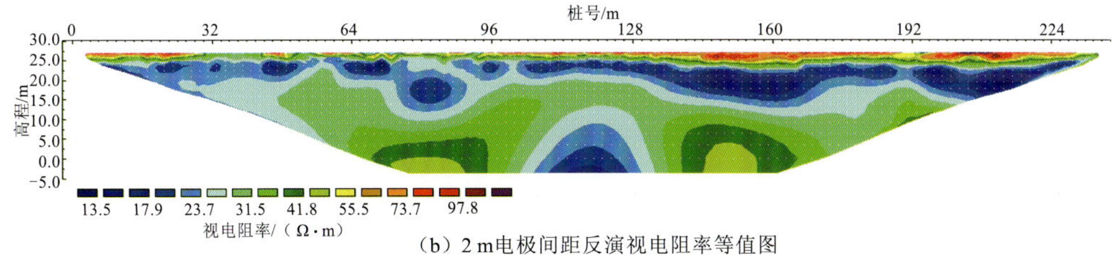

（b）2 m电极间距反演视电阻率等值图

图 4.36　W3 测线 1 m、2 m 电极间距温纳装置视电阻率成像对比图

2. 堤坝防渗墙试验

1）试验工作布置

结合南京市高淳区胜利圩堤防加固工程开展防渗墙检测试验，本次试验的目的是验证堤防电法测线布置、电极间距及探测装置。试验地点位于高淳区内胜利圩堤防，包括乌溪河左岸堤防 1.5 km 和水阳江干流左岸堤防 8.34 km，总长 9.84 km，堤防加固以现有堤防轴线为基础进行，其中第 2 标段桩号范围为 SL5+700～SL9+840 m。胜利圩设计堤防高程 12.57 m，堤顶宽度 6.0 m，外坡 1∶2.5，内坡 1∶2.5，外坡预制块护坡已完成，垂直截渗长度 2.575 km。

本次电法检测试验的主要目标为该工程高喷防渗墙的试验段，如图 4.37 所示，试验段由 6 根孔桩高压摆喷连接成墙，墙的长度约为 4.1 m，设计墙厚不大于 0.3 m，施工日期为 9 月 26～28 日，其中一侧由 3 根孔桩连成的高喷墙设计墙底深度为 19.07 m，位于试验段上游侧，其余 3 根孔桩连成的高喷墙设计墙底深度为 26.57 m，位于试验段下游侧；防渗墙位于桩号 SL8+650 m 附近，以堤顶为中心向坡外和坡内展布，不超过 60 m。

图 4.37　胜利圩堤防加固工程第 2 标段防渗墙试验段墙顶

如图 4.38 所示，在试验段正上方布设一条高密度电法测线 G1，平行于防渗墙，在堤顶面两侧各布置一条平行测线，两侧平行测线与 G1 的距离取 0.3 m、0.6 m、1 m、1.3 m、2 m 和 3.3 m，其中，0.6 m、1.3 m 和 3.3 m 测线布置在靠江一侧。垂直穿过试验段布设 2 条高密度电法测线，并在试验段下游一侧布置平行对比测线。本次试验工作，共布置平行于试验段的常规电法测线 21 条、剖面 63 个，点距为 1 m、2 m 和 3 m，工作量为 7 434 m，布置垂直于试验段的常规电法测线 3 条、剖面 6 个，点距为 1 m 和 2 m，工作量为 1 593 m。

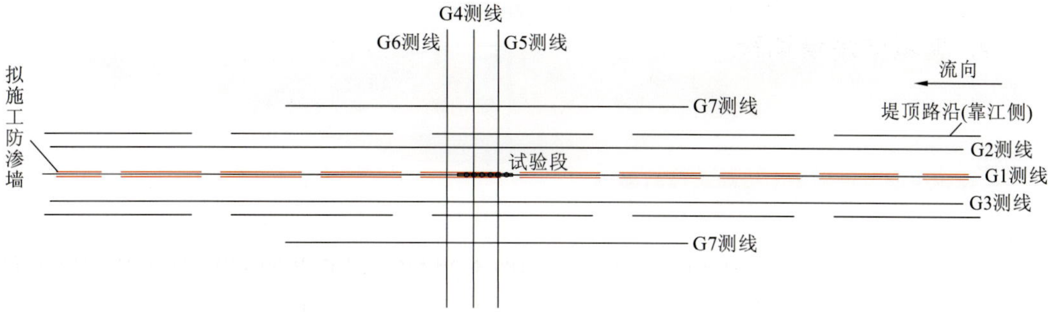

图 4.38　电法测线布设示意图（俯视图）

根据防渗墙位于堤防轴线、两侧放坡基本对称的特点，平行于试验段，在堤防两侧边坡上各对称、等高布置 32 根电极，探测两排电极之间、电极高程附近的电阻率变化。试验时，从接近堤顶两侧边坡开始布设第一对测线，防渗墙顶高程 11.5 m，因堤岸两侧放坡角度较缓，考虑到排列间水平距离不宜过大，故具体高程布设为 10 m 和 8 m 共 2 个高程，两个排列之间的水平距离分别为 18 m 和 32 m。

2）供电时间

由浅至深选取了 G1 测线上的 9 个剖面，进行了 1 s、2 s、4 s、8 s 供电时间条件下不同装置类型、不同深度剖面的视电阻率数据相对误差分析，经计算统计，其视电阻率测量值在不同深度剖面上的变化均小于 3%。4 s 供电时间条件下，视电阻率幅值梯度变化较大，异常点特征明显，电极更易实现全极化，电极的极化稳定性及一次场信号强度更优，尤其在深部，信号强度较小的情况下，具有较好的稳定性和天然电场干扰压制功能，曲线变化特征较明显，考虑到检测的时效性，认为供电时间采用 4 s 效果较好。

3）电极间距及装置类型

不同电极间距和不同装置下的视电阻率等值图如图 4.39～图 4.44 所示。

综合分析图 4.39～图 4.44 的试验成果图发现，高密度电法具有检测防渗墙连续性的可行性，在兼顾探测深度和分辨率的前提下，建议在探测系统设计中采用不大于 1 m 的电极间距和足够多道数的排列开展高密度电法检测，采用施伦伯格装置，平行或小角度斜交于防渗墙布置。

4）测线布置方式

除了采用传统的平行于防渗墙轴线的布线方式，还对垂直于堤坝防渗墙轴线及平行对穿电阻率 CT 的布置方式进行了试验研究。

（1）垂直于堤坝防渗墙轴线布置方式。G4、G5、G6 测线分别是布置在 26.5 m 深防渗墙、19.5 m 深防渗墙和防渗墙下游侧 1.5 m（不穿墙），并且垂直于试验段的 3 条高密度电法测线，根据现场测线展布条件，采用点距 1 m 和 2 m。采用的装置类型分别为温纳装置、偶极装置和施伦伯格装置。

试验成果如图 4.45～图 4.47 所示，当测线垂直于防渗墙时，防渗墙基本反映为低阻，其中，施伦伯格装置反映为一直立低阻异常，但范围较宽；其他两种装置反映的视电阻率异常的形态对应不理想。

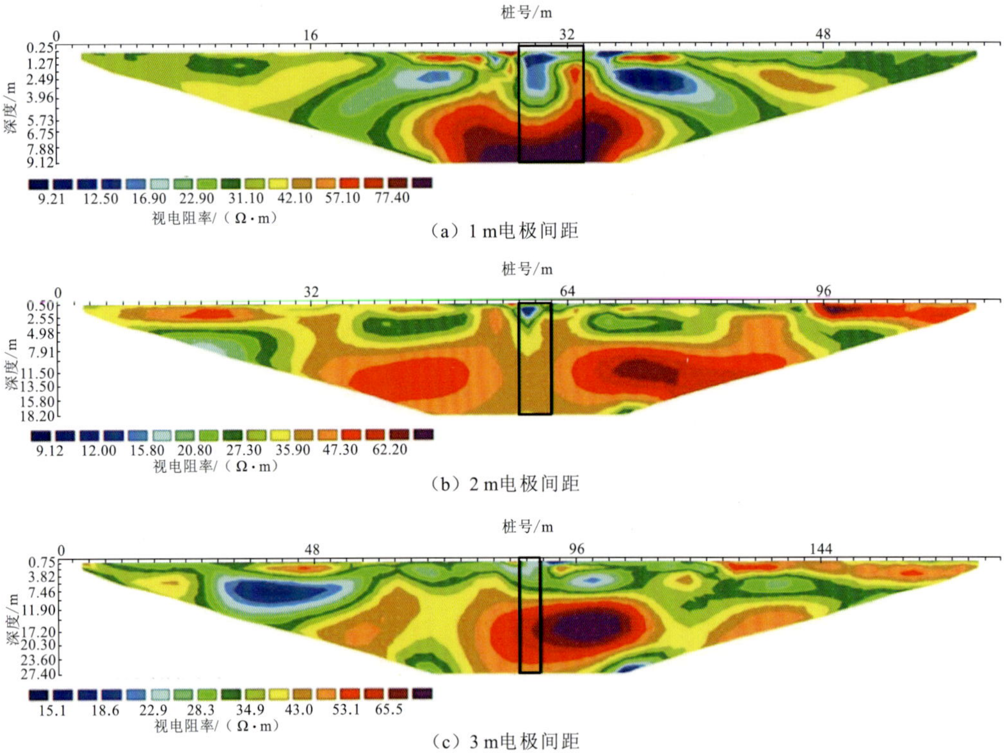

（a）1 m电极间距

（b）2 m电极间距

（c）3 m电极间距

图 4.39　G1 测线不同电极间距温纳装置反演视电阻率等值图

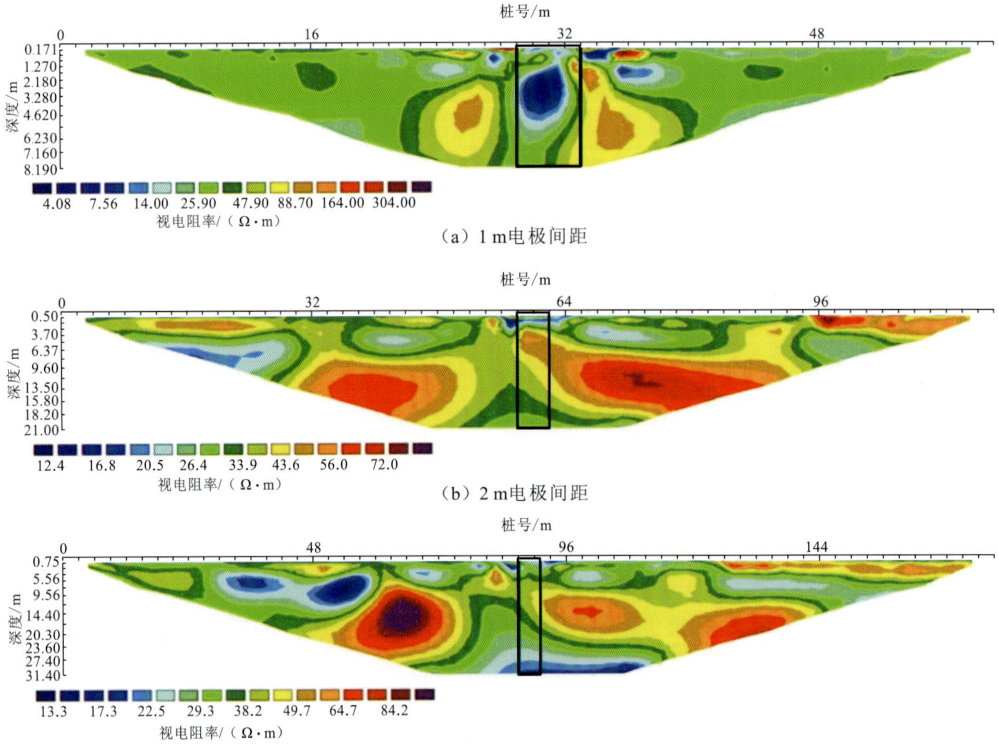

（a）1 m电极间距

（b）2 m电极间距

（c）3 m电极间距

图 4.40　G1 测线不同电极间距偶极装置反演视电阻率等值图

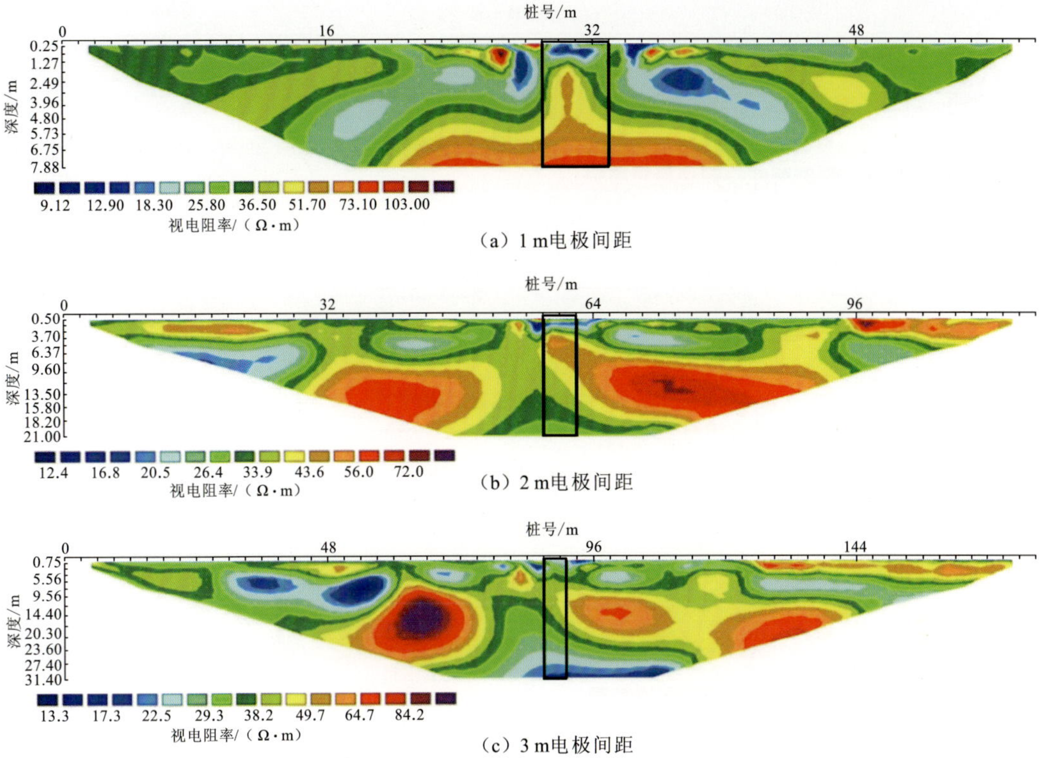

图 4.41　G1 测线不同电极间距施伦伯格装置反演视电阻率等值图

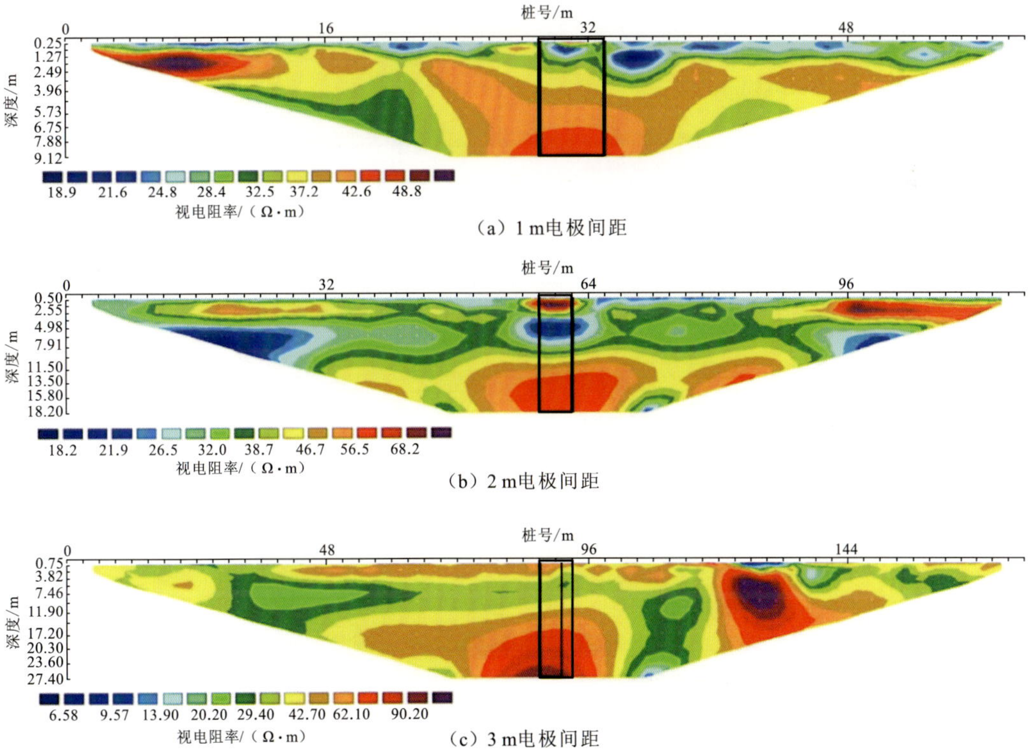

图 4.42　G2 测线不同电极间距温纳装置反演视电阻率等值图

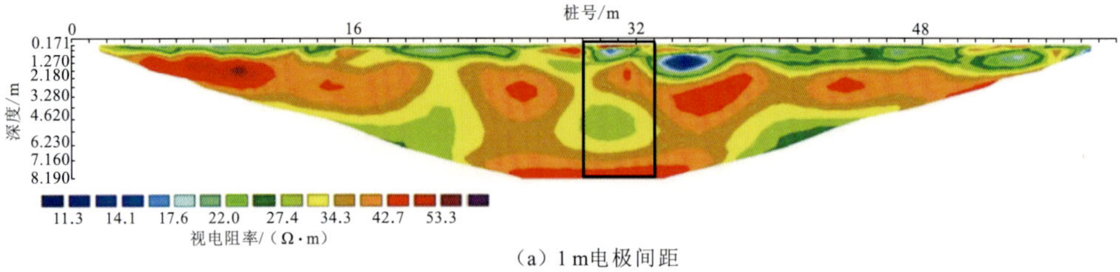

（a）1 m电极间距

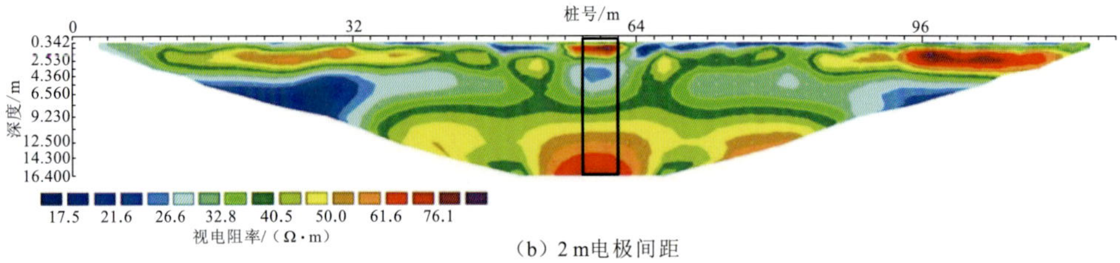

（b）2 m电极间距

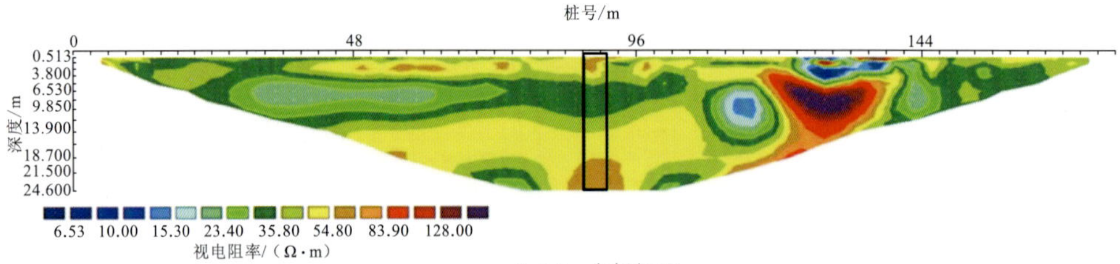

（c）3 m电极间距

图 4.43 G2 测线不同电极间距偶极装置反演视电阻率等值图

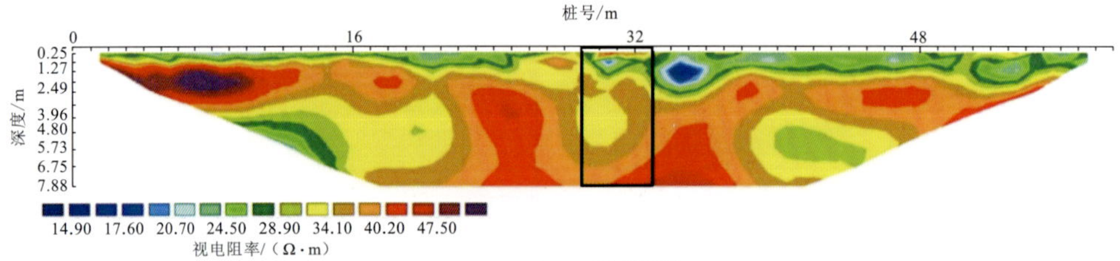

（a）1 m电极间距

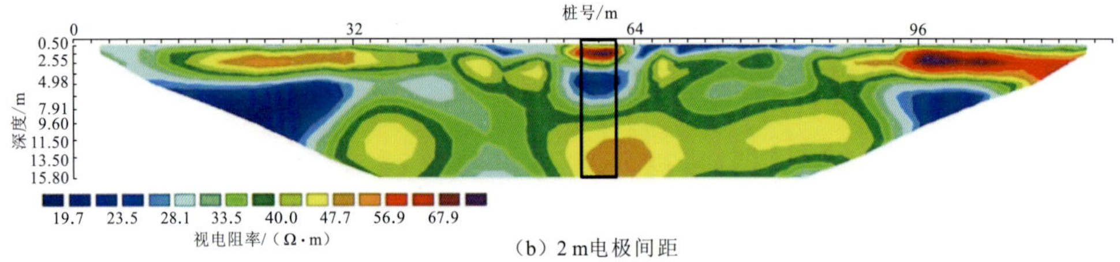

（b）2 m电极间距

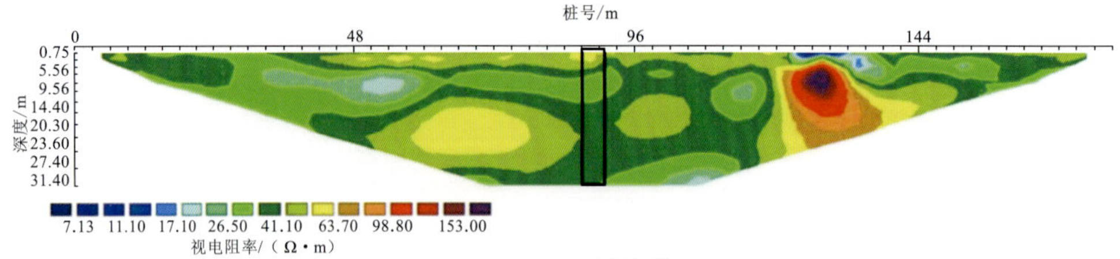

（c）3 m电极间距

图 4.44 G2 测线不同电极间距施伦伯格装置反演视电阻率等值图

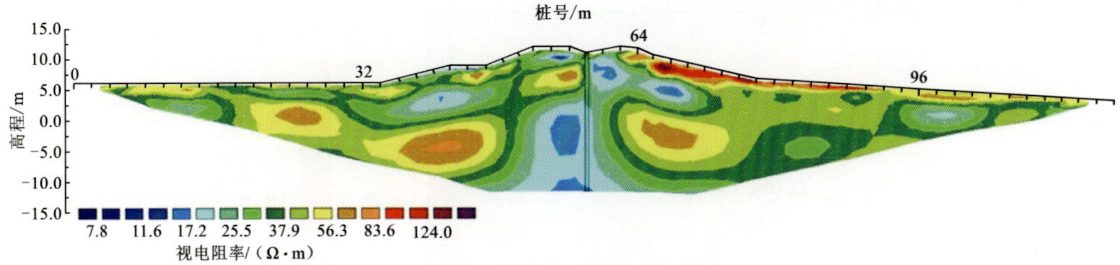

图 4.45 G4 测线高密度电法试验视电阻率反演剖面成果图（施伦伯格装置，点距 2 m）

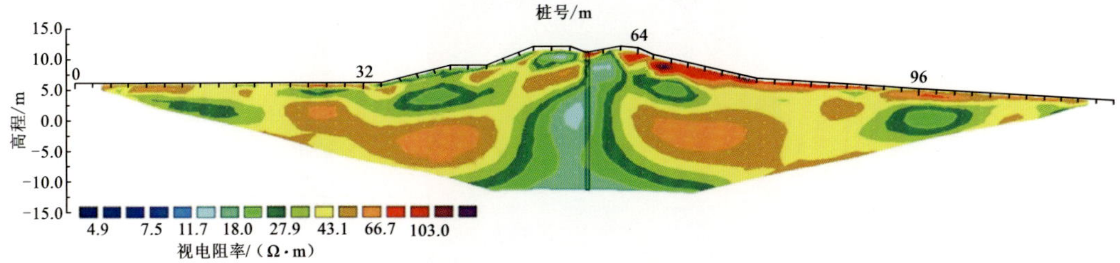

图 4.46 G5 测线高密度电法试验视电阻率反演剖面成果图（施伦伯格装置，点距 2 m）

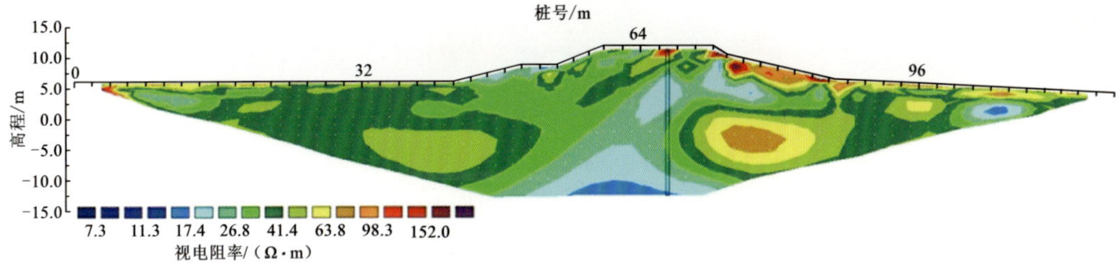

图 4.47 G6 测线高密度电法试验视电阻率反演剖面成果图（施伦伯格装置，点距 2 m）

（2）平行对穿电阻率 CT 布置方式。G7 测线平行于试验段，在堤防两侧边坡上各对称、等高布置 32 根电极、2 个排列电极，探测两排电极之间、电极高程附近的电阻率变化。实际试验中，布设了 10 m 和 8 m 共 2 个高程，两个排列的间距分别为 18 m 和 32 m。试验时，新施工防渗墙已与试验段上游端相接。

如图 4.48、图 4.49 所示，两个高程的试验成果显示，防渗墙对应位置的反演视电阻率为 20～100 Ω·m，未见明显的对应防渗墙的形态异常。10 m 高程试验成果中可见两条串珠状相对低阻带，沿轴线分布在试验段两侧，而 8 m 高程试验成果则显示试验段在一个圆形低阻异常中，在靠江侧有一条串珠状相对低阻带。

从上述试验成果可见，对于平行于试验段的测线，在点距为 1 m、装置为施伦伯格装置、偏离轴线小于 1 m 时，能较好地反映试验段两侧的边界，试验段墙体反映为一段较明显的高阻体，并且能够区分试验段底部埋深。

对于垂直于试验段的测线，装置为施伦伯格装置时，能定性反映是否存在防渗墙。由于防渗墙试验段墙体薄，最厚处不超过 0.4 m，电法对直立相对高阻薄层目标的分辨能力较弱，故其对防渗墙的厚度及连续性分辨能力不足。平行对穿电阻率 CT 装置能够在水平剖面上反映防渗墙分布位置和水体渗透阻隔效果，但放坡较缓，导致两个电极排列之间的水平距离较大，会使电流减小、电压减弱，对薄层目标的分辨效果不理想。结合理想的电极间距，采用平行对穿电阻率 CT 装置，排列间距离不宜大于 16 m。

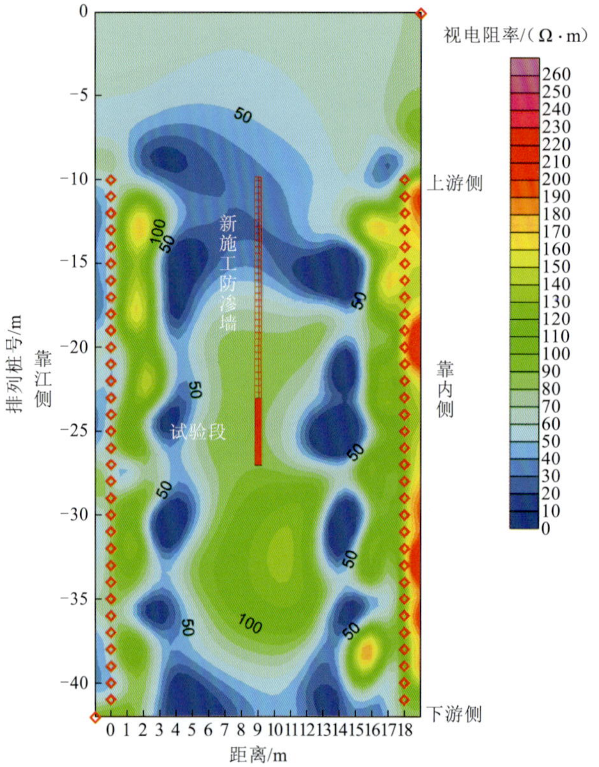

图 4.48　G7 测线反演视电阻率等值图（高程 10 m，排列间距 18 m）

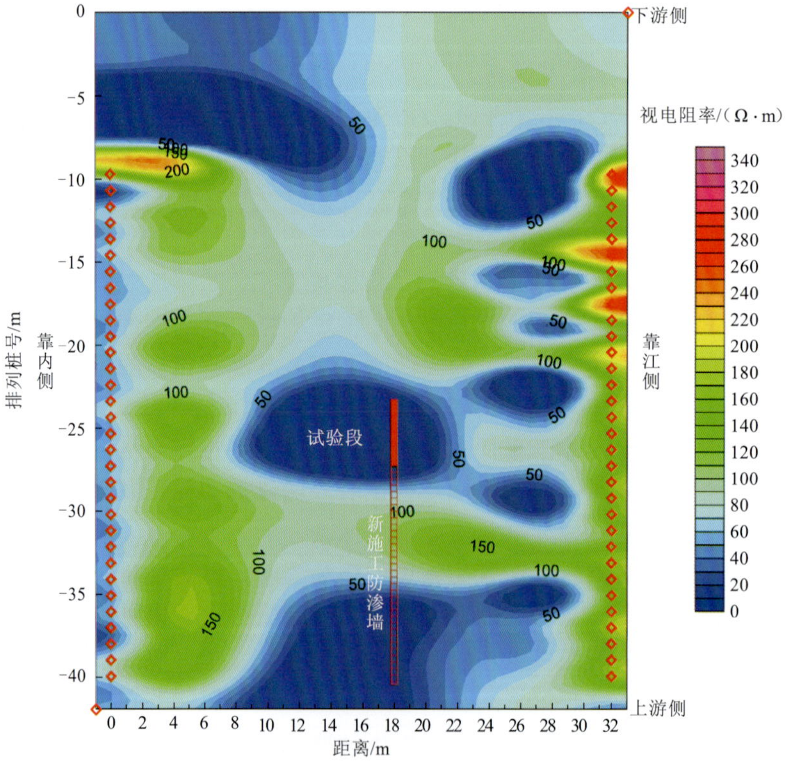

图 4.49　G7 测反演视电阻率等值图（高程 8 m，排列间距 32 m）

4.5　时间推移电法探测数据反演与解释

4.5.1　电法数据反演基本理论

直流电法反演是根据已知的部分电位数据和场源分布求解目标区域内电阻率三维分布的过程，是典型的地球物理问题。直流电法反演问题属于大规模非线性问题，对于非线性问题，往往先将其化为线性问题，然后借助迭代法进行求解，由于地下电性结构具有离散的电阻率模型参数，其反演问题是一个病态问题，故需要采取正则化的方法来避免反演的病态问题。

直流电法反演的基本步骤如下。

（1）建立初始模型，初始模型一般设置为均匀模型，电阻率为实测视电阻率数据的算术平均数；如果初步了解地层电性结构，也可以按照已知地层电性结构来设置初始模型。

（2）计算给定模型的视电阻率理论值和目标函数值，然后计算其雅可比矩阵，反演计算中雅可比矩阵的计算最耗时，根据反演原理，每修正一次模型参数，需重新计算一次雅可比矩阵，但为了提高计算速度，在对精度影响最小的情况下，不重新计算雅可比矩阵。因此，仅当模型修正前后误差大于 5%时，才重新计算雅可比矩阵。

（3）采用奇异分解法求解方程组，得到模型参数修正量，并计算修正后的模型。

（4）对修正后的模型进行正演计算，将视电阻率与实测视电阻率进行比较，当同时不满足以下两个条件时回到步骤（2）继续迭代：①均方根误差小于设定值（一般小于5%）；②达到最大迭代次数。

（5）结束，输出反演结果。反演流程图如图 4.50 所示。

迭代过程中，计算模型参数修正量，为

$$\Delta m_i = (\boldsymbol{J}^{\mathrm{T}}\boldsymbol{W}_d^{\mathrm{T}}\boldsymbol{W}_d\boldsymbol{J} + \lambda\boldsymbol{L})^{-1}(\boldsymbol{J}^{\mathrm{T}}\boldsymbol{W}_d^{\mathrm{T}}\boldsymbol{W}_d\Delta d - \lambda\boldsymbol{L}m_{i-1}) \tag{4.37}$$

式中：Δm_i 为模型参数修正量；$\boldsymbol{J}$ 为雅可比矩阵，又称灵敏度矩阵；$\boldsymbol{W}_d$ 为原始数据的加权矩阵；λ 为正则化因子；$\boldsymbol{L}$ 为五点有限差分拉普拉斯算子；Δd 为实测值与正演值的差值。

Δd 与 $\boldsymbol{W}_d$ 存在以下关系：

$$\Delta d = \ln \rho_{\mathrm{s}}^{\mathrm{true}} - \ln \rho_{\mathrm{s}}^{\mathrm{f}} \tag{4.38}$$

$$\boldsymbol{W}_d = \mathrm{diag}\left(1\Big/\sqrt[4]{\rho_{\mathrm{s}}^{\mathrm{true}}}\right) \tag{4.39}$$

式中：$\rho_{\mathrm{s}}^{\mathrm{true}}$ 为实测视电阻率；$\rho_{\mathrm{s}}^{\mathrm{f}}$ 为正演计算的视电阻率。

根据模型参数修正量，得到模型参数更新公式：

$$m_{i+1} = m_i + \Delta m_i = m_i + (\boldsymbol{J}^{\mathrm{T}}\boldsymbol{W}_d^{\mathrm{T}}\boldsymbol{W}_d\boldsymbol{J} + \lambda\boldsymbol{L})^{-1}(\boldsymbol{J}^{\mathrm{T}}\boldsymbol{W}_d^{\mathrm{T}}\boldsymbol{W}_d\Delta d - \lambda\boldsymbol{L}m_{i-1}) \tag{4.40}$$

数据拟合度通过式（4.41）进行衡量：

$$R_{\mathrm{MS}} = \sqrt{(\boldsymbol{W}_d\Delta d)^{\mathrm{T}}(\boldsymbol{W}_d\Delta d)/N} \tag{4.41}$$

式中：R_{MS} 为拟合误差；N 为拟合次数。

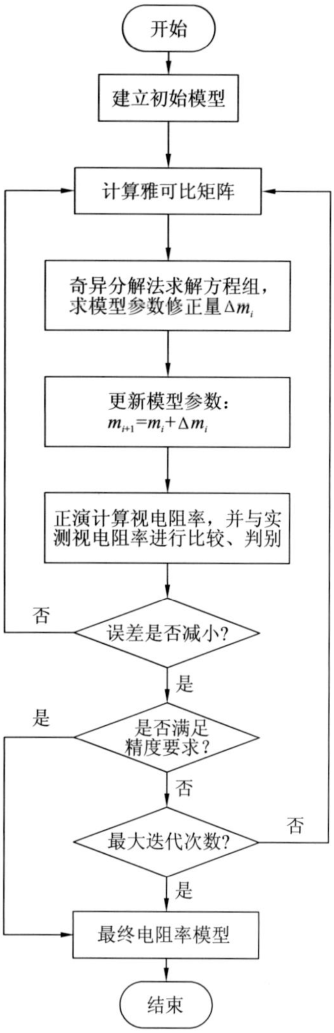

图 4.50　反演流程图

4.5.2　常见电法数据反演方法

直流电法反演问题属于大规模非线性问题，对于非线性问题，往往先将其化为线性问题，然后借助迭代法进行求解，对此人们提出了大量有效的方法，如牛顿迭代法、高斯-牛顿迭代法、共轭梯度法等。另外，地球物理反演同其他反演问题一样，表现为高度不适定性，简单地采用迭代法进行处理，得到的结果往往误差较大，因此需要寻找一些方法减小反演问题的不适定性。正则化方法正是解决上述问题的方法之一。本章对常用的线性迭代法和正则化方法进行介绍。

1. 线性迭代法

线性迭代法是电阻率反演算法中发展时间最长的方法，在其产生初期，发展较为缓

慢。但随着数学理论的不断完善，线性迭代法得到了很好的发展。线性迭代法的目标函数可以表示为

$$\min\varphi(m,\lambda)=\varphi d(m)+\lambda\varphi r(m) \tag{4.42}$$

式中：$\varphi d(m)$ 为度量数据拟合质量的泛函；$\varphi r(m)$ 为正则化项；λ 为正则化因子。

求解式（4.42）可以采用线性迭代法，如牛顿迭代法、高斯-牛顿迭代法、拟牛顿迭代法等。线性迭代法具体如下。

（1）计算初始化模型：计算雅可比矩阵 $\boldsymbol{J}=\dfrac{\partial\varphi}{\partial m}$；计算黑塞矩阵 $\boldsymbol{H}=\dfrac{\partial^2\varphi}{\partial^2 m}\cong\boldsymbol{J}^{\mathrm{T}}$。

（2）求解大型稀疏线性方程组 $\boldsymbol{H}\cdot\delta m=-\boldsymbol{g}$（$\boldsymbol{g}$ 为目标函数的梯度），计算出模型修正量 δm。

（3）计算线性搜索参数 μ，计算新模型 $m^{i+1}=m^i+\mu\cdot\delta m$。

（4）验证 m^{i+1} 是否满足迭代条件，如果满足，则停止迭代，否则重复步骤（1）。

由以上步骤可以看出，线性迭代法必须求解黑塞矩阵 $\boldsymbol{H}$，特别是对于三维电法探测数据反演来说，求解 $\boldsymbol{H}$ 的计算量相当大，这阻碍了线性迭代法在三维反演过程中的应用。为了真正意义上应用线性迭代法求解三维直流电法反演问题，不精确高斯-牛顿迭代法、阻尼高斯-牛顿迭代法、预处理共轭梯度法等被引入线性迭代法的求解中来，大大降低了计算量，减少了计算时间。下面对高斯-牛顿迭代法和不精确高斯-牛顿迭代法进行简单介绍。

1）高斯-牛顿迭代法

高斯-牛顿迭代法是解决直流电法反演这一类最优化问题的重要方法。在三维直流电法反演问题中，目标函数 $\varphi(x)$ 取若干非线性函数平方和的形式，则得到如下非线性最小二乘问题：

$$\min\varphi(x)=\frac{1}{2}\sum_{i=1}^{m}[r_i(x)]^2=\frac{1}{2}\|\boldsymbol{r}(x)\|^2 \tag{4.43}$$

式中：$\boldsymbol{r}(x)=[r_1(x),r_2(x),\cdots,r_m(x)]^{\mathrm{T}}$ 为在 m 的残差向量，$\boldsymbol{r}(x):\mathbf{R}^n\rightarrow\mathbf{R}^m\ (m\geqslant n)$，是 x 的非线性函数。若 $\boldsymbol{r}(x)$ 是 x 的线性函数，则非线性最小二乘问题变为线性最小二乘问题。

设 $\boldsymbol{J}$ 是雅可比矩阵，则

$$\boldsymbol{J}=\begin{bmatrix}\dfrac{\delta r_1}{\delta x_1}\cdots\dfrac{\delta r_1}{\delta x_n}\\ \vdots \qquad \vdots\\ \dfrac{\delta r_m}{\delta x_1}\cdots\dfrac{\delta r_m}{\delta x_n}\end{bmatrix} \tag{4.44}$$

$\varphi(x)$ 的梯度为

$$\boldsymbol{g}(x)=\nabla\varphi(x)=\sum_{i=1}^{m}r_i(x)\nabla r_i(x)=\boldsymbol{J}^{\mathrm{T}}\boldsymbol{r}(x) \tag{4.45}$$

$\varphi(x)$ 的黑塞矩阵为

$$\boldsymbol{H}(x)=\sum_{i=1}^{m}\nabla r_i(x)\nabla r_i(x)^{\mathrm{T}}+r_i(x)\nabla^2 r_i(x)=\boldsymbol{J}^{\mathrm{T}}\boldsymbol{J}+\boldsymbol{S}(x) \tag{4.46}$$

式中：$\boldsymbol{S}(x)=r_i(x)\nabla^2 r_i(x)$。对于没有任何限制条件的优化问题，在点 x^k 处取目标函数 $\varphi(x)$ 的二次形式，即

$$\varphi_k(x)=\varphi(x^k)+\boldsymbol{g}(x^k)^{\mathrm{T}}(x-x^k)+\frac{1}{2}(x-x^k)\boldsymbol{H}(x^k)(x-x^k) \tag{4.47}$$

令 $\nabla\varphi(x)=\boldsymbol{g}(x^k)+\boldsymbol{H}(x^k)(x-x^k)=\boldsymbol{0}$，由此解出的 x 就是二次函数 $\varphi_k(x)$ 的极值点，即

$$x^{k+1}=x^k-[\boldsymbol{H}(x^k)]^{-1}\boldsymbol{g}(x^k) \tag{4.48}$$

式（4.48）即高斯-牛顿迭代公式。

2）不精确高斯-牛顿迭代法

在标准假设下，高斯-牛顿迭代公式具有局部平方收敛的特性，但是该方法存在的缺陷在于黑塞矩阵 $\boldsymbol{H}(x)$中的二阶项 $\boldsymbol{S}(x)$计算复杂。因此，为了减小计算量，当 $\boldsymbol{S}(x)$很小时，可以忽略此项，得到近似的黑塞矩阵 $\boldsymbol{H}(x)$，即

$$\boldsymbol{H}(x)\approx\boldsymbol{J}(x)^{\mathrm{T}}\boldsymbol{J}(x) \tag{4.49}$$

由于 $\boldsymbol{J}(x)$ 在计算目标函数的梯度 $\boldsymbol{g}(x)=\nabla\varphi(x)$ 时已经得到，故很容易得到 $\boldsymbol{H}(x)$，算法的计算量下降，计算更加简化，这时目标函数 $\varphi(x)$ 的二次形式为

$$\varphi_k(x)=\varphi(x^k)+[\boldsymbol{J}^{\mathrm{T}}\boldsymbol{r}(x^k)]^{\mathrm{T}}(x-x^k)+\frac{1}{2}(x-x^k)\boldsymbol{J}^{\mathrm{T}}\boldsymbol{J}(x-x^k) \tag{4.50}$$

易得

$$\delta^k=-(\boldsymbol{J}x^k)^{\mathrm{T}}\boldsymbol{J}(x^k)^{-1}(\boldsymbol{J}x^k)^{\mathrm{T}}\boldsymbol{r}(x^k) \tag{4.51}$$

$$x^{k+1}=x^k+\delta^k \tag{4.52}$$

式（4.52）即不精确高斯-牛顿迭代公式。

由于不精确高斯-牛顿迭代法是通过忽略黑塞矩阵 $\boldsymbol{H}(x)$中的二阶项 $\boldsymbol{S}(x)$得到的，所以这种方法的收敛性能受到了影响，另外，不精确高斯-牛顿迭代法存在对迭代初值要求高的缺陷。为解决这两个问题，不直接将式（4.52）作为迭代公式，而是引入一个阻尼因子 ω，使 ω^k 满足：

$$\boldsymbol{J}(x^k+\omega^k\delta^k)=\min\boldsymbol{J}(x^k+\omega\delta^k)\quad(\omega\in(0,1]) \tag{4.53}$$

式（4.53）即阻尼高斯-牛顿迭代公式。可以看出，引入阻尼因子 ω 将影响迭代收敛的速度和计算精度。

2. 正则化方法

如果一个问题满足解的存在性、唯一性和稳定性这三个基本要求，那么这个问题称为适定问题；反之，如果一个问题不满足解的存在性、唯一性和稳定性其中任意一个条件，那么称该问题为不适定问题。直流电法反演问题不满足解的唯一性这一条件，因此是一个典型的不适定问题。正则化方法是解决不适定问题的方法之一，并且该方法在理论上已发展成为较完善的理论体系且在地球物理反演中得到了广泛的应用。

下面就分别对 Tikhonov 正则化和总变差（total variation，TV）正则化进行介绍。

1）Tikhonov 正则化

对于模型问题 $\boldsymbol{Kf}=\boldsymbol{g}$（其中，$\boldsymbol{K}$ 是一个条件数很大的病态矩阵），当此方程组存在多解时，需要利用最小二乘法求得其最佳近似解，即

$$\hat{f}=\min_f\|\boldsymbol{Kf}-\boldsymbol{g}\|^2 \tag{4.54}$$

对上述目标函数关于 $\boldsymbol{f}$ 求导数，并令导数等于零，可得

$$\boldsymbol{K}^{\mathrm{T}}\boldsymbol{Kf}=\boldsymbol{K}^{\mathrm{T}}\boldsymbol{g} \tag{4.55}$$

式中：$\boldsymbol{K}^{\mathrm{T}}$ 为 $\boldsymbol{K}$ 的共轭矩阵。可以看出，$\boldsymbol{K}^{\mathrm{T}}\boldsymbol{K}$ 是一个非负定的对称矩阵。

因为矩阵 $\boldsymbol{K}$ 的条件数很大，是一个病态矩阵，所以 $\boldsymbol{K}^{\mathrm{T}}\boldsymbol{K}$ 也是病态矩阵，那么利用最小二乘法得不到稳定的解。Tikhonov 正则化的基本思想是通过增加一个约束项，将此病态问题转化成非病态问题来求解，即

$$f_\alpha=\min_f\|\boldsymbol{Kf}-\boldsymbol{g}\|^2+\alpha\|\boldsymbol{f}\|^2 \tag{4.56}$$

式（4.56）即离散形式下，关于直流电法反演问题的 Tikhonov 正则化的表达式。运用函数空间的相关理论，可以得出普遍意义下的 Tikhonov 正则化。由式（4.56），可得

$$\boldsymbol{K}^{\mathrm{T}}\boldsymbol{g}=(\boldsymbol{K}^{\mathrm{T}}\boldsymbol{K}+\alpha\boldsymbol{I})f_\alpha \tag{4.57}$$

式中：α 为正则化参数；$\boldsymbol{I}$ 为数据权重矩阵。可以通过调节参数 α 的大小调节解的稳定性，并且得到不同程度的近似解：

$$f_\alpha=(\boldsymbol{K}^{\mathrm{T}}\boldsymbol{K}+\alpha\boldsymbol{I})^{-1}\boldsymbol{K}^{\mathrm{T}}\boldsymbol{g} \tag{4.58}$$

此近似解也称为 Tikhonov 近似解。

2）TV 正则化

TV 正则化的基本思想与 Tikhonov 正则化一致，只是 TV 正则化的约束项为变差函数。

TV 正则化将 TV 函数作为约束项函数，即

$$f_\beta=\min_u\|\boldsymbol{Kf}-\boldsymbol{g}\|^2+\beta\|\nabla\boldsymbol{f}\|_{L1} \tag{4.59}$$

式中：β 为 TV 正则化因子；u 为目标函数；$\|\nabla\boldsymbol{f}\|_{L1}$ 为正则化函数项，

$$\|\nabla\boldsymbol{f}\|_{L1}=\mathrm{TV}(\boldsymbol{f})=\int|\nabla\boldsymbol{f}|\mathrm{d}\Omega \tag{4.60}$$

其中：$\mathrm{TV}(\cdot)$为 TV 函数。式（4.60）中的 $\boldsymbol{f}$ 只需要是有界变差函数即可。

因为 TV 函数项的导数在 $\nabla\boldsymbol{f}=\boldsymbol{0}$ 处不存在，所以为使问题简单化，通常采用：

$$\|\nabla\boldsymbol{f}\|_{L1}\approx\int\sqrt{|\nabla\boldsymbol{f}|^2+\zeta^2}\,\mathrm{d}\Omega\quad(0<\zeta<1) \tag{4.61}$$

式（4.61）称作稳定泛函。

4.5.3　时间推移电法数据反演方法

时间推移电法反演相较于常规直流电法反演，其目标函数中多了一个时间约束项，反演算法中需要构建时间加权矩阵，其作用为体现不同时间模型差异对目标函数的贡献。对于堤坝与岸坡时间推移电法探测数据而言，反演计算对象是一系列连续的、不同时间

点的数据集序列，数据量较大，反演过程中病态程度会随时间点的增加呈级数加重，因此反演过程需要进行更加复杂、严格的约束处理。

针对堤坝与岸坡时间推移电法数据，采用一种隐患过程追踪的时间推移电法数据反演方法。该方法包括：①对枯水期河流水位稳定时采集的时间推移电法数据进行独立反演，获得断面电阻率初值及对应的电阻率变化范围，并根据断面电阻率初值和电阻率变化范围创建静态模型；②采用静态模型对每个时间点的电阻率数据进行反演，并根据反演结果为每个时空区间分配拉格朗日乘子；③基于拉格朗日乘子，采用基于时间域正则化和自适应正则化约束的混合正则化反演计算方法，对每个时间点的电阻率数据进行反演，获得反演计算结果。

1. 静态模型建立

对枯水期河流水位稳定时采集的电阻率数据进行最小二乘法独立反演，获取初始状态时间点下电阻率的空间分布。在独立反演算法中，可采用如下方式：

$$\min J_0 = \| \boldsymbol{P}(\boldsymbol{Gm} - \boldsymbol{d}) \|^2 + \lambda'^2 \| \boldsymbol{Em} \|^2 \tag{4.62}$$

式中：J_0 为反演过程中需要最小化的目标函数；λ' 为空间拉格朗日乘子；$\boldsymbol{m}$ 为模型向量；$\boldsymbol{d}$ 为数据向量；G 为反演算子；$\boldsymbol{P}$ 为加权因子矩阵；$\boldsymbol{E}$ 为评估模型二阶光滑度矩阵。

为了对上述目标函数进行求解，可通过线性反演方法中的高斯-牛顿迭代法求取模型向量 $\boldsymbol{m}$，迭代公式如下：

$$m_{i+1} = m_i + \boldsymbol{dm} = m_i + (\boldsymbol{J}^{\mathrm{T}}\boldsymbol{J} + \lambda'\boldsymbol{E}^{\mathrm{T}}\boldsymbol{E})^{-1}\boldsymbol{J}^{\mathrm{T}}(\boldsymbol{Gm} - \boldsymbol{d}) + \lambda\boldsymbol{E}^{\mathrm{T}}\boldsymbol{E}m_i \tag{4.63}$$

式中：i 为迭代次数；$\boldsymbol{dm}$ 为模型修正量；$\boldsymbol{J}$ 为雅可比矩阵；λ' 为空间拉格朗日乘子；$\boldsymbol{E}$ 为评估模型二阶光滑度矩阵；$\boldsymbol{Gm}$ 为模型正演数据向量。

通过式（4.63）逐步修正模型，直至达到要求的误差条件。在独立反演开始时，可以将拉格朗日乘子的初始取值设定为 $\lambda_0=0.15$，并可采用牛顿最速下降法进行拉格朗日乘子调整。基于上述最小目标函数及迭代公式可以获得反演结果，并进一步根据独立反演结果获取断面电阻率初值，确定电阻率变化范围。

在获得了断面电阻率初值及对应的电阻率变化范围后，可创建静态模型 M_0^1，将该静态模型作为后续时间点的电阻率数据反演的先验模型。

2. 拉格朗日乘子

结合初始数据独立反演得到的断面成果及所确定的电阻率变化范围，采用有限元方法模拟空间电阻率分布，根据电法断面数据上密下疏的分布特点，运用自适应网格算法创建静态模型 M_0^1，自适应算法的原理是电阻率细微变化的单元根据精度需要裂变为更小的单元，裂变后产生的新单元的边长是原来的 1/2，通过各边中点及单元质心，一个四边形单元可以分割为四个四边形单元，依此类推，直至分辨率满足探测要求，最终得到的静态模型 M_0^1 作为后续时间点数据反演的先验模型。

3. 混合正则化约束反演

J_1 代表约束反演过程中需要最小化的目标函数，表示为

$$\min J_1 = \boldsymbol{f}^{\mathrm{T}}\boldsymbol{f}^2 + \alpha'\Gamma + \beta'\psi \tag{4.64}$$

式中：Γ 为时间域上的光滑正则项；ψ 为自适应 Tikonhov 约束正则项；α' 和 β' 分别为控制两个正则项的拉格朗日乘子；$\boldsymbol{f}$ 为数据向量或矩阵。模型在时间域上的约束采用一阶微分算子，稀疏约束采用二阶微分算子。

$$\Gamma = (\delta^2 \boldsymbol{d}\hat{m})^{\mathrm{T}}(\delta^2 \boldsymbol{d}\hat{m}) \tag{4.65}$$

$$\psi = [\hat{\boldsymbol{M}}(\hat{m}^k + \boldsymbol{d}\hat{m})]^{\mathrm{T}}\hat{\boldsymbol{M}}(\hat{m}^k + \boldsymbol{d}\hat{m}) \tag{4.66}$$

式中：$\hat{\boldsymbol{M}}$ 为一个稀疏矩阵，对角线和次对角线上分别为 1 或-1，为相邻时间点上的模型施加约束；$\boldsymbol{d}\hat{m}$ 为模型修正量；k 为迭代次数；δ 为二阶微分算子。自适应 Tikonhov 采用对角矩阵 $\boldsymbol{\Lambda}$ 约束乘子 β'，Δ_k 为第 k 个参考模型空间步长对应的空间域拉格朗日乘子，空间步长依据反演模型深度增长系数的变化调整。拉格朗日乘子 α' 采用对角矩阵 $\boldsymbol{\Lambda}$ 来约束，$\boldsymbol{\Lambda}_i$ 为第 i 个参考时间步长对应的时间域拉格朗日乘子，对于每一个时间步长中的模型单元，首先基于每一个时间点采集的数据，以静态模型 M_0^1 为先验模型，运用最小二乘法进行反演，根据反演模型结果 M_0^n 预估拉格朗日乘子，再根据相邻时间步长反演模型 M_0^n 与 M_0^{n-1} 间的空间电阻率变化程度进行自适应匹配赋值，遵循变大赋小的原则，即不同时间步长下电阻率在空间变化大的区域分配较小的拉格朗日乘子，电阻率变化小的区域分配较大的拉格朗日乘子。用 M_0^n 表示第 n 个时间点数据独立反演的计算模型，则拉格朗日乘子分配矩阵 $\boldsymbol{Q}_1$ 根据电阻率改变程度范围进行赋值。

$$\boldsymbol{Q}_1 = \begin{bmatrix} M_0^2 & M_0^1 \\ \vdots & \vdots \\ M_0^n & M_0^{n-1} \end{bmatrix} \tag{4.67}$$

改变时间点间间隔尺度，即数据时间点跨度由 1 个单位时间间隔扩大至 2 个单位时间间隔，然后重复采用静态模型进行反演计算，此时拉格朗日乘子分配矩阵 $\boldsymbol{Q}_2$ 变化为

$$\boldsymbol{Q}_2 = \begin{bmatrix} M_0^3 & M_0^2 & M_0^1 \\ \vdots & \vdots & \vdots \\ M_0^n & M_0^{n-1} & M_0^{n-2} \end{bmatrix} \tag{4.68}$$

时间点跨度由小至大，从 1 个单位时间间隔扩大至首尾相接时间点。

$$\boldsymbol{Q}_{n-1} = [M_0^n \quad \cdots \quad M_0^1] \tag{4.69}$$

最终，得到拉格朗日乘子分配矩阵由 $\boldsymbol{Q}_1$ 变化至 $\boldsymbol{Q}_{n-1}$ 的一系列不同时间尺度的正则化约束电阻率变化反演计算成果 $M_1^n \sim M_{n-1}^n$。

利用反演成果建立一系列不同时间尺度的电阻率参数变化百分比时间推移序列图像，获取电阻率非线性变化趋势，分析隐患险情的发生及发展过程。

4.5.4 时间推移电法数据资料解释

直流电法资料分析与解译通常以视电阻率相对大小和视电阻率等值线形态为主要依据，遵循“从已知到未知、从简单到复杂”的一般性原则，其步骤如下：首先，整体分析视电阻率断面图，观察地形起伏与实际是否一致，有无明显“假异常”等；其次，将视电阻率等值线图与已知地质资料、信息进行比对，判断电性界面的大体分布情况；再次，根据视电阻率范围、视电阻率等值线形态推断地层界面、电性异常区等；最后，将推断结果与已知信息进行再次比对，判断其合理性。

时间推移电法探测数据资料分析除单独分析每个时间节点的视电阻率断面图外，应注重分析不同时间节点的视电阻率变化信息，一般情况下，堤坝与岸坡隐患规模较小，引起的视电阻率变化同样较小，为了突出堤坝与岸坡电性结构的局部微小变化部分，可使用基准数据反演结果对不同时刻的反演结果进行电阻率归一化，常用的归一化方法有数据差和数据比两种方式，计算公式见式（4.15）。

当堤坝与岸坡隐患引起视电阻率的增大时，数据差和数据比表现为正异常响应；当隐患引起视电阻率的减小时，数据差和数据比则表现为负异常响应，异常的幅值和范围与隐患规模、电性结构等信息相关。

4.5.5 时间推移探测频次与成果处置

从理论上讲，检测频次越高越好，但是受工作场地条件等限制，不可能无限制地提高检测频次。同时，岸坡或堤防土体安全性状的变化，是一个由量变到质变、渐变和突变交织的过程，对于渐变阶段，过高的检测频次无太大意义；而对于出现突变的情况，由于时间推移电法检测仍然是一个离散采样过程，无论频次多高，都难以保证相邻的两个成果间的数据不发生突变。

相邻成果的数据突变对资料解释是不利的，会出现异常性质反转，为解决这一问题，一方面要综合利用电阻率反演成果图和电阻率变化百分比图，对于变化趋势的判断，电阻率变化百分比图更加有效；另一方面，可以根据电阻率反演成果图和电阻率变化百分比图的不一致判断是否有异常性质（高阻、低阻）反转的情况发生，及时变换反演过程中的参考模型。

在反演过程中，一个与检测频次有关的参数是时间约束权重系数，如果检测过程中，检测的时间间隔较短，而检测对象的性状未发生明显突变，可以将该参数设得大一些，反之，则应该调小。

因为堤防状况的变化在不同的时间尺度（年、季、月、日、时）上都会呈现一定的规律性，所以为尽量减小环境因素对数据处理的影响，在进行长期、长时间间隔观测时，应该选择在相近的时间点进行观测。例如，一般性的监测可以选择每天测量一次，而且每次测量最好在每天的同一个时间点进行。

时间推移电法检测数据的反演成果能够有效地反映岸坡或堤坝内部电阻率的变化情况，而变化主要由两个原因造成：一是内部含水量发生变化；二是受环境温度影响，或者地震等作用发生结构变化。例如，渗漏通道从无到有的过程，在时间推移检测成果上将表现为从没有低阻异常到出现低阻异常；浸润线高低变化将表现为电阻率高和低的两种介质的分界面的变化。

电阻率也会受到环境温度变化的影响，因此长期的检测数据会出现以年为单位的周期性变化规律。对于堤防受外力影响出现的裂缝、孔洞等隐患，在检测数据上将会出现新增高阻异常的情况。

需要注意的是，隐患与检测成果之间并非完全一一对应的关系，而是多对一的关系，不同的隐患类型或发展过程有可能对应类似的检测成果形式，在实际工作中需要根据其他渠道的性能才能做出更为准确的判断。

第 5 章

时间推移电法探测仪器装备研发

5.1 仪器装备集成设计

5.1.1 仪器功能需求分析

时间推移电法是在传统电法探测基础上增加一个时间序列的表征，其基本原理与电法勘探相同，不同的是传统电法勘探是一次性的瞬时探测与数据解译，获得的是某一时间点的电性分布，而时间推移电法是连续、自动化的探测和多时空的数据对比解译。与时间推移电法的理论类似，时间推移电法探测装备的研究，也是从高密度电法仪的基本采集原理出发，融入空间和时间的探测策略与功能。相比于传统的高密度电法探测系统，时间推移电法探测装备的数据采集量更大，探测范围更广，自动化控制要求更高。时间推移电法探测装备的研发工作主要围绕以下几点开展。

（1）阵列观测。满足时间推移电法探测新型供-采分离、辐射型电极排列观测系统的采集需求，直接获取堤坝内部呈空间辐射状的电阻率分布数据，实现阵列三维建模数据的反演成像。

（2）自动化触发。根据膨胀土的特点，时间推移电法探测装备需采用水位和自然电位“双位”信号预警采集模式，监测的频次与水位变化、测区自然电位变化密切相关。

（3）远程传控。时间推移电法装备必须具备远程传输和远程控制功能，一次布设完成后自动、连续进行数据采集与传输，数据反演、解译实现自动化，才能满足时间推移电法探测对滑坡水体渗透过程实时监测的需求。

（4）高效采集。时间推移电法装备需具备多通道同步采集技术，实现单次供电、多电极同步测量的采集模式，在采集控制、采集效率、采集范围、数据精度上达到多维度的提高，以实现在时间域、空间域上的精准控制，并满足高效、精确、大范围采集要求，提高堤坝和岸坡滑动险情探测的响应速度。

5.1.2 仪器功能设计

基于岸坡和堤坝滑坡渗透滑动时间推移电法探测装备的研发要求，开展对时间推移电法探测装备的基本功能设计，基于现有的进口高密度电法多通道同步采集技术，设计新型供-采分离、辐射型电极排列观测系统，改进电极高密度转换开关阵列切换形式，实现空间域上的高效、精确数据采集，同时结合4G/5G传输和云数据库存储技术，实现时间推移电法远程监控，装备功能设计应包括如下内容。

（1）支持单路 *A* 级、*B* 级电极排列供电切换，支持多路 *M* 级、*N* 级电极开关同步切换、同步采集，单路电极排列至少可搭载192道电极转换，以满足大范围的阵列采集要求。

（2）在数据采集过程中，支持低通滤波、50 Hz/60 Hz 陷波、增益放大和自电补偿等多种技术方法，提高数据采集的质量。

（3）要能简单、明了、完整地指示出每个电极所接总线，即指示出是接在 *A* 极、*B*

极、M 极、N 极，还是开路中的哪种状态。

（4）为满足设备长期、不间断工作的需要，供电系统在设计时充分考虑了供电系统的持续性。

（5）远程控制和远程显示装备状态。

（6）基于 4G/5G 通信技术进行数据传输。

（7）云平台数据存储和数据结构定义。

（8）支持多种采集触发模式。

（9）电缆、电极抗腐蚀性强，满足长期野外监测要求。

5.1.3　装备整体设计

根据时间推移电法探测装备的功能设计，对装备进行了整体设计，如图 5.1 所示，整个装备由主控采集系统、在线监测系统及电源供电系统三部分组成。

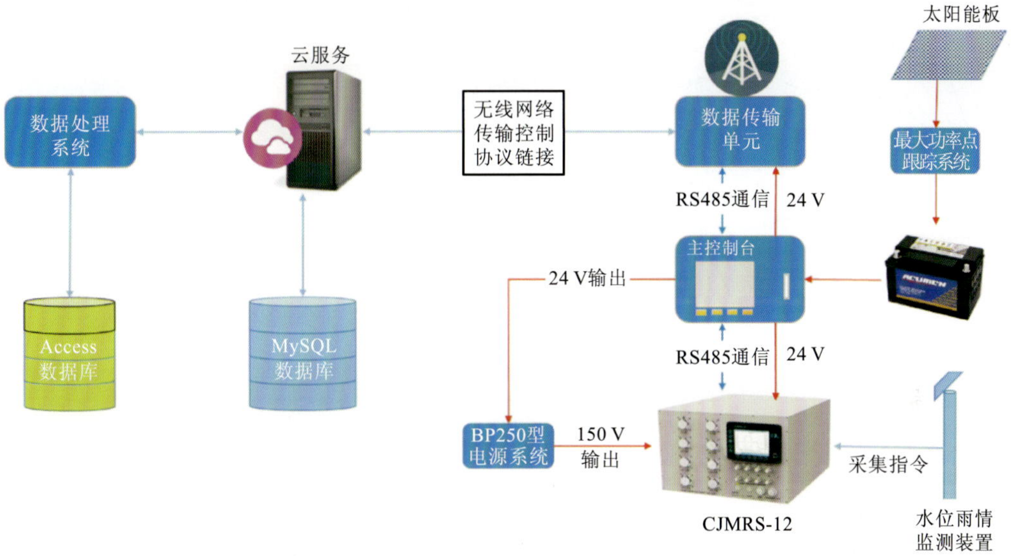

图 5.1　岸坡、堤坝 CJMRS-12 型时间推移电法智能检测装备系统设计框图

（1）主控采集系统：负责按照设计的观测系统进行高效、准确的数据采集工作，并将采集到的数据传输给在线监测系统，以进口多通道高密度电法工作站为核心，集成了传感器高密度转换系统、分布式电缆和电极，以实现大范围、高效、高精度数据采集。

（2）在线监测系统：负责远程与主控采集系统对口衔接，实现探测数据的远程智能传输功能，在线监测系统由控制器、云服务、客户端三部分组成，其中控制器具有水位预警采集、电位预警采集、定时控制采集和远程控制采集四种监测采集模式，控制器与云服务的远程链接通信由 4G/5G 数据传输链路完成。

（3）电源供电系统：实现无外接电源自供电功能，可将太阳能转换为电能，为主控采集系统和在线监测系统控制器提供电源，由太阳能板、稳压模块和蓄电池等部分组成。

（4）分布式电缆、电极及转换盒：电缆采用级联式高密度电缆、防腐密封接头，电极选用惰性金属不极化电极，光电高速电极转换盒连接分布式电缆并控制电极切换。

（5）触发装置：触发信号接口与位于水中的水位雨情监测装置相连，实时获取水位信息和雨情信息，当水位达到预定水位线或有雨情时，启动时间推移电法采集系统。

5.1.4 仪器设备工作原理

1. 系统启动

时间推移电法智能探测装备工作原理如图 5.2 所示，系统采用主控采集系统接收指令信号的方式启动。指令可由人为远程发出或者系统定时发出，同时也可以采用水位和雨情信号预警启动模式，通过置于岸坡水中的监测装置获取水位和雨情信息，比对预设的检测系统启动阈值，自动判断是否发出检测系统采集指令。

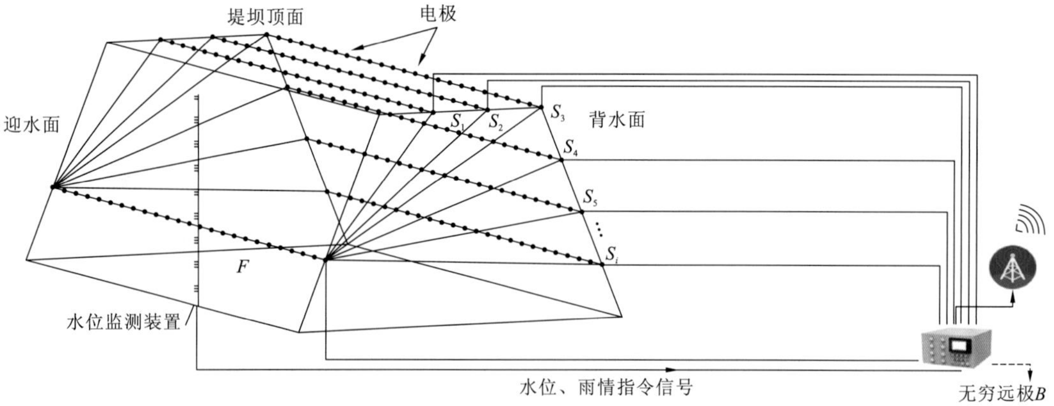

图 5.2 堤坝渗透滑动时间推移电法智能探测装备工作原理图

2. 系统运行

系统采集得到岸坡或堤防土体电阻率数据，经远程传输至服务器后，通过基于 Windows 平台的客户端运行的数据处理软件进行数据快速反演成像，从而实现对岸坡和堤防性状变化过程的追踪。同时，系统具有自检功能，现场测试过程中的异常信息、设备警告等状况可以以短信方式发送到指定手机，运营管理人员可以随时掌握检测系统的运行状态。

5.2 主控采集系统设计

主控采集系统作为时间推移电法探测装备中最核心的功能模块，负责数据采集方式控制、数据采集、数据存储、数据传输等，为缩短装备的整体研发时间，保证数据采集质量，同时又能满足供-采分离、辐射型电极排列真实三维观测系统的采集需求，主控采集系统的研发和设计以进口多通道高密度电法工作站为核心，配合自主研发的电极高密度转换系统，完成大范围、高效、高精度的数据采集工作，主控采集系统设计结构图如图 5.3 所示。

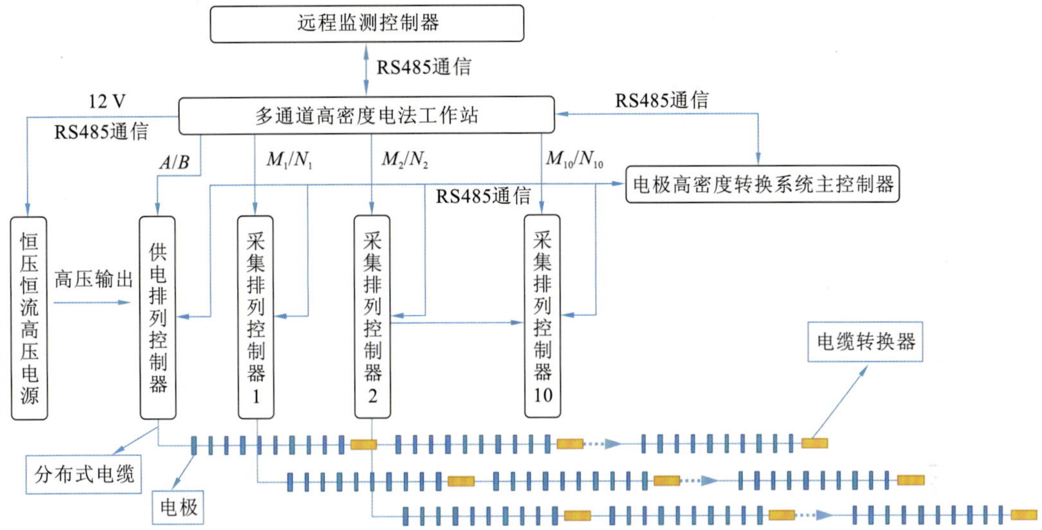

图 5.3　主控采集系统设计结构图

5.2.1　多通道高密度电法工作站

如图 5.4 所示，研发的多通道高密度电法工作站可以实现 10 通道同步测量，内部集成恒压恒流高压电源，能够实现 800～1 000 V、2.5 A 的高压输出，峰-峰值电压可以达到 1 600 V，可在十分复杂的环境下完成高质量的电阻率数据采集，符合时间推移电法探测对数据质量的采集要求，详细技术参数如下。

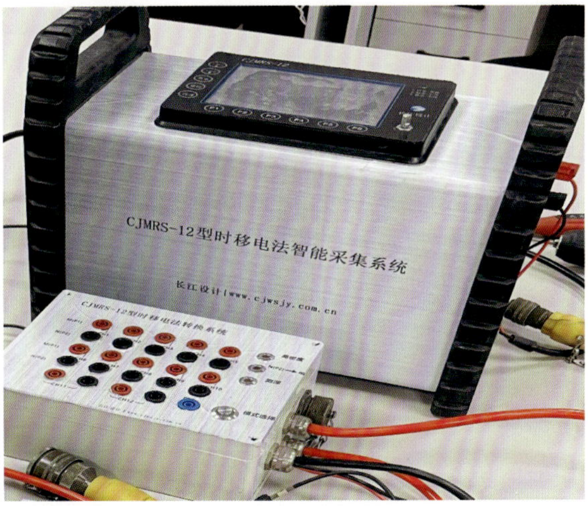

图 5.4　研发的多通道高密度电法工作站

分辨率：≤30 nV。

测量模式：视电阻率，电阻率，自然电位，极化率，电池电压。

可兼容井间、水上测量。

最大电流输出：2.5 A。

最大电压输出：800 V（1 600 VP-P）。

最大功率输出：250 W。

测量范围：-15～15 VP-P。

输入通道数：硬件 10 道。

输入电压：15 V。

激发极化（induced polarization，IP）测量方式：时间域极化率，测 20 个时段并存储。

输入阻抗：>150 MΩ。

自动补偿自然电位：在测量中自动消除自然电位。

噪声压制：电力线频率为 50 Hz/60 Hz 时，优于 100 dB。

测量精度：0.2%。

工作装置：施伦伯格装置、温纳装置、偶极-偶极装置、单极-偶极装置、两极装置等所有装置，可自行设计。

信号处理：每次测量之后求平均值，自动计算信噪比、电压、电流和视电阻率。

自动计算电阻率。

工作温度：-20～70 ℃。

玻璃纤维外壳，防水设计，耐压。

5.2.2 电极高密度转换系统

电极高密度转换系统为时间推移电法探测装备实现大范围、真三维数据采集的主要模块，包括 1 个主控制器、1 个供电排列控制器和 10 个采集排列控制器，每个排列控制器连接分布式高密度电缆和电极，电极高密度转换系统主控制器通过 RS485 通信接口与多通道高密度电法工作站交互，解析多通道高密度电法工作站的电极转换指令，并将指令转换分传给供电排列控制器和采集排列控制器，供电排列控制器和采集排列控制器根据指令操作转换电极的供电与采集序号，详细的采集流程如下。

（1）上电后，排列控制器通过电源板上的 RS485 通信和电缆转换器的 RS485 通信进行交互，寻找接入的电缆头数量，并初始化测点/电极身份标识号（identity document，ID），将电缆转换器状态传输给主控制器，每个电缆转换器控制 10 个电极的转换。

（2）对于任意一个测试 ID，排列控制器自动完成与电缆转换器的一一对应，并通过电源板 RS485 通信和电缆转换器交互，完成测试 ID 的下发。

（3）在采集时，电缆转换器对主控制器下发的 ID 进行解析，判断是否是自身对应的测点/电极，如是，相应的电缆转换器执行切换动作，如不是，将信息转发给下一个电缆转换器，以此类推，直到找到对应的电缆转换器并完成切换动作。

（4）第一个电缆头对主控制器下发的 ID 进行解析，判断是否是自身对应的测点/电极，如是，相应的电缆头执行切换动作，如不是，将信息转发给下一个电缆头，以此类推，直到找到对应的电缆头并完成切换动作。

（5）完成电缆转换器切换动作以后，主控制器收集到完成指令，并通知多通道高密度电法工作站可以发射调制的高压波形并同步进行采集。

1. 主控制器电路设计

主控制器的内部模块设计如图 5.5 所示，主要包含主控制芯片 STM32F407、静态存储器、闪存、RS485 通信、按键输入模块、旋钮编码器模块、液晶显示屏（liquid crystal display，LCD）等模块。主控制器主要实现系统的交互功能，控制整个电极高密度转换系统的测试流程，主要包括：电极数量的检测、用户界面（user interface，UI）及按键的控制、电缆头切换控制等。主控制器选用的主控制芯片的型号为 STM32F407，其性能强大，具有 3 个串行外设接口（serial peripheral interface，SPI）、6 个串口通信接口、1 个可变静态存储控制器（flexible static memory controller，FSMC）通信接口及 112 个通用输入/输出（general-purpose input/output，GPIO）口，满足主控制器的命令交互和传输功能需求。

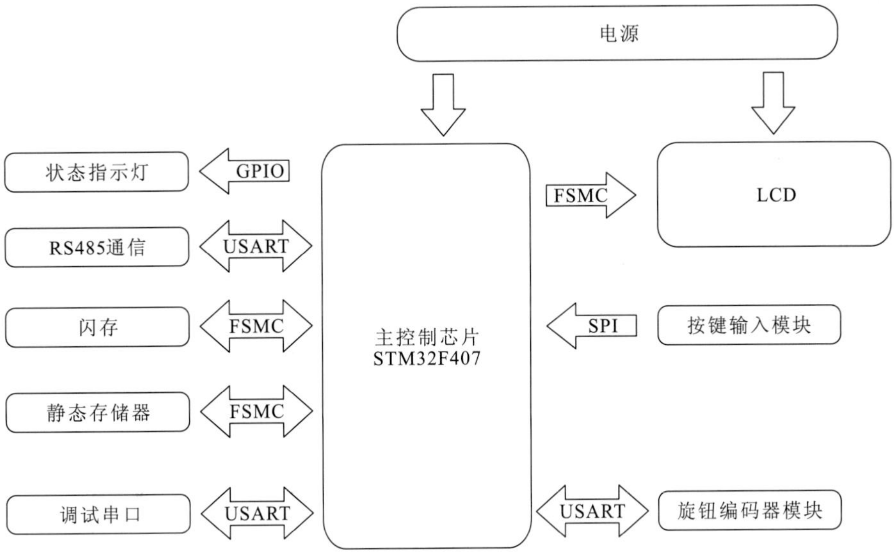

图 5.5　主控制器的内部模块设计示意图

USART 为通用同步/异步串行接收/发送器

STM32F407 需经过 RS485 通信电平转换电路与 RS485 通信接口连接，如图 5.6 为 RS485 通信转换电路原理图，使用 SP3485 芯片来实现 RS485 通信的电平转换，VCC3.3 和 GND 为芯片的供电端口；C71 为电源去耦电容；R44 为终端匹配电阻；R38 和 R40 则是两个偏置电阻，以保证静默状态时，RS485 通信总线维持逻辑 1；端口 RS485_RX、

RS485_TX、RS485_RE 与 STM32F407 串口通信接口相连，实现 STM32F407 指令的传输；右侧 RS485 通信接口模块上的 1、2 端口为 RS485 通信接口转换后的输出端。

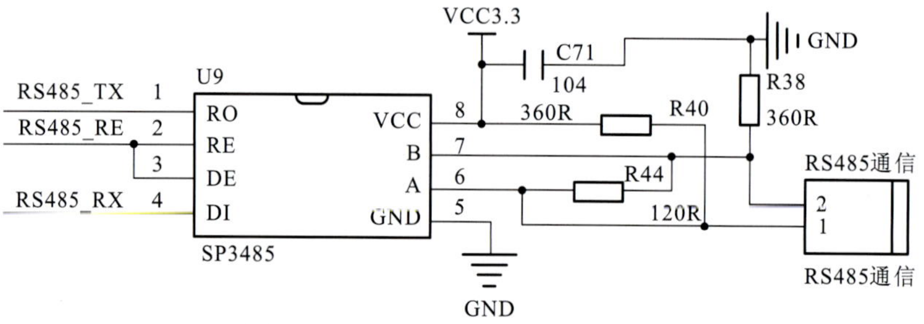

图 5.6　RS485 通信转换电路原理图

VCC 为电源电压，VCC3.3 代表电源电压 3.3 V；GND 为电线接地端；RE 控制 SP3485 芯片接收器输出使能，当 RE 为低电平时，RO 有效，当 RE 为高电平时，RO 为高阻状态；120R、360R 为电阻型号；104 为电容型号

2. 电缆转换器连接设计

考虑到电缆转换器的电极控制检测与信号检测不能使用同一个电路，因此将电缆转换器分为电极控制检测、信号检测、公共电路三个部分，图 5.7 和图 5.8 分别展示了电缆头与电缆转换器的连接方式和硬件组装过程。

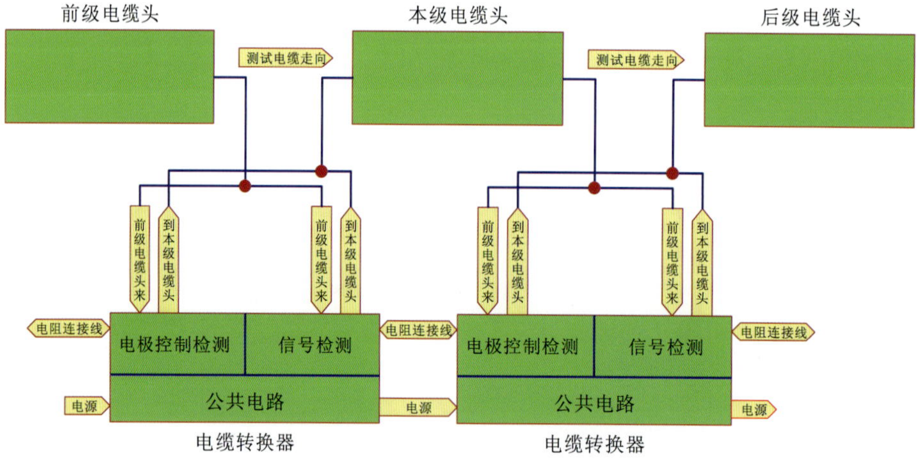

图 5.7　电缆转换器与电缆头的连接方式图

5.2.3　分布式电缆和电极

为实现对隐患的动态追踪，电极的设计及埋设方法也要具有可操作性，为了保证电极传感器在一个汛期中保持空间位置的稳定性，选择钛合金作为电极传感器的加工材料，其导电性好，抗腐蚀性强，化学性质较稳定，极差变化小，环保。

图 5.8　电缆转换器硬件组装过程

1. 电阻和供电电流的计算

针对大阵列固定式堤防时间推移电法探测技术及工作原理，结合岸坡和堤坝常见探测深度需求，取最大电极间距为 2 m。

1）电极接地电阻

棒状电极接地电阻 R 的计算公式：

$$R=\rho\frac{\ln\frac{2L}{r_0}}{2\pi L} \tag{5.1}$$

式中：ρ 为土壤电阻率；L 为电极入土深度；r_0 为电极的半径。R 与土壤的电阻率成正比，并且与棒的粗细及入土深度有关（图 5.9）。

考虑到最小电极间距可能为 1 m，为满足点电极供电要求，电极入土深度设为电极间距的 1/10，即 $L=100$ mm，棒径（直径）取棒长的 1/5～1/4，由于堤坝土壤电阻率通常≤100 Ω·m，这里设 $\rho=100$ Ω·m。

当棒状电极半径 r_0 为 10.0 mm 时，电极接地电阻 $R\approx480$ Ω。A、B 两根供电电极的接地电阻为 $R_{AB}=2R=960$ Ω。

当棒状电极半径 r_0 为 12.5 mm 时，电极接地电阻 $R\approx445$ Ω。A、B 两根供电电极的接地电阻为 $R_{AB}=2R=890$ Ω。

2）电缆线电阻

所用的多芯导线千米长电阻参数为 235 Ω/km，AB 供电线总长假设取 2 km，故导线电阻 R_X 最大估计为 470 Ω。

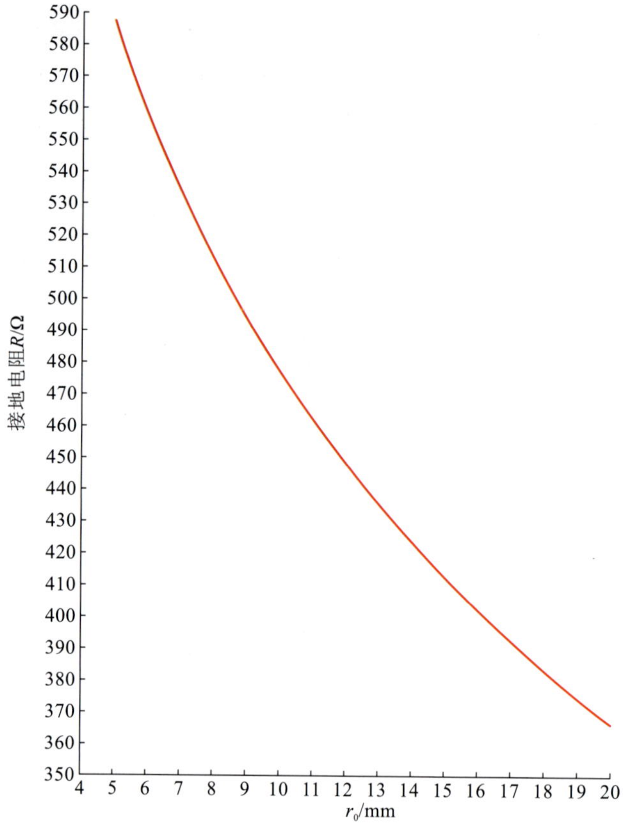

图 5.9　接地电阻与电极半径的关系曲线图

电极入土深度为0.1 m，土壤电阻率为100 Ω·m；横向比例为10∶1，纵向比例为1∶1 000

3）供电电流的计算

当电极半径 r_0 为 10.0 mm 时，供电电源端最大供电阻抗为 $R_{AB}+R_X=960+470=1\,430\ \Omega$，当供电电源电压为 400 V 时，供电电流 $I_{AB}=400/1\,430\approx 280$ mA，即系统最小供电电流可达到 280 mA。

当电极半径 r_0 为 12.5 mm 时，供电电源端最大供电阻抗为 $R_{AB}+R_X=890+470=1\,360\ \Omega$，当供电电源电压为 400 V 时，供电电流 $I_{AB}=400/1\,360\approx 294$ mA，即系统最小供电电流可达到 294 mA。

其能够满足高密度电法电阻率的测量要求。

2. 电极尺寸和材料

1）电极尺寸

测量电极 M、N 电位差的计算如下。

在 A、B 两个点电极供电情况下，AB 连线上 M 点的电位 U_M 的计算公式如下：

$$U_M=\frac{\rho I_{AB}}{2\pi}\left(\frac{1}{AM}-\frac{1}{BM}\right) \tag{5.2}$$

式中：ρ 为土壤电阻率；I_{AB} 为供电电流；AM、BM 分别为 A、B 电极到 M 点的距离。

以施伦伯格装置为例，设勘探深度为 30 m，则 A、B 极间距离应为 180 m，当电极间距为 2 m 时，AB 改变的位置数为(91−1)/2=45 个，仪器测量时 AB 大小每改变 8 次，MN 就会扩大 2 个极距（仪器内设功能），故此时 M、N 电极间距离为 2+5×2=12 m，代入式（5.2）可得 M、N 电极间电位差：

$$\begin{aligned} U_{MN} &= \frac{\rho I_{AB}}{2\pi}\left(\frac{1}{AM}-\frac{1}{BM}-\frac{1}{AN}+\frac{1}{BN}\right) \\ &= 100 I_{AB} / 6.28\times\left(\frac{1}{84}-\frac{1}{96}-\frac{1}{96}+\frac{1}{84}\right) \end{aligned} \tag{5.3}$$

当 $I_{AB}=280$ mA 时，$U_{MN}=13.38$ mV；当 $I_{AB}=294$ mA 时，$U_{MN}=14.04$ mV。

它们满足规范 $U_{MN}\geqslant 3$ mV 的要求，即使电阻率为 30 Ω·m，依然满足要求。由此可见，电极直径为 20～25 mm 均可满足要求。

2）电极材料

电极常规制作材料有紫铜、不锈钢、铅及钛合金，对于时间推移电法探测而言，电极需埋置在堤坝土中，故电极材料对抗腐蚀性、导电性和稳定性有较高的要求。

（1）紫铜：导电性好，电阻率 $\rho=0.018\ 51\ \Omega\cdot mm^2/m$，在常用金属中仅次于银，但不耐腐蚀，长期埋置在土壤中，表面会发生氧化，导电电阻会增大，甚至绝缘。

（2）不锈钢：耐腐蚀性强，但导电性差，长期监测时导电性能不稳定，不适用于时间推移电法探测。

（3）铅：在不极化性、导电性和抗腐蚀性上都很强，十分符合时间推移电法探测的电极使用条件要求，理论上说是最优选择，但铅有一定的溶解性且有毒，属于三大重金属污染物之一，是一种严重危害人体健康的重金属元素，长期埋于堤坝可能对水质、土壤造成污染。

（4）钛合金：钛合金是多种用钛与其他金属制成的合金金属，具有强度高、耐腐蚀性好、耐热性高等特点，主要用于制作飞机发动机压气机、火箭、导弹和高速飞机的结构件，在潮湿的大气、土壤和海水介质中工作，其抗腐蚀性远优于不锈钢，导电性也比不锈钢强，适合用于时间推移电法探测电极的制作，制作的钛合金电极如图 5.10 所示。

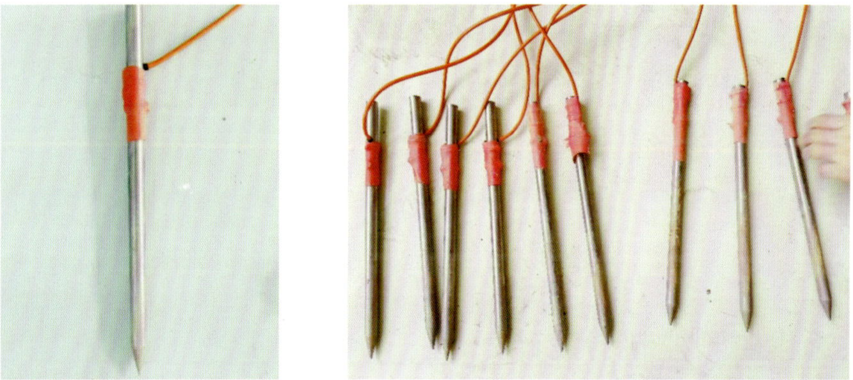

（a）制作的新电极　　（b）在土中埋置2年后的电极

图 5.10　制作的钛合金电极

兼顾轻便原则，最终在电极传感器制作时，选用钛合金材料，电极直径为 20 mm，长度为 200 mm，其中 20 mm 长度用于固定和包裹引出线。

5.3 在线监测系统设计

为实现时间推移电法探测装备的实时监测功能，对主控采集系统采集的数据实时上传、存储和处理解译，设计了在线监测系统（图 5.11），与主控采集系统进行对口衔接，以实现探测数据的远程智能控制与传输功能，整个在线监测系统由远程监测控制器、云服务、客户端三部分组成，系统框架如图 5.12 所示。为具备长期监测测试的功能，研发过程中主要从以下几个方面对系统进行了设计，主要包括：远程控制设备和通信设备设计、4G/5G 数据传输链路设计、云平台数据存储和数据结构定义、本地终端软件功能定义、数据存储方式和定时功能设计与开发。

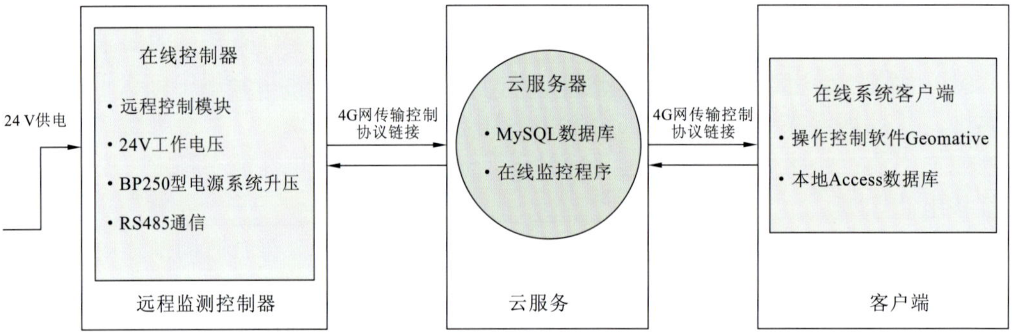

图 5.11　在线监测系统设计总思路图

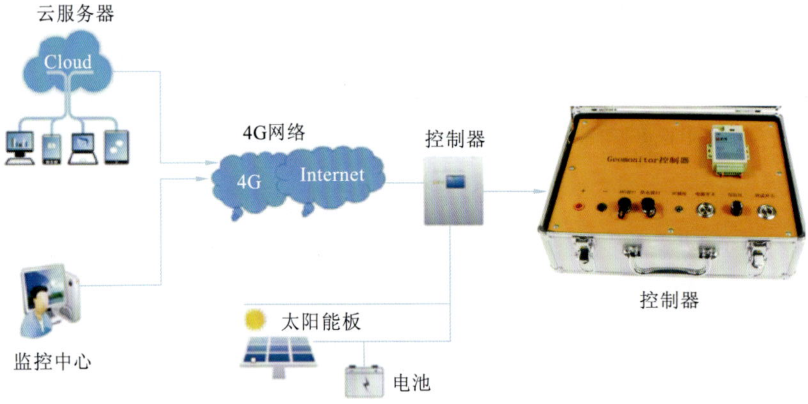

图 5.12　在线监测系统控制器及远程数据传输系统框架图

5.3.1　远程监测控制器设计

远程监测控制器（图 5.13）为云服务器与主控采集系统的信号枢纽站，负责整个装备的采集指令、装备状态的交互，并将主控采集系统采集到的数据传输给云服务器，通过云服务器实现控制器与个人计算机终端间的数据通信，原理如图 5.14 所示。根据堤坝监测的特点，远程监测控制器采集启动指令有四种模式，如图 5.13 所示，分别为水位传感器触发的水位预警采集模型模式、多通道高密度电法工作站触发的电位预警采集模式、定时控制采集模式和远程控制实时采集模式，可以实现定期检查、抽查和突发预警多种功能，全方位、多角度地监测堤坝安全情况。

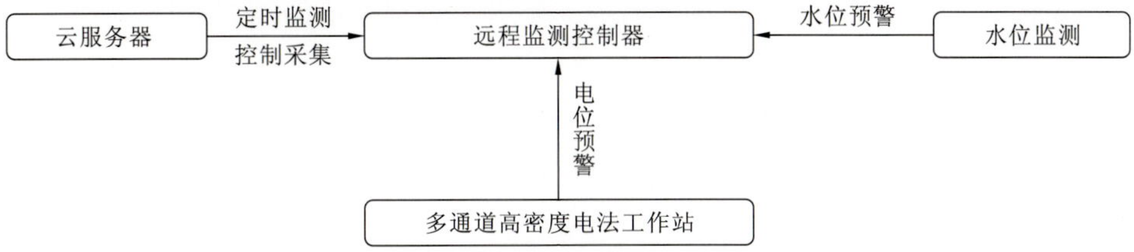

图 5.13　远程监测控制器四种工作模式

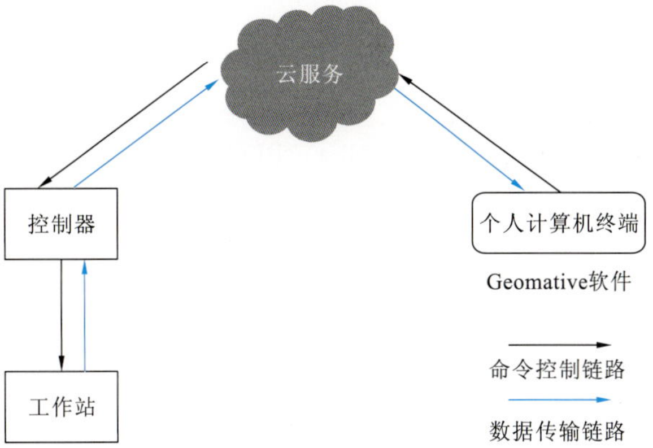

图 5.14　远程监测系统设计思路

5.3.2　云服务控制模块设计

1. 云服务工作流程

实现远程数据传输时首先由客户端 Geomative 软件通过传输控制协议方和云服务器程序建立链接，Geomative 软件安装在计算机上，软件启动后，通过固定的 IP 和端口，与云服务器程序建立无线网络传输控制协议链接；Geomative 软件上集成了 Access 数据库，从云数据库中下载的数据，保存在本地 Access 数据库中；在 Geomative 软件上可以进行设备管理、配置下发、电缆头点名等测试前准备工作，这些指令经过云服务器传给多通道高密度电法工作站，多通道高密度电法工作站执行这些操作后，把执行的结果信息保存到云数据库中，并且实时显示在 Geomative 软件界面上；在 Geomative 软件上新建 2D/3D 测试任务，发送测试命令组，云服务端程序接到测试指令组后，通过 4G 通信模块与多通道高密度电法工作站建立连接，主机收到指令后，执行测试动作，测试任务信息同时保存到本地 Access 数据库和云服务器 MySQL 数据库中；执行测试时，由云服务器程序给多通道高密度电法工作站发送数据采集命令，主机根据采集命令进行数据采集，并存储在云数据库中；测试过程中，Geomative 软件可以关闭，测试完成后，可以通过 Geomative 软件下载云数据库上保存的数据，并通过 Geomative 软件导出 dat 格式的文件进行数据反演处理；Geomative 软件可设置定时或循环任务策略，定时任务设置完成后，信息保存到云服务器，根据设置的策略，程序自动调用采集进程和多通道高密度电法工作站进行数据采集交互，并把最终的数据保存到云数据库，可随时启动 Geomative 软件，去查看测试任务的执行状态，并下载已完成的测试数据。

同时，为了保证数据采集与传输的有效链接，工作时每个在线的用户都会分配唯一的用户 ID，通过用户 ID 和密码登录，只能获取到自己设备的数据；用户登录在线系统后，可对自己的设备进行参数配置下发，也可以对测试数据进行增、删、改、查，并进行维护管理。

2. 云数据库存储设计

采用 MySQL 数据库存储设备信息表、任务数据表等，主要存储如下类型的数据。

（1）设备的属性信息，包括序列号（serial number，SN）、电压、温度、对应的可编程逻辑控制器（programmable logic controller，PLC）信息。

（2）设备的接地电阻数据。

（3）工程和任务列表信息。

（4）测试任务的测试数据信息、字段定义。

（5）数据上传的接口格式。

（6）不同数据表的格式定义和字段区分。

主要功能：实时任务由客户操作 Geomative 软件即时执行，云端即时下发，测试数据即时回传至客户端。对于测试中或未开始的任务，需由云端接管，但应暂停当前测试，进行任务同步，同步已测点和未测点，再由云端启动测量任务，此时 Geomative 可以处于关闭状态，云端接管未测完点进行测量；也可以测量完成后，进行任务上传、同步。不允许托管给云端的任务，Geomative 直接远程操控多通道高密度电法工作站进行测试，因为同一时刻只允许有一个操控端。

5.3.3 客户端研发设计

（1）基本流程：Geomative 运行基本流程如图 5.15 所示，主要包括启动和上传托管 2 个流程。

（2）登录：自动向云端上报 Geomative 自身的 ID 和密码，密码验证功能暂不开发，但要预留接口。启动时应有登录界面，若无，网络连接失败，可以脱机工作。

（3）数据同步：设备登录时需同步对应的设备信息和任务列表，任务列表主要同步云端中 Geomative 列表不存在的任务。具体每个任务的数据由客户单击任务时进行上传和下载，登录时同步所有任务数据，但当任务多、数据多时，会造成同步时间过长。

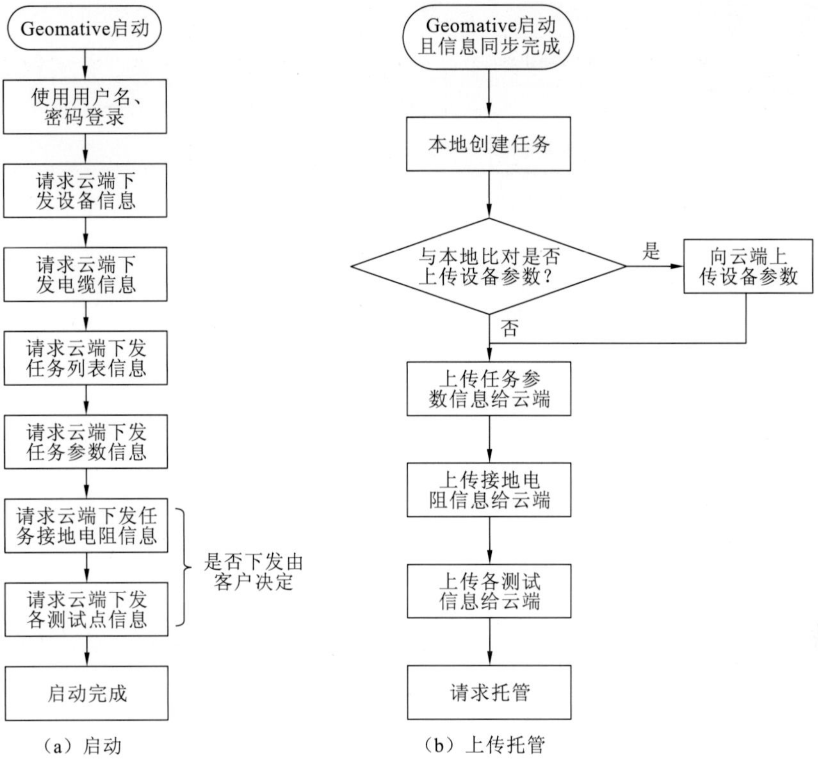

图 5.15　Geomative 运行基本流程图

（4）测试数据下载/上传：登录成功后，由客户进行对应任务的下载和上传，支持单任务上传和下载，也支持多任务上传和下载。

（5）数据导出：数据下载后，应保持原有的数据导出功能，部分装置的 urf 格式文件也可以导出。

（6）脱机状态功能：在本地机器无法联网或在线监测控制器不在线状态下，应该可以查看本地的历史设备、历史设备状态和历史任务信息，并可导出历史数据。

（7）控制盒子：Control Box 功能。

5.4　电源供电系统方案设计

为满足设备长期、不间断工作的需要，供电系统在设计时充分考虑了供电系统的持续性，利用了蓄电池的充放电功能（图 5.16），供电控制设计原理如图 5.17 所示。工作中，由太阳能板通过 MPPT 模块为蓄电池进行充电，蓄电池输出 24 V 电压给在线监测控制器，由在线监测控制器输出 24 V 电压再为通信模块、多通道高密度电法工作站内的电池充电。在线监测控制器中，有多个 DC-DC 模块，可以把 24 V 电压转换为不同的电压，为整套装备的不同模块提供电源。现场搭建的太阳能供电系统如图 5.18 所示。

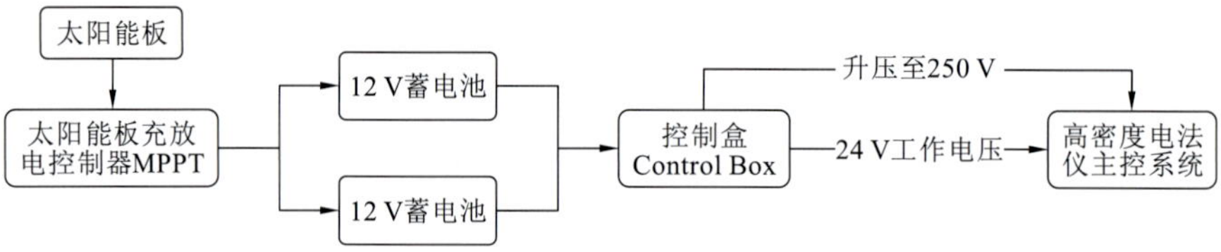

图 5.16　供电系统设计框架图

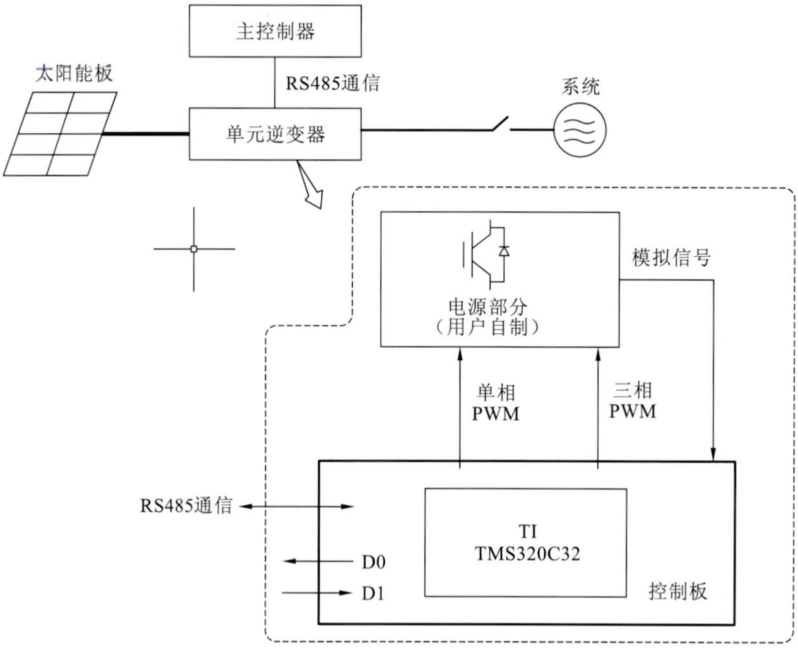

图 5.17　供电控制设计原理图

PWM 为脉冲宽度调制；D0、D1 为控制单元串联端口，其中 D0 为与前一级单元的连接端口，D1 为与后一级单元的连接端口

图 5.18　太阳能供电系统实物图

5.5　仪器装备功能测试

为验证仪器功能和数据采集质量，分别于 2020 年 7 月、2020 年 12 月，在湖北省阳新长江干堤和山东省临沂市平邑县公家庄水库大坝开展了针对时间推移电法探测装备的电极高密度转换系统、在线监测系统及供电系统的功能测试。通过实地数据采集与在线设备应用，对主控采集系统与在线传输系统的关联性、稳定性，定时设置性能，主控采集系统及数据传输系统在运行中的触发机制（包括脚本建立、手动启动等）开展实用性测试与功能检验。

5.5.1　堤防渗漏通道电法探测应用测试

1. 测试概况

为检验和测试研发的时间推移电法探测装备的性能及应用效果，2020 年 7 月汛期，针对 24#减压井出水量明显增大的现象，在湖北省阳新长江二级堤防与 24#减压井间开展渗漏探测研究，并进行实地测试与应用，对仪器的主控采集系统、数据传输系统、数据处理系统及反演软件功能和效果进行现场性能测试。

研发的电法装备支持多通道测量，一维大通道数为 12，即对于相同的发射电极 A、B，每次最多可采集 12 组数据。使用多通道测量时，需要搭配特制转换器一同使用，本仪器同样支持单通道测试。

工作参数：测点距 1 m，排列道数 120 道，排列长 119 m；供电电压为 450 V，接地电阻要求小于 1 kΩ，供电电流不小于 200 mA。装置类型：边缘梯度装置、温纳-施伦伯格混合装置。

2. 测试成果

（1）测线 1：位于堤身背水面堤坡中部，剖面方向由上游至下游，探测成果如图 5.19 所示。纵向上，电性分层较为明显，堤身填土层厚约 3.5 m（高程 17.14～22.64 m），电性分异性较大；第二层黏土层夹粉质黏土埋深 3.5～10.4 m（高程 12.24～17.14 m），低阻电性特征明显；第三层砂质黏土层埋深 10.4～13.6 m（高程 9.04～12.24 m），相对于

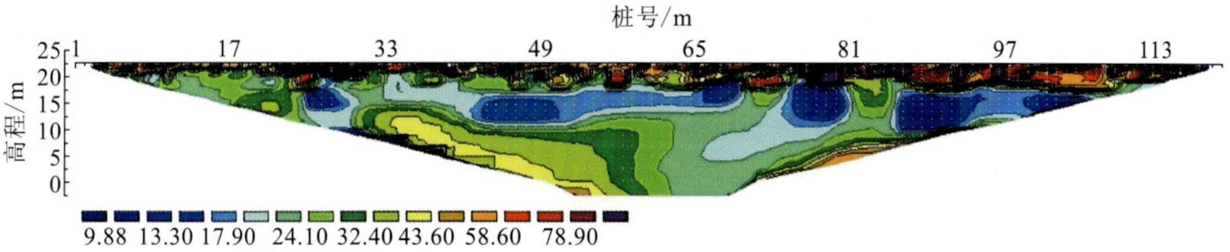

图 5.19　测线 1 高密度电法探测反演视电阻率等值图

上覆黏土层，电阻率有增高趋势；下伏的粉细砂夹粉质黏土层，横向上电性分异明显，介质分布不均一，含水饱和性较好的粉细砂层呈现的电阻率较低，且以 65 m 左右桩号为中心的等值线呈现出明显的低阻槽变化趋势，粉细砂层在此增厚。

（2）测线 2：沿堤内堤角布设，剖面方向由上游至下游，探测成果如图 5.20 所示。纵向上，人工填土层厚约 3.0 m（高程 17.28～20.28 m），电性不均；第二层黏土层夹粉质黏土埋深 3.0～9.1 m（高程 11.18～17.28 m），低阻电性特征明显；第三层砂质黏土层埋深 9.1～11.2 m（高程 9.08～11.18 m），相对于上覆黏土层，电阻率有增高趋势；下伏的粉细砂夹粉质黏土层，横向上电性具有一定的分异性，在 65 m 桩号左右等值线变化，呈现出下凹形态，粉细砂层厚度明显增大。

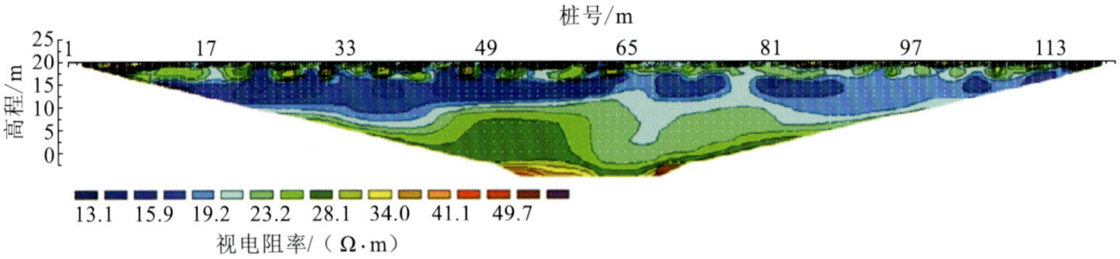

图 5.20　测线 2 高密度电法探测反演视电阻率等值图

（3）测线 3：平行于测线 2 布设在堤内防护林一侧，剖面方向由上游至下游，探测成果如图 5.21 所示。地电结构特征总体与测线 2 相似，人工填土层厚、黏土层夹粉质黏土埋深、砂质黏土层埋深与测线 2 基本等同，下伏的粉细砂夹粉质黏土层，横向上电性分异性较明显，粉细砂分布范围有所扩大，且在 65 m 桩号左右粉细砂层厚度增大明显。

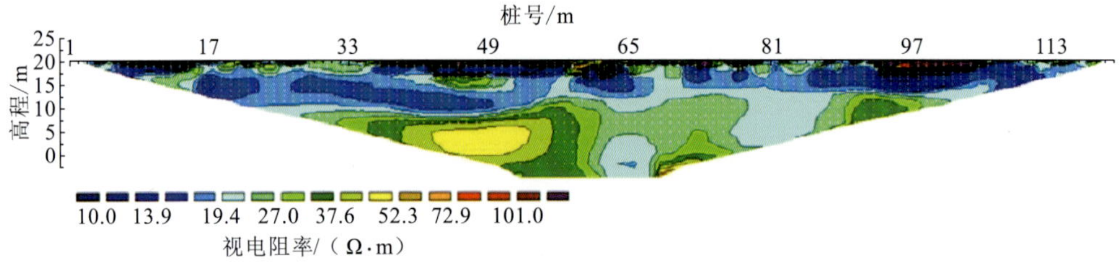

图 5.21　测线 3 高密度电法探测反演视电阻率等值图

综合分析：三条测线反映的地电结构在纵向上可分为四层，即堤身填土或人工填土层、黏土层、砂质黏土层、粉细砂夹粉质黏土层。黏土层中因含有一定的铁、锰等金属离子总体表现为低阻，加上局部所夹的砂质黏土存在散浸水作用，这种低阻特征更加明显；同时，堤基粉细砂层由于具有较好的饱水性，在同层中也呈现出一定的相对低阻特性。

3. 效果评价

本次试验，从数据采集结果情况来看，温纳-施伦伯格混合装置、边缘梯度装置具有数据采集量大、分辨率高等特点，同时 BP250 型电源系统的采用，提高了供电电压，可使仪器具有供电电流稳定、抗干扰相对增强等特点。从采集过程来看，仪器工作稳定，同等条件下，排列采集所用时间相对于目前同类产品至少缩短 1/3，采集速度提高明显。

5.5.2 大坝渗漏电法在线探测应用测试

1. 测试概况

在线高密度电法试验研究选择在公家庄水库大坝桩号 1+421～1+480 m 段进行，现场测试系统连接情况如图 5.22 所示，室内监控系统界面如图 5.23 所示。通过实地数据采集与在线设备应用，对时间推移电法仪器与远程传输系统的关联性、稳定性，定时设置性能，主控采集系统及数据传输系统在运行中的触发机制（包括脚本建立、手动启动等功能）开展实用性测试与检验。

图 5.22 现场测试系统连接工作图

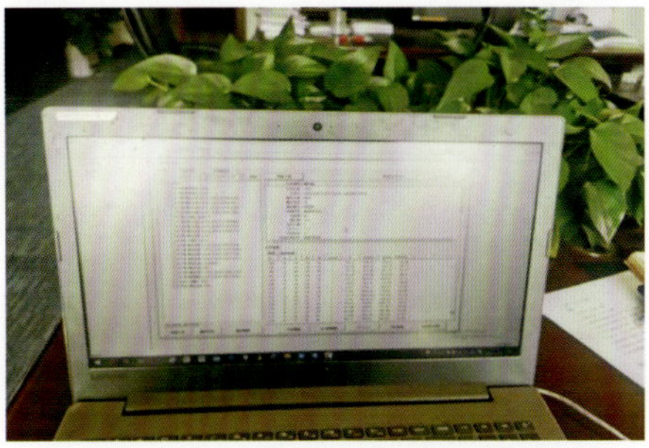

图 5.23 室内监控系统界面

测试工作参数：测点距 1 m，排列道数 60 道，排列长 59 m；供电电压为 250 V，接地电阻小于 2 kΩ，供电电流不小于 200 mA。装置类型：温纳装置。时间推移电法探测装备的试验研究采用 1 个供电排列和 1 个采集排列的布置方式，测点距 2 m，排列道数都为 60 道，排列水平长 118 m；供电电压为 250 V，接地电阻小于 2 kΩ，供电电流不小于 200 mA。

2. 在线模式与数据采集试验

图 5.24 为在线设置界面，执行测试时，云服务器程序给主控采集系统持续发送数据采集命令，主控采集系统根据采集命令进行数据采集，并把采集的结果按照约定的数据格式存储在云数据库中。客户端的 Geomative 软件可设置定时或循环任务策略（图 5.25、图 5.26），定时任务设置完成后，信息保存到云服务器，根据设置的策略，程序自动调用采集进程和主控采集系统进行数据采集交互，并把最终的数据保存到云数据库，可随时启动 Geomative 软件，去查看测试任务的执行情况，并下载数据（图 5.27）。同时，还对水位预警和电位预警 2 种采集启动模型进行了测试。系统测量数据导出的文件格式有 dat、xls、txt、urf。

3. 效果评价

从对在线监测数据的评价来看，数据变化稳定，曲线过渡圆滑、无畸变点，数据反演成果如图 5.28 所示，剖面电阻率分布均匀，成层性好，变化趋势明显，等值线过渡自然，取得了较好的探测效果。从采集过程来看，仪器工作稳定，在网络正常情况下，远程控制采集时间稍大于现场手动采集时间，时间推移电法探测仪器的在线监测采集功能完全正常。数据格式满足要求，数据传输、下载功能正常。

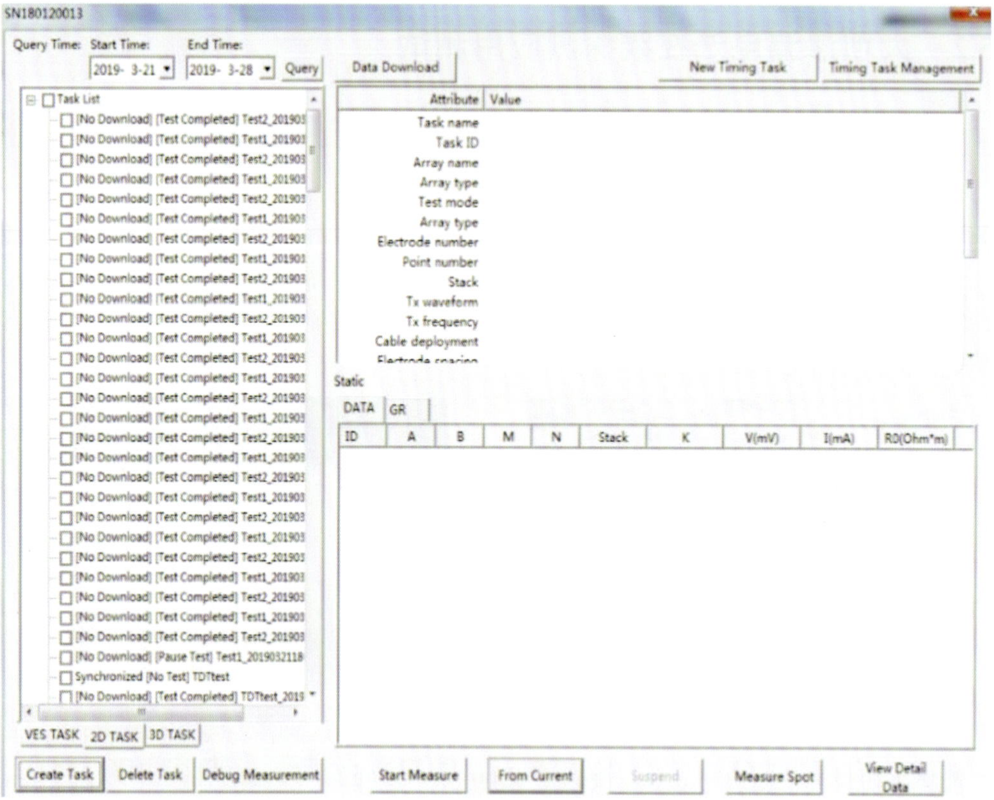

图 5.24　在线设置界面

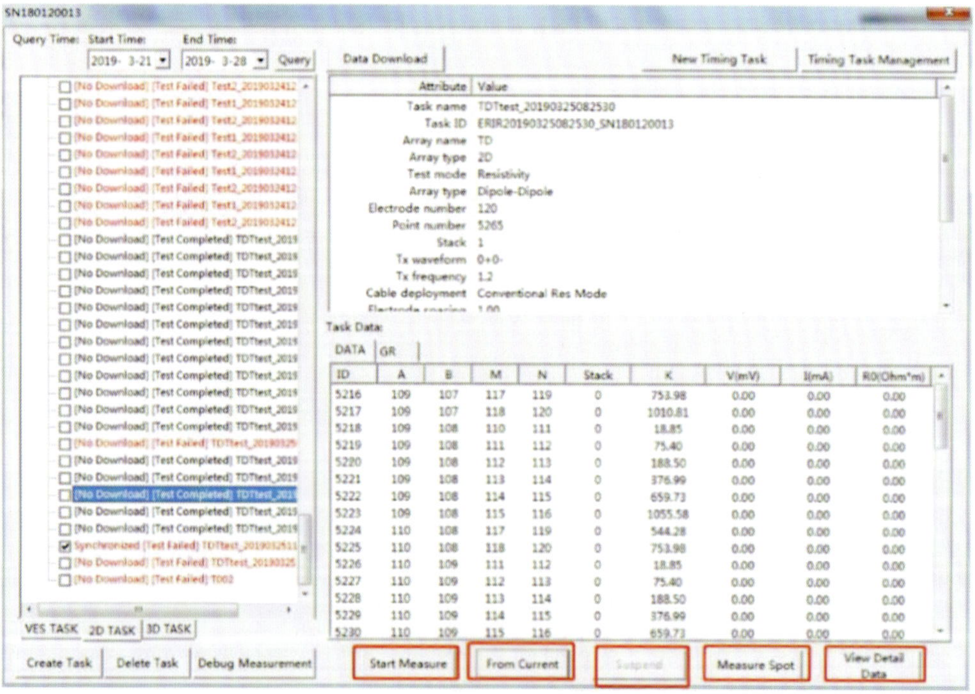

图 5.25　测试任务执行

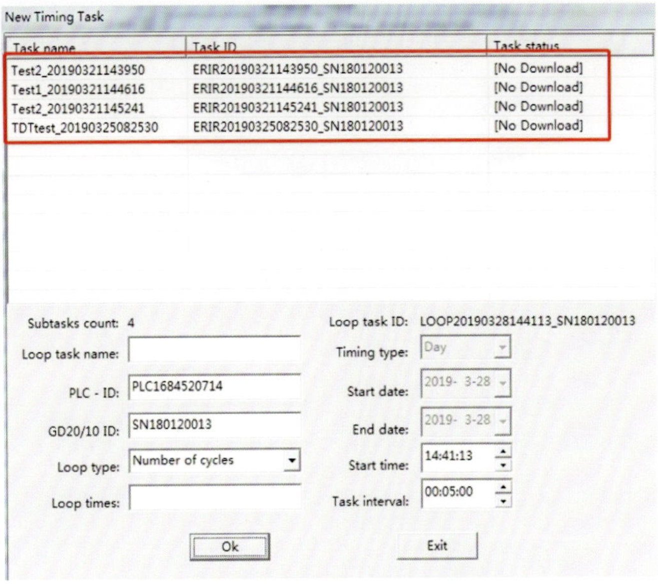

图 5.26　定时任务的创建及测量

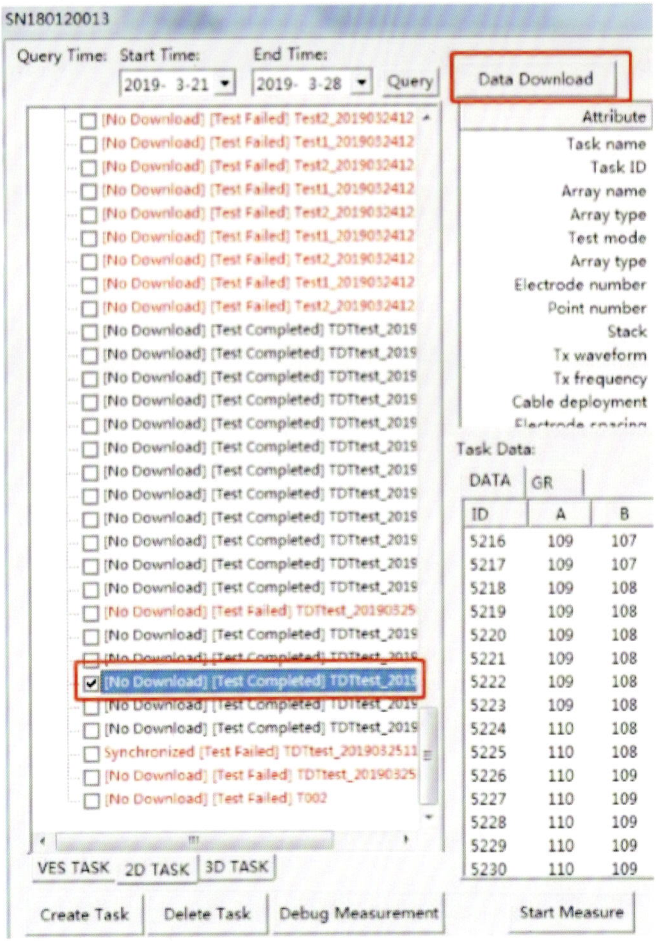

图 5.27　任务数据下载

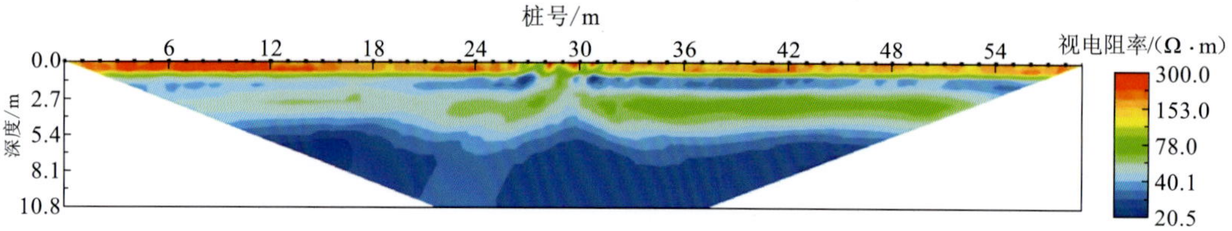

图 5.28　在线监测数据反演成果图

第6章

岸坡和堤坝时间推移地震探测技术研究

6.1 地震勘探方法概述

6.1.1 地震勘探基本理论

1. 反射波法

弹性波在介质中传播时，遇到物性分界面（即波阻抗界面）或者物性突变点将发生反射或绕射。反射波法是利用其反射波和绕射波的特性，记录各种波的旅行时间和动力学特征，根据波的运动学和动力学特征，反演介质的物性参数，获取物性分界面或物性突变点的双程旅行时间和埋深。因此，浅层地震反射波法在水文地质调查中的主要用途是：①地质分层；②不良地质体（如断层、破碎带、裂隙、溶蚀凹陷和岩溶等）的探测；③潜水面埋深的探测。

1）反射波的形成与接收

如图 6.1 所示，在地表 O 点人工激发的地震波向地下各个方向传播，遇到波阻抗不同的地层界面（即 $v_1\rho_1 \neq v_2\rho_2$，v_1 和 ρ_1 分别为界面上部地层的速度、密度，v_2 和 ρ_2 分别为界面下部地层的速度、密度）时，会出现反射波和透射波。其中，反射波将按照反射角等于入射角的规律返回地面。用专门的地震检波器和地震仪在地面沿测线接收并记录反射波所引起的地面振动情况，以及波从震源出发至地面各接收点的传播时间，即进行地震数据采集和地震记录。依据地震记录可以绘出反射波时距曲线，并计算出反射波在地层中的传播速度和反射界面的埋藏深度。

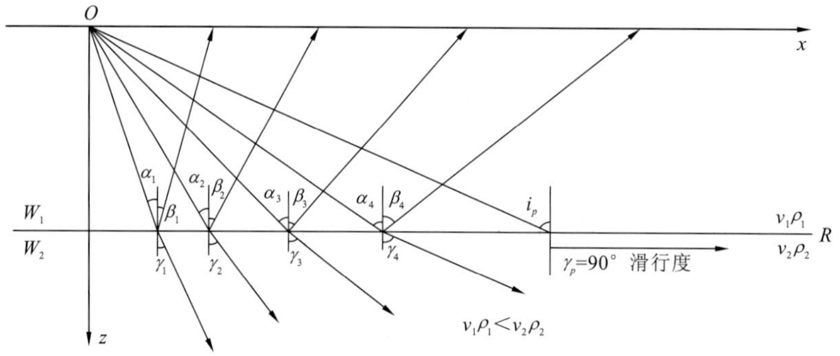

图 6.1 反射波的形成原理

$\alpha_1 \sim \alpha_4$ 为入射角；$\beta_1 \sim \beta_4$ 为反射角；$\gamma_1 \sim \gamma_4$ 为折射角；i_p 为最大入射角；W_1、W_2 为地层代号；γ_p 为最大折射角

2）反射波时距方程及理论时距曲线

（1）单个水平界面的反射波路径及理论时距曲线。

设地下有一水平波阻抗界面 R，界面埋深为 h，界面上部的波速为 v，如图 6.2 所示。在地表 O 点激发产生的地震波传播到界面 R 以后，一部分能量反射回到地面，在 D_1、D_2、D_3 等各点依次接收到反射波。根据图 6.2 中反射波的传播路径，可以把从 O 点出发的反射波看成从 O^*点（虚震源点）以速度 v 直接传播到地面接收点的波。反射波的传播

时间（时距方程）为

$$t = \frac{1}{v}\sqrt{(2h)^2 + x^2} \tag{6.1}$$

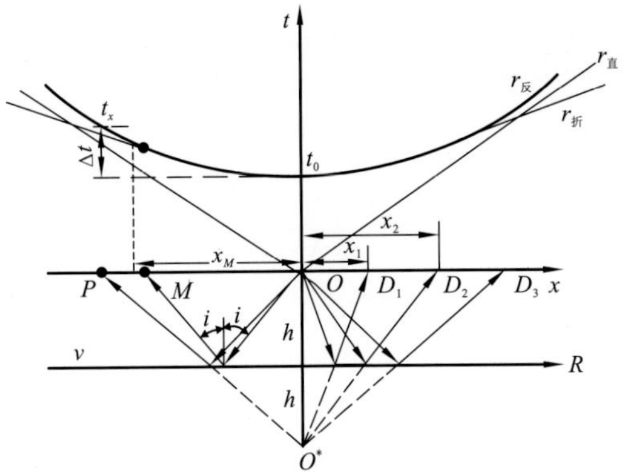

图 6.2　单个水平界面的反射波路径及理论时距曲线

$r_{反}$为反射波时距曲线；$r_{直}$为直达波时距曲线；$r_{折}$为折射波时距曲线；i 为入射角

移项后式（6.1）可写为

$$\frac{t^2}{\left(\frac{2h}{v}\right)^2} - \frac{x^2}{(2h)^2} = 1 \tag{6.2}$$

式（6.2）为双曲线方程，它表示一条对称于 t 轴的双曲线。

在激发点接收的反射波时间 t_0 称作双程垂直反射时间（简称双程垂直时间），在式（6.1）中，令 $x=0$，得

$$t_0 = \frac{2h}{v} \tag{6.3}$$

由此可得 $h = \frac{1}{2}vt_0$。因此，若 v 已知，根据时间 t_0 可以确定水平界面的埋深。

当式（6.1）中 $x \gg 2h$ 时，$t=x/v$，即直达波时距曲线为反射波时距曲线的渐近线。一般情况下，直达波先于反射波到达接收点。

若界面 R 还是一个折射界面，则在 x_M 点接收到以临界角入射并反射的波，它既是反射波的射线，又是折射波的起始射线（图 6.2），所以在 x_M 点反射波和折射波的时距曲线重合。也就是说，两者在此点相切。显然，在临界点附近，反射波受到折射波的干扰。

根据式（6.1）反射波时距方程可求得沿测线变化的视速度：

$$v^* = \frac{\mathrm{d}x}{\mathrm{d}t} = v\sqrt{1 + \left(\frac{2h}{x}\right)^2} \tag{6.4}$$

从式（6.4）可以看出，在震源点附近，v^*趋于无穷大，而在离震源较远的地方，v^*趋于真速度 v_0，视速度变化的原因，在于反射波在反射界面各点的出射角不同。另外，从式（6.4）可知，反射界面越深，时距曲线越平缓，视速度越大。

对式（6.1）两边取平方，得

$$t^2 = \frac{x^2}{v^2} + \frac{(2h)^2}{v^2} \tag{6.5}$$

以 x^2 为横坐标，以 t^2 为纵坐标，可得式(6.5)的 x^2-t^2 分析图。当 $x=0$ 时，可得 $t_0^2=(2h)^2/v^2$。

因此，既可以由直达波时距曲线的斜率求得表层介质的波速，又可以用 x^2-t^2 直线的斜率求得反射界面上部覆盖层的速度（称作 x^2-t^2 坐标法）。

覆盖层速度为

$$v = \sqrt{\frac{\Delta x^2}{\Delta t^2}} \tag{6.6}$$

在地震反射波的识别和资料解释中经常用到正常时差的概念，如图 6.2 所示，任一观测点 P 的反射波传播时间 t_x 和同一反射界面的双程垂直时间 t_0 的差，定义为正常时差，用 Δt 表示，它的一般表达式为

$$\Delta t = \sqrt{\left(\frac{x}{v}\right)^2 + t_0^2} - t_0 \tag{6.7}$$

正常时差可以作为判断地震记录上的同相轴是否为正常反射波的标准之一。采用共深度点水平叠加技术在叠加之前消除正常时差，正常时差也是速度分析的基础。

（2）单个倾斜界面的反射波时距方程及理论时距曲线。

设地下有一倾斜反射界面，如图 6.3 所示。倾角为 φ，O 点的法线深度为 h，界面与地面之间为均匀介质，波速为 v。在 O 点激发，沿测线 x 进行观测，自震源 O 到达 P 点的反射波传播路径可以看成从虚震源点 O^* 直接传播到 P 点。

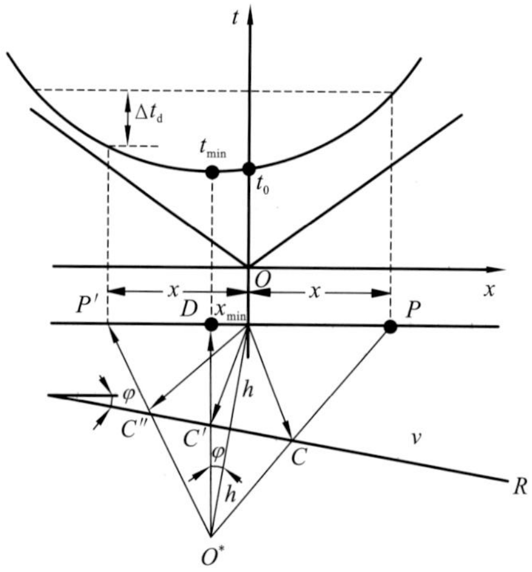

图 6.3　单个倾斜界面的反射波理论时距曲线

t_{min} 为反射波从激发到接收的最短时间；x_{min} 为反射波传播的最短路径长度

反射波传播时间 t 为

$$t = \frac{O^*P}{v} \tag{6.8}$$

其中，

$$O^*P = \sqrt{O^*D^2 + DP^2} = \sqrt{(2h\cos\varphi)^2 + (x + 2h\sin\varphi)^2}$$

化简后代入式（6.8），则

$$t=\frac{1}{v}\sqrt{4h^2+x^2+4hx\sin\varphi} \tag{6.9}$$

其中，φ 当 x 轴方向与界面下倾方向一致时取正号，否则，取负号。

经过变换，式（6.9）可写成

$$\frac{t^2}{\left(\frac{2h\cos\varphi}{v}\right)^2}-\frac{(x+2h\sin\varphi)^2}{(2h\cos\varphi)^2}=1 \tag{6.10}$$

式（6.9）和式（6.10）是倾斜界面的反射波时距方程。可见，倾斜界面的反射波时距曲线仍为双曲线。当 $x=0$ 时，可得地震波返回震源的双程垂直时间，在时距曲线上是反射波时距曲线与时间轴的交点，即 $t_0=\frac{2h}{v}$，式中 h 表示震源点到反射界面的法线深度，如图 6.3 所示。

倾角时差的概念：震源两边等距离的两个观测点的时间差 Δt_{d} 称为倾角时差。利用倾角时差可求得界面的倾角。当倾角很小时，$\varphi\approx\sin\varphi$，所以倾角正比于倾角时差 Δt_{d}。当已知速度资料时，可根据倾角时差求得真倾角。此外，倾角时差与 Δx 成正比时，为了提高测量倾角的精度，应尽可能采用较大的 Δx。

（3）水平多层介质的反射波时距方程及理论时距曲线。

在水平层状介质的情况下，水平多层介质和水平两层介质的反射波时距方程在形式上相同，时距曲线都为双曲线（图 6.4）。这就意味着在多层介质的情况下，当入射角较小（即源检距较小）时，可以用均方根速度 v_σ 代替反射界面以上多层介质的速度，这样就把介质假想成具有均方根速度的均匀介质。当源检距和界面深度之比 x/h 小于 0.5 时，这种假设引起的误差很小，但随着炮检距的加大，误差增大，浅层反射波法勘探中往往 $x/h\geqslant1.0$，计算的均方根速度有较大的误差，这就是采用速度分析方法不易准确求取地层速度的原因之一。

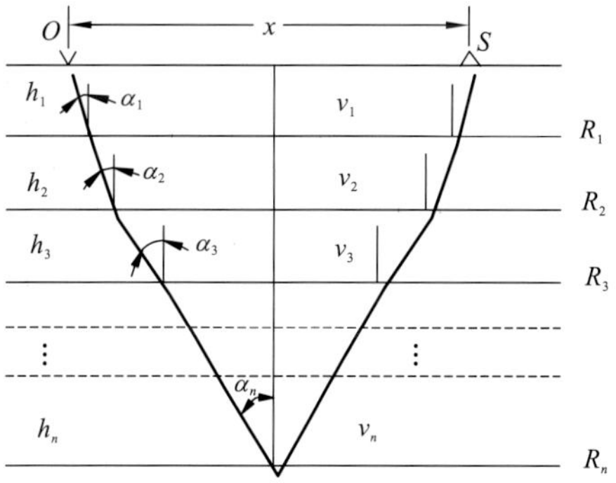

图 6.4　水平多层介质的反射波传播路径

O 为激发点；S 为接收点；x 为激发点与接收点之间的水平距离；$h_1\sim h_n$ 为不同地层的厚度；$v_1\sim v_n$ 为不同地层的波速；$R_1\sim R_n$ 为不同地层的反射面；$\alpha_1\sim\alpha_n$ 为反射波的入射角度

另外，有一种更为简单的办法，采用平均速度的概念，把反射界面以上的多层介质简化成均匀介质，当地震波的入射角较小时，简化的时距曲线与实际的时距曲线基本上符合，随着源检距的增大，简化介质的时距曲线比真实介质的时距曲线要陡，因为平均速度比均方根速度要小一些。一般，浅层界面的反射波时距曲线较陡，而深层界面的反射波时距曲线较平缓。

2. 浅层折射波法

浅层折射波法是利用人工激发的地震波在岩土界面上产生的折射现象，对浅部具有速度差异的地层或构造进行探测的一种地震勘探方法。20 世纪 50 年代中期，水利水电系统开始推广使用浅层折射波法探测覆盖层厚度、隐伏构造破碎带分布等。目前，浅层折射波法是工程地震勘探中技术最为成熟、应用最为广泛的方法。

1）折射波的形成与接收

在地表 O 点激发的地震波 OA 在地下传播过程中，当遇到性质不同（波速不同）的地层界面时，在界面上将产生透射现象。在 W_2 层中产生透射波 AB（此处的透射波实为物理学中的折射波，因地震勘探中的折射波另有新的含义，所以称为透射波），如图 6.5 所示。并且，入射角 α 和透射角 γ 遵循折射定律：

$$\sin\alpha / v_1 = \sin\gamma / v_2 \tag{6.11}$$

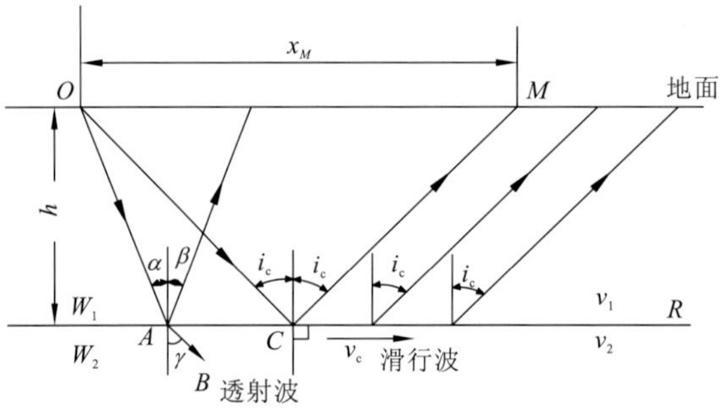

图 6.5　波的折射

透射角 γ 的大小与波速 v_2 有关，当下层波速 v_2 大于上层波速 v_1 时，γ 必大于 α，且随入射角的增大而增大。当入射角增大至某一临界角 i_c 时，将使透射角 $\gamma=90°$，于是透射波变成了沿界面滑行的滑行波，滑行波的波速 $v_c=v_2$。此时，$\sin i_c=v_1/v_2$，即临界角 $i_c=\arcsin(v_1/v_2)$。如果将滑行波看作新的入射波，有如从 W_2 层中以入射角 $\alpha=90°$ 向 W_1 层中传播，显然它将在 W_2 层中产生透射角为 i_c 的透射波 CM，在地震勘探中称为折射波（或称为首波）。当界面为平面，并且速度为常数时，折射波是以临界角 i_c 射出的一组平行线，并向地面传播。在距离震源点大于 OM 的测线上，用专门的地震检波器和地震仪接收并记录折射波引起的地面振动情况，以及波从震源出发至地面各接收点的传播时间，即进行地震波数据采集并获得地震记录。依据地震记录可绘出折射波时距曲线，并计算出折射波在地层中的传播速度和折射界面的埋藏深度等资料。

由上述分析可知：

（1）仅当界面下层速度大于其上层速度时，才能产生折射波，所以界面下层速度大于其上层速度是开展浅层折射波法探测的必要条件之一。

（2）震源附近 OM 范围内不能观测到折射波的地段，称为折射波的盲区。只能在源检距大于盲区的地段接收折射波。

2）折射波时距方程及理论时距曲线

时距方程指描述地震波传播时间和接收点距离之间关系的数学表达式。

时距曲线指在 x、t 直角坐标系中，表示地震波传播时间和接收点距离之间关系的曲线。通常以接收点到激发点的距离为横坐标，以地震波从激发点到达接收点的传播时间为纵坐标作图，得到相应的时距曲线。

理论时距曲线指各种地质模型界面上产生的地震波应有的时距曲线形态。

（1）直达波时距方程及理论时距曲线。直达波是从震源出发，不经过界面的反射、折射而直接到达地面各接收点的地震波。假设地面以下为均匀介质，波在其中的传播速度为 v，地震波从震源出发，沿测线传播，在 x_1，x_2，…，x_n 等点上接收，直达波到达各接收点的时间分别为 t_1，t_2，…，t_n，在 x、t 直角坐标系中直达波到达任意一点 x 的传播时间为 $t = x / v$，称为直达波时距方程，它是过坐标原点的直线，如图 6.6 中 S 直线所示，称为直达波理论时距曲线。直线的斜率 k=1/v，它的倒数为地震波沿测线传播的速度，即表层速度。

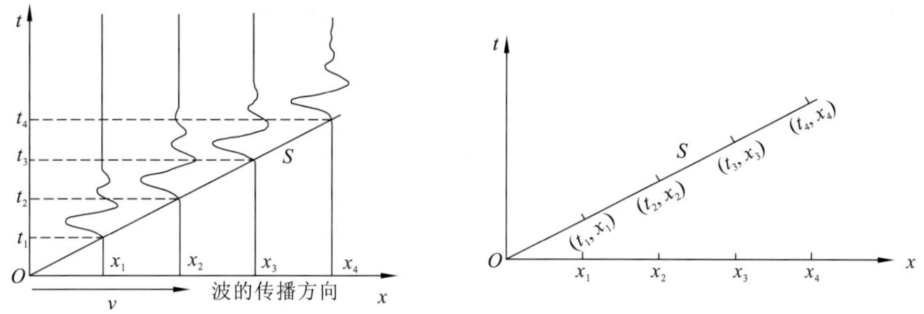

（a）直达波振动记录及波至时间　　（b）直达波理论时距曲线图

图 6.6　直达波理论时距曲线

（2）水平层状介质的折射波时距方程及理论时距曲线。以下分水平二层结构、水平三层结构、水平多层结构进行阐述。

第一，水平二层结构。水平二层结构的地质模型及其折射波传播路径如图 6.7 所示。

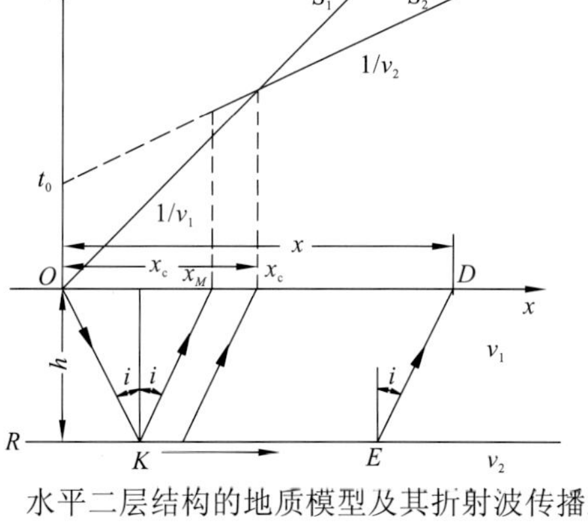

图 6.7　水平二层结构的地质模型及其折射波传播路径

设水平界面深度为 h，界面上、下的地震波速度分别为 v_1 和 v_2，且 $v_2>v_1$，激发点 O 至地面某一接收点 D 的距离为 x，折射波的传播路径为 OK、KE 和 ED 之和，总的传播时间为

$$t=\frac{OK}{v_1}+\frac{KE}{v_2}+\frac{ED}{v_1} \tag{6.12}$$

根据三角几何关系，式（6.12）简化为

$$t=\frac{x}{v_2}+\frac{2h\cos i}{v_1} \tag{6.13}$$

式（6.13）为水平二层结构的折射波时距方程，其时距曲线是直线，直线斜率的倒数为 v_2，如图 6.7 中 S_2 所示。直线在 t 轴上的截距时间（时距曲线延长后与 t 轴相交处的时间）为

$$t_0=\frac{2h\cos i}{v_1}=\frac{2h\sqrt{v_2^2-v_1^2}}{v_1 v_2} \tag{6.14}$$

则

$$h=\frac{t_0 v_1}{2\cos i}=\frac{t_0}{2}\frac{v_1 v_2}{\sqrt{v_2^2-v_1^2}} \tag{6.15}$$

根据直达波和折射波时距曲线的斜率可求出 v_1、v_2 和时间 t_0，按式（6.15）可计算出震源点下方的界面深度 h。直达波和折射波的交点位置称为临界距离 x_c，可解出：

$$x_c=2h\frac{\sqrt{v_2^2-v_1^2}}{v_2} \tag{6.16}$$

依据 v_1、v_2 和 x_c，由式（6.16）也可求得震源点下方的界面深度 h：

$$h=\frac{x_c}{2}\sqrt{\frac{v_2-v_1}{v_2+v_1}} \tag{6.17}$$

当 $x > x_c$ 时，折射波先于直达波到达接收点，这样的地段称为折射波的初至区。在初至区接收到的折射波称为初至折射波。通过初至折射波记录可以较准确地判别折射波的波至时间是浅层折射波法的最大优点之一。

第二，水平三层结构。水平三层结构的地质模型如图 6.8 所示，两层介质的厚度分别为 h_1 和 h_2。三层介质地震波速度的关系为 $v_3>v_2>v_1$。在 R_2 界面上产生的折射波路径见图 6.8。

来自 R_2 界面的折射波传播时间为

$$t_3=\frac{x}{v_3}+\frac{2h_1\cos i_{13}}{v_1}+\frac{2h_2\cos i_{23}}{v_2}=\frac{x}{v_3}+\frac{2h_1\sqrt{v_3^2-v_1^2}}{v_3 v_1}+\frac{2h_2\sqrt{v_3^2-v_2^2}}{v_3 v_2} \tag{6.18}$$

S_3 为 R_2 界面的折射波时距曲线。其时距方程仍然是直线方程，直线斜率的倒数为 v_3。其截距时间 t_{02} 为

$$t_{02}=\frac{2h_1\cos i_{13}}{v_1}+\frac{2h_2\cos i_{23}}{v_2}=\frac{2h_1\sqrt{v_3^2-v_1^2}}{v_3 v_1}+\frac{2h_2\sqrt{v_3^2-v_2^2}}{v_3 v_2} \tag{6.19}$$

则

$$h_2=\frac{1}{2}\left(t_{02}-2h_1\frac{\sqrt{v_3^2-v_1^2}}{v_3v_1}\right)\frac{v_3v_2}{\sqrt{v_3^2-v_2^2}} \tag{6.20}$$

其中，h_1 可以根据图 6.8 中的 S_1、S_2、t_{01}，利用式（6.17）求出。从图 6.8 可以看出，R_2 界面产生折射波的盲区为

$$x_{M2}=2h_1\tan i_{13}+2h_2\tan i_{23} \tag{6.21}$$

临界距离 x_{c2} 为 S_2 和 S_3 直线的交点，应在 $x>x_{c2}$ 的测段接收 R_2 界面的初至折射波。从时距曲线上可以看出，界面深度增大，临界距离增加，初至区远离激发点。

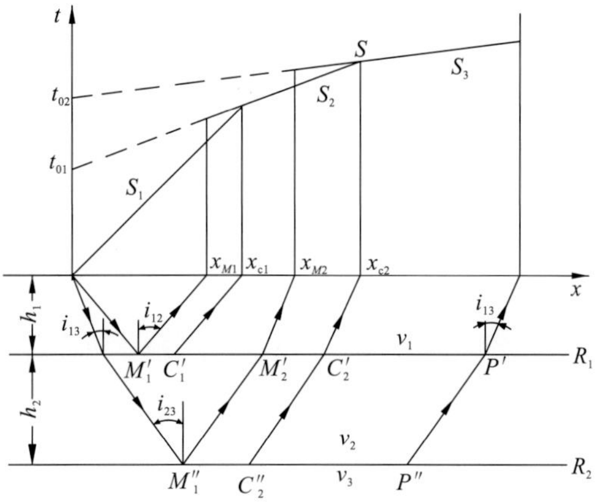

图 6.8　水平三层结构的地质模型及其折射波传播路径

i_{12} 为在地层 R_1 不发生折射时的反射角；x_{M1} 为激发点到接收点的盲区距离；

x_{c1} 为地层 R_1 产生折射的激发点到接收点的最小距离

第三，水平多层结构。理论上，在水平多层介质情况下，只要能满足 $v_n>v_{n-1}>\cdots>v_2>v_1$，就有 $n-1$ 个折射界面。第 n 个界面产生的折射波时距方程为

$$t_n=\frac{x}{v_n}+2\sum_{i=1}^{n-1}h_i\frac{h_i\cos i_n}{v_i}=\frac{x}{v_n}+2\sum_{i=1}^{n-1}h_i\frac{\sqrt{v_n^2-v_i^2}}{v_nv_i} \tag{6.22}$$

随着界面的逐渐加深，界面上的波速逐渐增大，时距曲线的斜率则逐渐减小，各界面的折射波初至区离震源越来越远，需要更大能量的震源。在理论上，可以有任意多个界面，实际工作中，四层以上结构浅层折射波法的应用会受到限制。

3. 瑞利波法

在半空间介质中，当在地面做竖直向激振时，地下介质中一般存在三种波的传播，即纵波（又称 P 波）、横波（又称 S 波）和表面波（有人认为表面波由纵波与横波合成）。表面波中水平偏振者为勒夫波，垂直偏振者为瑞利波。在目前的表面波勘探中主要利用的是基阶瑞利波。

1）瑞利波的特点

（1）能量强。地震波形记录中瑞利波振幅最大，能量最强（约占 2/3），各种波的能量占比见表 6.1。

表 6.1 各种波所占能量

波的类型	相对全部能量的百分比/%
纵波	7
横波	26
瑞利波	67

（2）周期长、速度低。在地震波形记录中，瑞利波组周期最大，瑞利波频率低、速度低，因而可以使用低通滤波或二维滤波来消除干扰。

（3）频散特性。在不均匀介质中，瑞利波相速度具有频散特性（图 6.9），这是进行表面波勘探的物理基础。

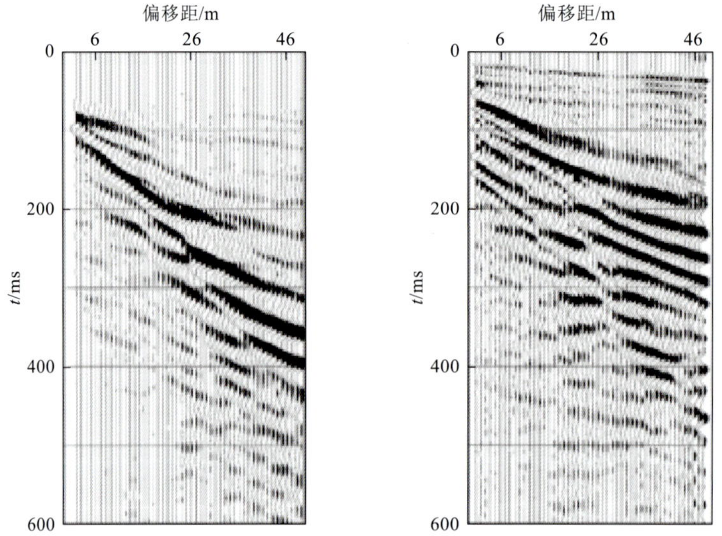

（a）均匀介质　　（b）不均匀介质

图 6.9 瑞利波的频散实例

（4）由纵波初至到瑞利波初至的 1/3 处为横波初至，且 V_R（V_R 为瑞利波波速）与 V_S（V_S 为横波波速）具有很好的相关性，其相关关系式为 $V_R = \frac{0.87+1.12\mu}{1+\mu} \cdot V_S$，式中 μ 为泊松比。

（5）瑞利波在多道接收中具有很好的连续性，即连贯的波组同相轴。

（6）瑞利波质点的运动轨迹为逆转椭圆；并且，在垂直平面内运动。

（7）瑞利波是沿地表传播的，且其能量主要集中在距地表一个波长（λ_R，λ_R 为瑞利波波长）尺度范围内，传播示意图见图 6.10。

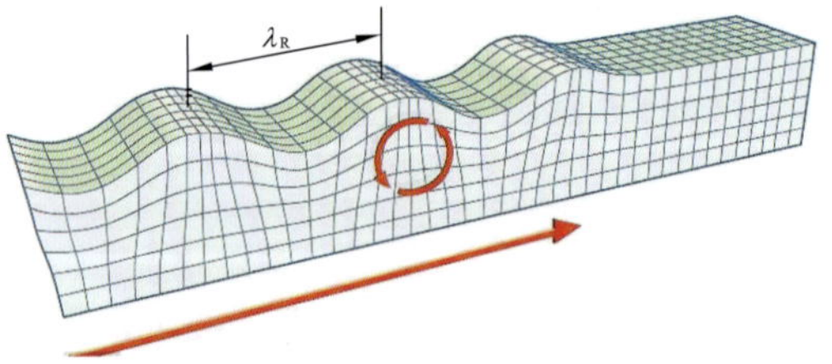

图 6.10 瑞利波的传播示意图

2）瑞利波法勘探

瑞利波法根据震源形式不同可分为两大类：一类为稳态法；另一类为瞬态法。以前，以稳态激振方法为主，其代表为日本 VIC 株式会社的 GR-810、GR-830 地下勘探机。国内也有一些类似的仪器设备，它们的勘探原理基本相同，即利用扫频仪和功率放大器发出的谐波电流推动电磁激振器对地面产生稳态面波，由相隔一定距离的拾振器将接收到的面波振动转换为电压量送入计算机（频谱分析仪）并进行相关计算，得出频散曲线。

3）瑞利波法的应用条件

在分层介质中瑞利波才具有频散性，不发生频散就不能获取频散曲线，也就不能获取表面波速度或横波速度；瑞利波是椭圆极化弹性波，且在流体中不存在；瑞利波法的勘探深度与瑞利波的波长有关，目前的技术水平还难以激发足够大能量的低频瑞利波。因此，瑞利波法是一种陆地弹性波勘探手段，其勘探深度不如反射波法和浅层折射波法。

4）瑞利波法的应用范围

瑞利波法是一种高精度的地球物理探测方法，可获取横波速度，其探测精度高达厘米级。可获取探测对象的物性和力学参数。在水文地质调查中，瑞利波法主要用于以下几个方面：①地质分层；②不良地质体（如断层、破碎带、裂隙、溶蚀凹陷和岩溶等）的探测；③岩土的物性及力学参数的原位测试；④饱和砂土层的液化程度判别；⑤地层含水性评价。

6.1.2　地震数据采集技术及方法

1. 地震波的激发

1）震源

（1）炸药震源。触发方式有两种：一是对雷管的加电触发（一般由专用爆炸机来实现），但存在雷管本身的延迟；二是炸药爆炸同时炸断信号线触发（开路触发），这种触发方式避免了雷管的不均匀延迟造成的旅行时误差。使用炸药震源时，应将炸药和雷管埋于地下一定深度，其深度依炸药量而定。

（2）非炸药震源。非炸药震源主要分为落重法震源和电火花震源：①落重法震源通过用大锤敲击地面上的铁块来激发地震波（勘探深度一般为 50 m 左右）。若表层土较疏松或勘探深度较大，可用几十千克的铁锤撞击地面作为震源（勘探深度一般为 80 m 左右），其通常采用在铁锤上固定一个地震检波器来触发。②电火花震源的原理是电火花发生器通过水中电极之间电流的突然放电来激发地震波。放电产生的热度相当高，以致水被突然汽化，激发出压力脉冲。

2）地震检波器

地震检波器是安置在地面、水中或井下以拾取振动的地震探测器或接收器，它实质上是将机械振动转换为电信号的一种传感器。现代地震检波器几乎完全是动圈电磁式（用于陆地工作）和压电式（在水和沼泽中工作）的。地震检波器具有高通滤波特性，目前使用的地震检波器有 2 Hz、5 Hz、10 Hz、38 Hz 和 100 Hz 等多种，根据震源脉冲特点、地下介质特性及勘探深度要求选择其中的一种。在实施现场数据采集时，要求地震检波器要插稳、插垂直，且除去地震检波器周围的杂草，避免风吹草动的干扰；当在风力较大和地表介质松软条件下工作时，地震检波器应挖坑埋置；应消除地震道间的相互感应和外界噪声。

3）地震仪

地震仪的功能是将地震检波器接收到的多道连续信号进行放大并离散为时间序列。一般，选择浅层地震仪时要考虑其适应的温度范围、是否轻便、是否省电、通道数、动态范围、采样率、记录长度、频带和一致性等指标。地震勘探对仪器的基本要求如下：①高灵敏度和大动态范围，动态范围不应低于 120 dB；②宽频带和可选滤波；③具有多道，一般不应低于 24 道；④有良好的一致性；⑤轻便、稳定、省电，自动化程度高。

2. 反射波法现场采集技术

1）观测系统

激发点与接收排列的相对空间位置关系称为观测系统，一般用图示法来表示，分为时距平面图和综合平面图，前者直接用时距曲线表示，而后者在展示复杂观测系统时更为清楚、简便。综合平面图方法是从分布在测线上的各激发点出发，向两侧作与测线成 45° 角的直线坐标网，将测线上对应的接收排列投影到该 45° 角的斜线上，并用不同的颜色或加粗线标出对应线段。

（1）简单连续观测系统。①在排列的两端分别激发，称为双边激发观测系统[图 6.11（a）]；②震源固定在排列的一端激发，每激发一次，排列沿测线方向向前移动一次（半个排列长度），称其为单边激发观测系统[图 6.11（b）]；③震源位于排列中间，在激发点的两边安置数目相等的地震检波器同时接收，称其为中间激发观测系统[图 6.11（c）]。以上均是连续单次覆盖观测系统，其最大的特点是接收段靠近激发点，能避开折射波干扰，便于现场施工，但受表面波和声波干扰较大。

（2）间隔观测系统。根据观测系统压制干扰波的需要，或者出于地表条件的原因，激发点与接收排列的第一道地震检波器间隔一段距离，这种观测系统称为间隔观测系统[图 6.11（d）]。激发点与排列上第一道地震检波器的间隔距离称为偏移距。

（3）多次覆盖观测系统。为了压制多次反射波之类的特殊干扰波，提高地震记录信噪比，有规律地同时移动激发点与接收排列，对地下界面反射点多次重复采样的观测形式叫多次覆盖观测系统（图 6.12）。多次覆盖方式下每次炮点移动的道数 v'表示为 $v'=S'N/2n$，其中 N 是地震仪的接收道数，n 是覆盖次数，$S'=1$ 表示单边放炮，$S'=2$ 表示双边放炮。

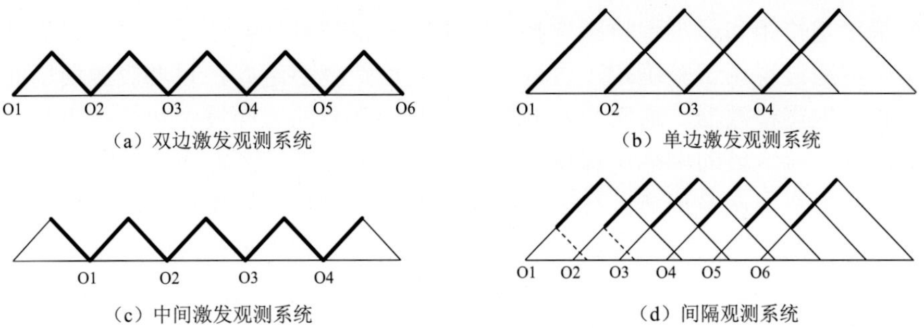

图 6.11　观测系统示意图

O1～O6 为不同的激发点

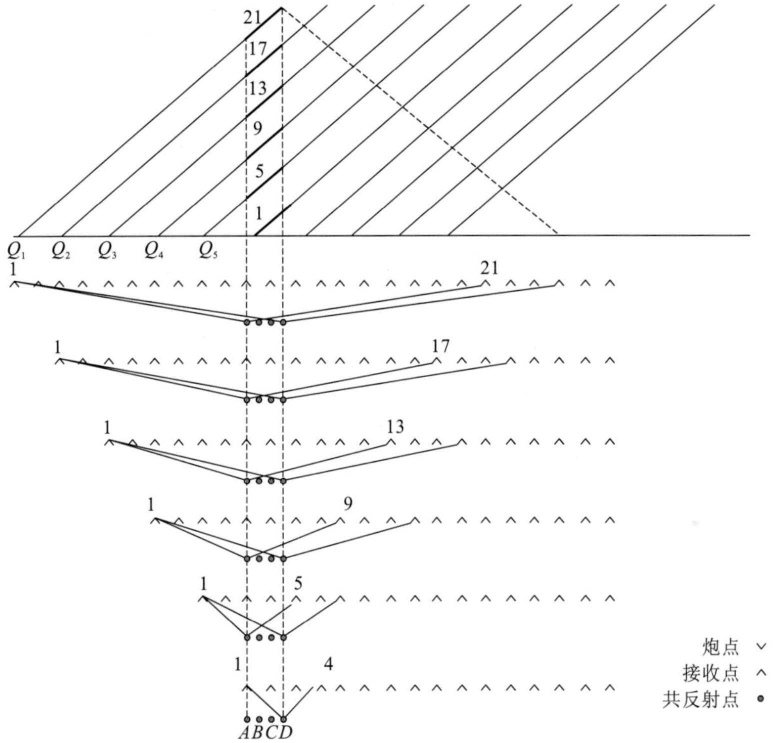

图 6.12　多次覆盖观测系统示意图（$N=24$，$n=6$，$S'=1$，$v'=2$）

Q_1 为 1 次覆盖；Q_2 为 2 次覆盖；Q_3 为 3 次覆盖；Q_4 为 4 次覆盖；Q_5 为 5 次覆盖；A、B、C、D 为不同界面段

2）地震信息的接收

（1）接收点间距的选择：为了采集工作的简化和标准化，应该使激发间隔 d（相邻激发点的间距）保持固定，也要求相邻接收点的间距 dx（道间距）保持不变，而且一般激发间隔 d 选为 dx 的倍数。决定 dx 大小的总原则是：经过处理后，能在地震剖面上的相邻道上可靠地追踪波的同一相位。当记录重复性合乎要求，并且干扰背景不大时，波能够可靠对比的条件是$\Delta t<T^*/2$，T^*为视周期，从视速度考虑时，$dx<v^*\cdot T^*/2$，v^*为视速度，该式可用于在一般条件下粗略地估算 dx。接收点的第一道至最末一道之间的测线段叫作排列，用 N 表示地震仪的接收道数，则排列长度 $L=(N-1)dx$。

（2）最大炮检距和最小炮检距选择：如果利用最佳窗口接收反射波，最大炮检距和最小炮检距应通过现场试验确定，否则，最小炮检距越小越好，只要震源所引起的强烈振动不会损坏地震检波器。通常应避开震源引起的强烈的表面波、声波等干扰。最大炮检距一般取 0.7～1.5 倍的勘探层深度。

（3）共反射点多次叠加法：在地面上从不同的观测点或以不同的方式对地下某点的地质信息进行重复观测，可以保证即使有个别观测点受到干扰也能得到地下每一点的信息。由于浅层地震勘探中利用地震检波器组合法来压制表面波效果不佳，通常采用共反射点多次叠加法和垂直叠加方法来提高信噪比。

（4）地震野外数据采集的步骤：①首先进行场区踏勘，了解地形、地貌和地层走向，以及地层地质性质。②在测区较好地段，做一个展开排列，进行干扰波调查，一般检波间距为 2 m，排列道数根据具体勘探目的层的深度而定，排列道数一般不小于 24 道。③对展开排列的地震记录进行分析，选择偏移距、检波间距、覆盖次数、采样点数、采样间隔等采集参数。④野外数据采集。在此过程中，要有专人记录排列参数、地形异常点与排列的位置关系及特殊震源点序号，保证能将一些异常情况传递给处理、解释人员。

3. 浅层折射波法现场采集技术

1）测线布置

地震勘探现场采集形式是根据勘探任务、干扰波与有效波的特点、地表施工条件等诸方面条件确定的。通常在勘探区域内布置多条测线进行观测，测线与测线之间的相对位置关系由已知区域的地质构造特征和勘探任务决定。主要测线的方向应垂直于地层或构造的走向，布置在地形起伏较小、表层介质均匀的地段上，尽可能与地质勘探线或其他物探方法的测线重合，以利于综合对比分析。

2）激发与接收

在实施现场数据采集时，浅层折射波法通常采用爆炸、锤击和落重等激发方式，应选择合适的触发方式，避免触发的不均匀延迟造成的旅行时误差，并且地震检波器的埋置条件要尽量一致，应测准炮点高程、检波点距。确保各道都能够清晰地辨认直达波或折射波的初至，地震检波器在地面竖直方向安置，与地面紧密接触；地震检波器周围的杂草等易引起地震检波器微动的物体应清除；在风力较大和地表介质松软条件下工作时，地震检波器应挖坑埋置；当地表为稻田或潮湿时，应防止漏电；应消除地震道间的相互感应和外界噪声。

选择浅层地震仪时要考虑其适应温度范围、是否轻便、是否省电、通道数、动态范围、采样率、记录长度、频带和一致性等指标。对仪器的基本要求如下：①高灵敏度和大动态范围；②宽频带和可选滤波；③具有不少于 8 个通道；④有良好的一致性；⑤轻便、稳定、省电，自动化程度高。

3）观测系统

（1）排列。浅层折射波法的野外施工要求排列要直，当排列必须转折时，应把转折的桩号和角度实际测量出来，其排列形式一般有两种：①排列中的道距两头小中间大。这是由于在炮点附近，直达波时距曲线视速度很低，用较小的接收道距才能清楚地反映直达波时距曲线的形状，便于波的对比识别。对于折射层的折射波，因视速度大，要用较大的接收道距才能满足精度要求，这种方法的优点是可以两边放炮，获得互换的折射波时距曲线，而缺点则是远离炮点处的道距太密，排列长度受到限制。②排列中的道距一头小、一头大，即近炮点处接收道距较小，远离炮点的接收道距增大。这种方法的优点是可以增大排列长度，有利于记录直达波和追踪高速层，可以充分利用每个接收道；缺点是效率很低，且单边放炮精度不高，当需要两头放炮时，还需要改变排列，即重新安排大小道距。排列长度一般考虑高速层的埋藏深度，并根据高速层折射波的时距曲线是否有足够长的长度而定。往往把排列长度定为上覆地层厚度的 8～10 倍。排列长度和道间距的选择，以必须保证直达波及折射波都能记录到为原则。

（2）观测系统。浅层折射波法观测系统主要有单边观测系统、相遇观测系统、追逐观测系统和追逐相遇观测系统四种。①单边观测系统。固定激发点，移动接收排列（图 6.13），随着炮检距的增加，可在测线上由近及远追踪各层折射波，只适用于折射界面较浅的条件。②相遇观测系统。利用测线或排列两端激发，在中间排列接收（图 6.14），连续追踪同一界面正、反向相遇的折射波。③追逐观测系统。固定接收排列，移动激发点，随着炮检距的增加，可在接收段由浅入深追踪各层折射波（图 6.15）。可判断目的层有无穿透现象，两曲线平行，则无穿透现象，可用于解释；两曲线不干行，则有穿透现象，不可用于解释。④追逐相遇观测系统。通过试验了解各层折射波的可追踪范围，合理地选择相遇与追逐多重观测系统，在测线上分别追踪其相应的层位，达到折射分层的目的（图 6.16）。既可用 S1、S4 判断目的层有无穿透现象，又可用 S2、S3 两曲线对目的层进行定量解释。

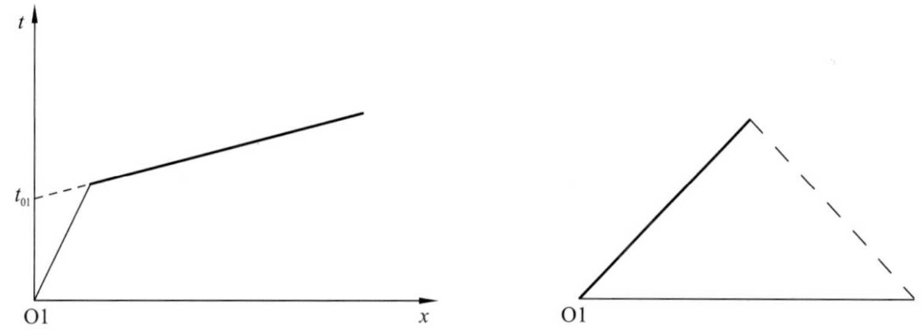

（a）单边观测系统时距曲线　　（b）单边观测系统

图 6.13　单边观测系统示意图

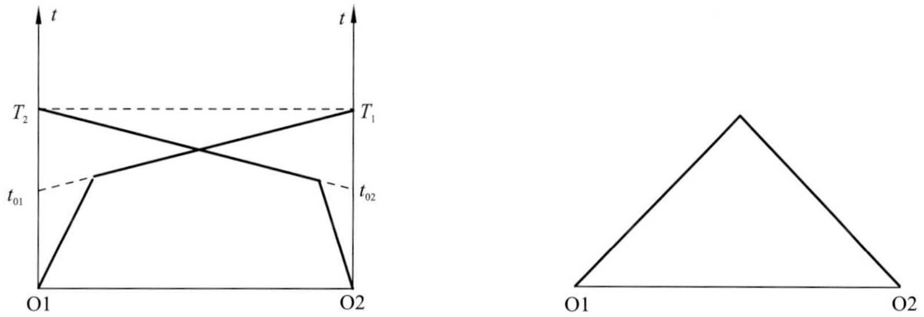

（a）相遇观测系统时距曲线　　（b）相遇观测系统

图 6.14　相遇观测系统示意图

T_1、T_2 分别为 O1、O2 点激发的时距曲线相遇的时间

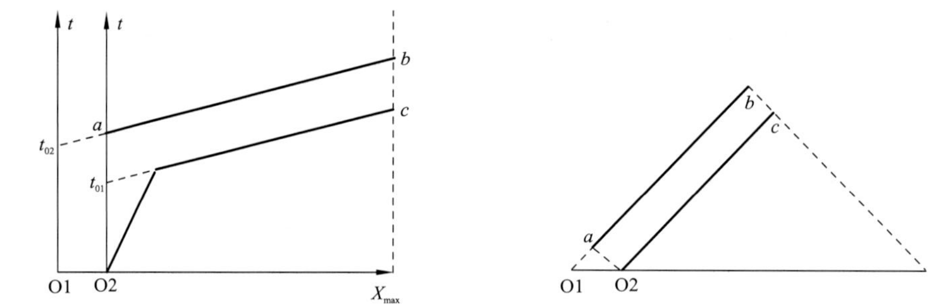

（a）追逐观测系统时距曲线　　（b）追逐观测系统

图 6.15　追逐观测系统示意图

a 为激发点 O1 处激发的截距时间；b 为激发点 O1 处激发的时距曲线在最大记录距离 $X_{\max}$ 处与记录时间 t 的交点；c 为激发点 O2 处激发的时距曲线在最大记录距离 $X_{\max}$ 处与记录时间 t 的交点

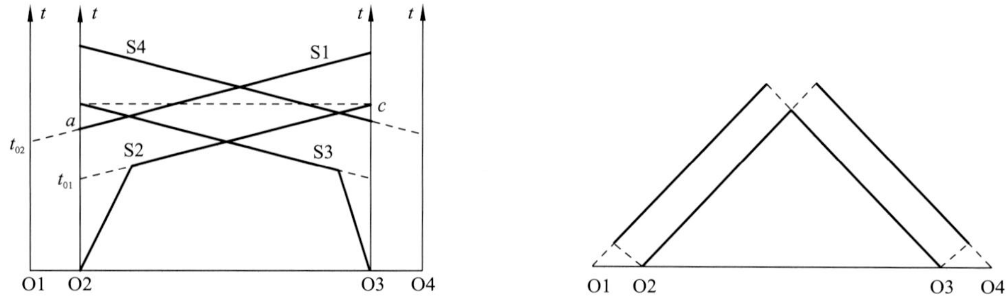

（a）追逐相遇观测系统时距曲线　　（b）追逐相遇观测系统

图 6.16　追逐相遇观测系统示意图

S2、S3 为相遇时距曲线；S1 为 S2 的追逐时距曲线；S4 为 S3 的追逐时距曲线

4. 瑞利波法现场采集技术

1）测线布置

瑞利波勘探现场采集形式是根据勘探任务、干扰波与有效波的特点、地表施工条件等诸方面条件确定的。通常在勘探区域内布置多条测线进行观测，测线与测线之间的相对位置关系由已知区域的地质构造特征和勘探任务决定。主要测线的方向应垂直于地层或构造的走向，并适当布置横向联络线。

2）激发与接收

（1）瞬态瑞利波激发。在实施现场数据采集时，震源方式根据勘探深度要求和现场环境确定，瑞利波法的激振目前采用三种方式：大锤、落重和炸药。根据勘探目的，在保证表面波勘探所需的频率及足够的激振能量的条件下选择震源。瑞利波法的勘探深度与震源的激振频率有关，频率越低，勘探深度越大。根据勘探任务合理选择激发方式，为了增大勘探深度，应降低激发频率，如锤击板下垫疏松物等。落重震源产生的瑞利波的主频 f_0 可用式（6.23）表示：

$$f_0 \propto \sqrt{\frac{r}{M}} \tag{6.23}$$

式中：r 为重块底面半径；M 为重块质量。可见，主频 f_0 与震源重块质量 M 的平方根成反比，与重块底面半径 r 的平方根成正比。因此，当进行浅部勘探时，可采用小铁锤，当勘探深度较大时，可将大铁锤或重铁块作为震源。虽给出了震源质量、半径与主频的关系，但在实际应用时，需要在勘探现场，根据要求的频率范围及分辨率进行试验，以筛选出合适的震源重量。一般条件下：勘探深度不超过 15 m，可选择大锤震源；勘探深度不超过 30 m，可选择落重震源；勘探深度在 50 m 以上，选择炸药震源。在无法使用炸药的场地，也可以通过提高落锤高度的办法加大勘探深度。还应选择合适的触发方式，避免触发的不均匀延迟造成的旅行时误差。

（2）瞬态瑞利波接收。瑞利波法宜采用竖直方向的速度型地震检波器，地震检波器的自然频率应满足采集最大表面波周期（相应于勘探深度）的需要，在地质勘探中宜用自然频率小于 3.5 Hz 的低频地震检波器，且同一排列的地震检波器之间的自然频率差不应大于 0.1 Hz，灵敏度和阻尼系数的差别不应大于 10%；地震检波器的埋置条件要尽量一致，检波点距的误差不应大于 5%；地震检波器在地面竖直方向安置，与地面紧密接触；地震检波器周围的杂草等易引起地震检波器微动的物体应清除；在风力较大和地表介质松软条件下工作时，地震检波器应挖坑埋置；当地表为稻田或潮湿时，应防止漏电；应消除地震道间的相互感应和外界噪声。

3）观测系统

（1）排列布置。瑞利波法的野外施工要求较严格，要求排列要直，检波点距要准确。目前主要采用纵排列方式，即激发点与排列同直线。

（2）观测系统。根据勘探目的、要求，地形地质与地球物理条件合理选用观测系统。其与浅层地震反射波法有类似的观测系统形式，按激发可分为单边激发和双边激发两大类，激发点与接收排列的相对空间位置关系可用图示法来表示，即综合平面图。①单边激发观测系统。在排列的一端分别激发，称为单边激发观测系统。单边激发观测系统分为单边激发连续观测系统和单边激发多次覆盖观测系统。单边激发连续观测系统如图 6.17（a）和（b）所示，单边激发多次覆盖观测系统如图 6.17（c）所示。②双边激发观测系统。在排列的两端分别激发后，激发点和排列进行排列道数减一移动，如图 6.18（a）所示；或者在排列的两端分别激发后，有规律地同时移动激发点与接收排列，对地下同段多次重复观测，如图 6.18（b）所示。

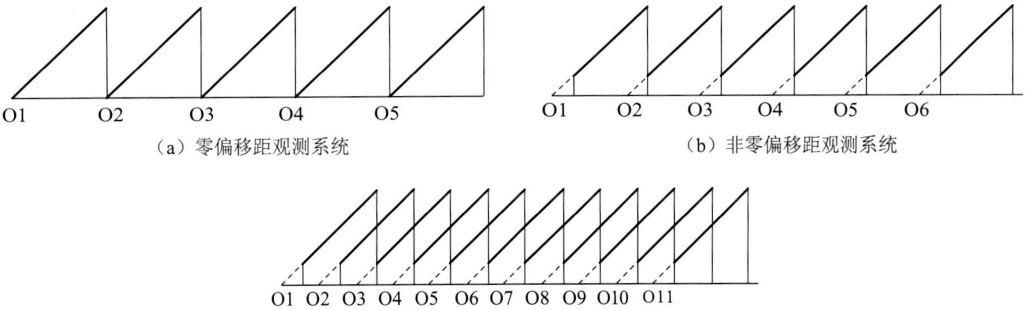

（a）零偏移距观测系统

（b）非零偏移距观测系统

（c）非零偏移距2次覆盖观测系统

图 6.17　单边激发观测系统示意图

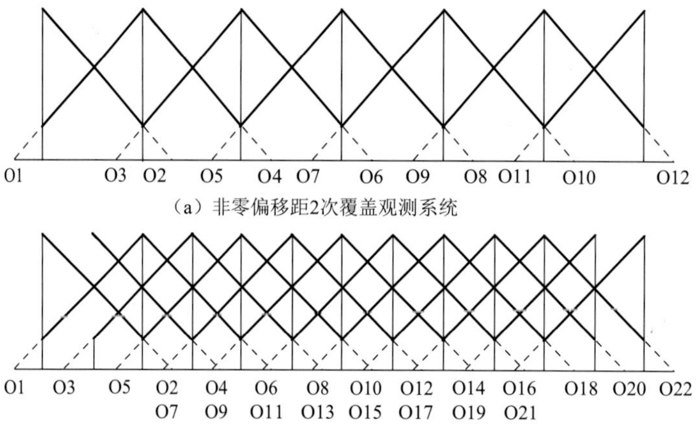

（a）非零偏移距2次覆盖观测系统

（b）非零偏移距4次覆盖观测系统

图 6.18　双边激发观测系统示意图

6.1.3　地震勘探数据处理

1. 反射波法资料处理

野外采集数据所记录的是包含大地和外界干扰影响的、按某一记录格式存储的原始数据，并且与观测系统参数及地面起伏有关。为了获得最终的、可用于地质解释的、真实反映地层特性和特征的成果剖面，就必须进行反射波真实能量的恢复、记录信噪比与分辨率的提高、观测系统参数影响的消除、地下真实情况的正确反映等一系列的数字处理，一般情况下可采用如图 6.19 所示的处理流程。

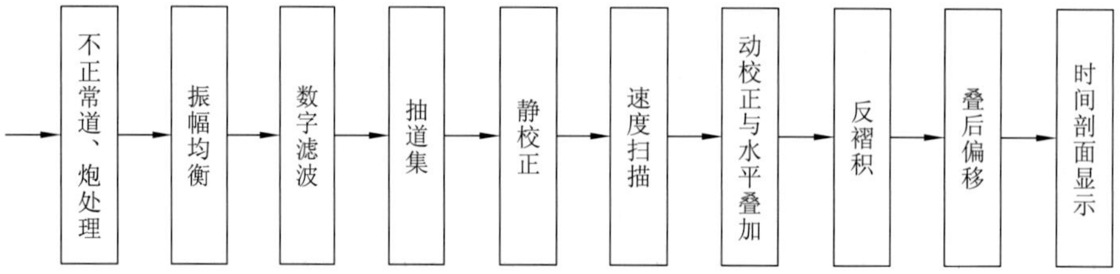

图 6.19　数据处理流程

1）不正常道、炮处理

不正常道包括反道、死道和工作不正常道。不正常道可能使记录道波形畸变或振幅过大、过小，需将它们充零。死道是由埋置不好或地震检波器、仪器的故障造成的，也应充零。反道可能是由于地震检波器正、负极性接反，记录出现反相，可将该道的采样值改变符号，即乘上-1。不正常炮包括哑炮和废炮，应删除。

2）振幅均衡

由于地震记录中近炮能量强，远炮能量弱，小时间段内振幅强，大时间段内振幅弱，必须对地震记录进行道内均衡和道间均衡。

（1）道内均衡：道内均衡的基本思想是将一道记录的振幅值在不同时间段内乘以不同的权系数，能量强的时间段上权系数小，而能量弱的时间段上权系数大。结果是强波与弱波之间能量的相对差异会大为减小，最终控制在一定的动态范围之内。

（2）道间均衡：道间均衡处理的基本思想与道内均衡一样，即各道按不同权系数进行加权，能量强的道权系数小，能量弱的道权系数大。一般加权后，可使能量强的道能量减弱，能量弱的道能量加强，最终达到道与道之间能量均衡的目的。道间均衡的道窗口长度（道数）通常为 4～12，该值越小，均衡效果越好，但越失真。

3）数字滤波

地震记录上的有效波与干扰波往往在频率、波数或视速度方面存在着差异，数字滤波是利用这些差异来提高记录信噪比的数字处理方法。利用有效波和干扰波的频率差异进行的滤波，称为频率滤波或一维滤波。利用有效波和干扰波的视速度差异进行的滤波称为视速度滤波或二维滤波。实现数字频率滤波既可在时间域内进行，又可在频率域内进行，其结果是一致的。

4）抽道集

原始现场磁记录为共炮点道集形式。为方便水平叠加中的各种处理，需按观测系统将各个共中心点道集中的道放在一起，此即抽道集或共中心点选排工作。

单边放炮多次覆盖反射点选道公式为

$$p = N' - \frac{N'}{n'} + j - (i' - l)\frac{N'}{n'} \tag{6.24}$$

式中：p 为覆盖次数的选道号；N'为一个排列的道数；n'为叠加次数；j 为小叠加段内的共反射点序号（$j=1, 2, \cdots, N'/n'$，N'/n'个叠加道组成一个小叠加段）；l 为小叠加段序号；i'为炮点序号。

5）静校正

静校正一般分为现场（一次）静校正和剩余静校正，浅层地震勘探资料通常都要进行现场静校正，它是利用现场实测的表层资料直接进行的静校正，又称为基准面静校正。其方法是人为选定一个高程作为基准线（面），利用现场实测得到的各点高程、低速带厚度、速度或井口时间等资料，将所有的炮点和检波点都校正到此线（面）上，用基岩速度代替低速带速度，从而去掉表层因素的影响。它包括井深校正、地形校正及低速带校正等内容。

6）速度扫描

速度扫描为动校正提供叠加速度，有两种方法：一种是用一组连续递增的试验速度分别对共深度点道集进行恒速动校正，然后将校正后的记录排成一排，根据某一时刻的同相轴校正得比较平直，其对应的速度为该时刻的叠加速度；另一种是用一组连续递增的试验速度分别对共深度点道集进行恒速动校正，然后叠加，拾取叠加效果较好时的速度。在浅层地震勘探中一般采用前一种方法。

7）动校正与水平叠加

动校正是将共中心点道集中炮检距不同的各道上来自同一界面同一点的反射波的到达时间校正为共中心点处回声时间的一种处理方法。动校正的目的是使各道反射波的到达时间相同，在叠加时可以实现同相叠加，得到反射波能量突出的叠加道，提高记录信噪比，获得水平叠加时间剖面。

动校正的实现分为计算动校正量和样值移动实现动校正两步，其中动校正量可按正常时差公式计算：

$$\Delta t_{i,j}=t_{i,j}-t_{0,j}=\sqrt{t_{0,j}^2+x_i^2/v^2(t_{0,j})}-t_{0,j} \tag{6.25}$$

式中：$\Delta t_{i,j}$为第 i 道的回声时间与共中心点处回声时间的差值，即动校正量；$t_{i,j}$为第 i 道的回声时间；$t_{0,j}$为共中心点处回声时间；x_i为第 i 道的炮检距；$v(t_{0,j})$为 $t_{0,j}$时的叠加速度。

水平叠加是一个求和过程，其数学模型为

$$f'(j)=\frac{1}{n'}\sum_{i=1}^{n'}f(i,j+\Delta\tau_{i,j}) \tag{6.26}$$

式中：n'为叠加次数；$f'(j)$为叠加道上的第 j 个样值；$\Delta\tau_{i,j}$为加权系数。

8）最小平方反滤波

最小平方反滤波（反褶积）是最小平方滤波（或称维纳滤波、最佳滤波）在反滤波领域中的应用。最小平方滤波的基本思想在于设计一个滤波算子，用它把已知的输入信号转换为与给定的期望输出信号在最小平方误差的意义下最佳的输出。反滤波仍然是一个滤波过程。这个滤波过程的作用恰好与某个其他滤波过程的作用相反，目的是将该滤波过程的作用抵消。

设输入信号为$f(t)$，它与待求的滤波因子 $h(t)$相褶积得到实际输出$f'(t)$，即

$$f'(t)=f(t)*h(t) \tag{6.27}$$

现在若设计另一个滤波器 $a(t)$，使得当$f'(t)$为其输入时，得到的输出正好是$f(t)$，即

$$f(t)=f'(t)*a(t) \tag{6.28}$$

由此可见，滤波器 $a(t)$的作用与滤波器 $h(t)$的作用正好相反，$a(t)$将 $h(t)$的作用抵消，则 $a(t)$就是 $h(t)$的反滤波器。

出于种种原因，实际输出的$f(t)$不可能与预先给定的期望输出$f'(t)$完全一样，只能要求两者最佳地接近。判断是否为最佳接近的标准很多，最小平方误差准则是其中之一，即当两者的误差平方和为最小时，意味着两者最佳地接近。在这个意义下，求出滤波因子 $h(t)$所进行的滤波即最小平方滤波。若另一滤波器输入信号$f(t)$是某滤波器的输出，而期望输出 $f'(t)$是该滤波器的输入，则按此思想求得的滤波因子 $a(t)$称为最小平方反滤波因子，用它进行的滤波是最小平方反滤波。这里仅介绍子波未知情况下求取反滤波因子 $a(t)$的基本方程。

$$\begin{bmatrix} r_{ff}(0) & r_{ff}(1) & \cdots & r_{ff}(m) \\ r_{ff}(1) & r_{ff}(0) & \cdots & r_{ff}(m-1) \\ \vdots & \vdots & & \vdots \\ r_{ff}(m-1) & r_{ff}(1) & \cdots & r_{ff}(1) \\ r_{ff}(m) & r_{ff}(m-1) & \cdots & r_{ff}(0) \end{bmatrix}\begin{bmatrix} a'(0) \\ a'(1) \\ \vdots \\ a'(m-1) \\ a'(m) \end{bmatrix}=\begin{bmatrix} 1 \\ 0 \\ \vdots \\ 0 \\ 0 \end{bmatrix} \tag{6.29}$$

式中：$r_{ff}(j)$为地震记录$f(t)$的自相关系数；$a(j)$为所要求得的反滤波因子。

9）叠后偏移

偏移归位就是要将水平叠加时间剖面（自激自收时间剖面）上发生了偏移的反射层（同相轴）归位于其真实的空间位置上去，同时使干涉带自动得到分解，剖面面貌变得清晰，有利于正确地进行解释。广义绕射的观点认为偏移处理就是将绕射波能量正确地聚集于其双曲线顶点，结果是能量收敛、模糊化消除、界面也自然恢复到其真实位置处（即双曲线顶点连线位置）。可以将偏移处理过程看作自激自收时间剖面形成的反过程。

众所周知，波场函数既是时间变量的函数，又是空间变量的函数，地下任何一点处均存在着波场，地震记录仅是地面处的波场值。而从波场分析的角度认为偏移处理就是将已知的地面波场值（自激自收记录剖面）作为边界条件反过来求地下各点处波场值的过程。要想得到地下各点的波场值，可以将地震检波器放置在地下这些点处进行记录，但是这是办不到的，只能借助数学运算的方法计算出地下各点的波场值，因此，偏移处理就相当于将地震检波器不断地向地下移动的过程，故也称为延拓或波场外推。

2. 浅层折射波法资料处理

1）折射波的识别与对比

折射波和直达波、表面波一样有着直线形的同相轴，而折射波的速度高，其记录时间、振幅和脉冲形状一般随着炮检距的增大有规律地渐渐变化，易于与直达波和表面波区别。折射波可以是初至波，也可以是续至波。一个折射界面的折射波一般都有相应的初至区，在初至区内观测折射波，干扰背景比较小，易于进行波的对比、追踪。

2）折射资料的初步整理

折射资料的初步整理包括初至时间的拾取、时距曲线的分支检查、综合时距曲线的绘制。

（1）折射界面上覆层速度的求取。在进行折射界面的求取之前，必须知道折射界面上覆层的速度。当折射界面上覆层速度均匀并且仅由一层组成时，可直接利用直达波走时求取覆盖层的速度，而当折射界面上覆层速度不均匀或由多个不均匀层组成时，可采用等效层方法求取等效速度，即将折射界面上覆层用一个均匀层代替或等效，该层的速度定义为等效速度。因此，可以利用实测得到的初至折射波时距曲线，采用交点法求取等效速度。

如图 6.20 所示，S1、S2、S3 为实测得到的时距曲线，S1 为直达波时距曲线，S2、S3 分别为来自待求的 R1、R2 两个折射面的折射波时距曲线。交点法是利用时距曲线的交点 A1、A2，分别作它们与炮点 O 的连线，进而分别计算该连线的斜率，斜率的倒数即所求的第一、二个折射面上方的等效速度 v_1、v_2。

（2）t_0 差数时距曲线法绘制折射界面。折射界面的绘制方法有很多，有 t_0 差数时距曲线法、截距法、时间场法、延迟时法、哈雷斯法和椭圆法等。它们各有使用条件和优缺点，其中前两种方法比较常用。这里仅介绍 t_0 差数时距曲线法的基本原理。

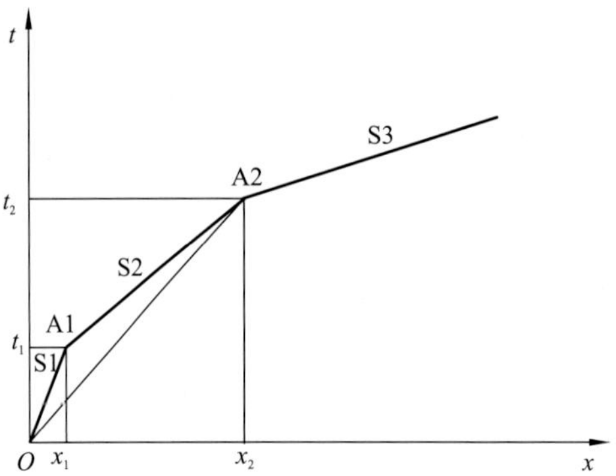

图 6.20 交点法求等效速度

该方法包括两个方面的内容，即用 t_0 法绘制折射界面，用差数时距曲线求界面速度。

第一，由差数时距曲线求界面速度 v_2。

如图 6.21 所示的相遇时距曲线，$\theta(x)$ 为斜率，$t_1(x)$、$t_2(x)$ 分别为正、反向时距曲线，其互换时间为 T，作差数时距曲线：

$$\theta(x)=t_1(x)-t_2(x)+T \tag{6.30}$$

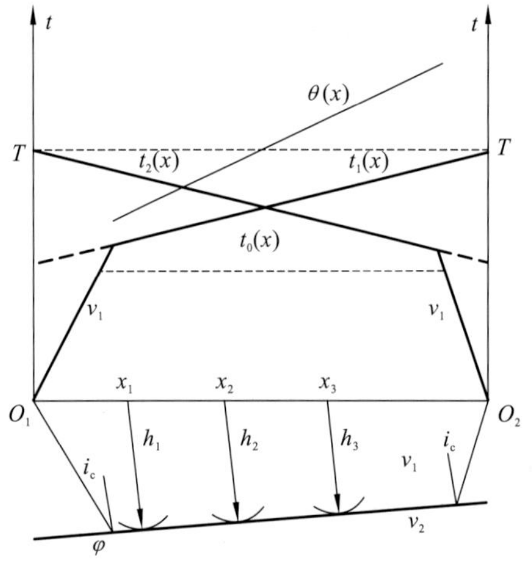

图 6.21 t_0 差数时距曲线法绘制折射界面示意图

对式（6.30）求导，得

$$v_2=2\frac{\mathrm{d}x}{\mathrm{d}\theta}\cos\varphi \tag{6.31}$$

第二，用 t_0 法绘制折射界面。

由相遇时距曲线可作 $t_0(x)$曲线，当界面平缓、滑行波无穿透现象、v_2 变化不大时，可推导得

$$\begin{cases} h(x)=\dfrac{v_1t_0(x)}{2\cos i_{\mathrm{c}}}=Kt_0(x) \\ K=\dfrac{v_1}{2\cos i_{\mathrm{c}}}=\dfrac{v_1v_2}{2\sqrt{v_2^2-v_1^2}} \end{cases} \tag{6.32}$$

对于测线上任意一点 S，求得了 t_0 与 K，也就求得了 h，然后以 S 点为圆心，以 h 为半径作圆弧，对多个观测点作出一系列圆弧，这些圆弧的包络线就是折射界面的位置。该方法在界面起伏大、地质情况复杂、界面速度有突变的情况下，求得的折射界面的精度会降低。

3. 瑞利波法资料数据处理

1）*f-k* 法提取频散曲线流程

f-k 法提取频散曲线的流程主要包括表面波资料预处理、*f-k* 变换与频散曲线提取、横波速度与层厚反演、横波速度剖面显示四个部分，如图 6.22 所示。

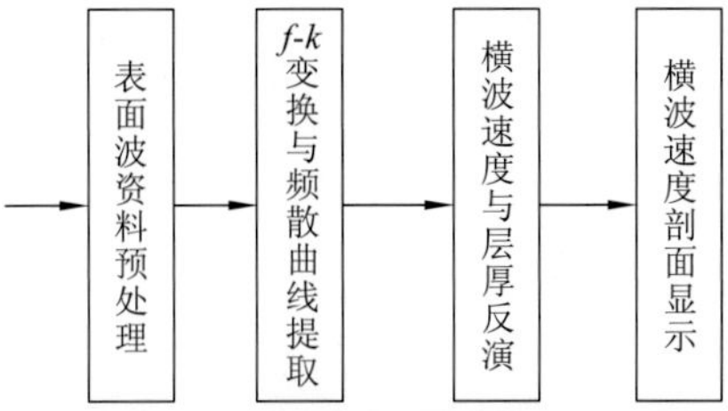

图6.22　*f-k*法提取频散曲线的流程

（1）表面波资料预处理。通过成批调入与显示采集记录，检查现场采集参数的输入是否正确，对错误的输入应予以改正；检查记录中表面波基阶波组分和干扰波的发育情况，并检查采集记录的质量，确定利于提取基阶波组分的时间和空间窗口。

（2）对共炮点瞬态瑞利波进行 *f-k* 变换，在 *f-k* 域中的等值线图上确认和提取频散曲线。正常频散曲线应遵循收敛的原则。不收敛的频散曲线段不能用于地层速度的计算。根据频散曲线的曲率和频散点的疏密变化进行分层。

（3）横波速度与层厚反演。目前，一般采用阻尼最小二乘算法和遗传算法进行横波速度与层厚的反演，其中阻尼最小二乘算法最为常见。阻尼最小二乘算法的反演过程中应遵循由浅至深逐层调试的原则，使正、反演结果尽可能逼近。

2）相邻道法提取频散曲线流程

相邻道法提取频散曲线的流程主要包括表面波资料预处理、瞬态瑞利波提取、傅氏变换与频散曲线计算、频散曲线叠加、横波速度与层厚反演、横波速度剖面显示六个部分，如图 6.23 所示。

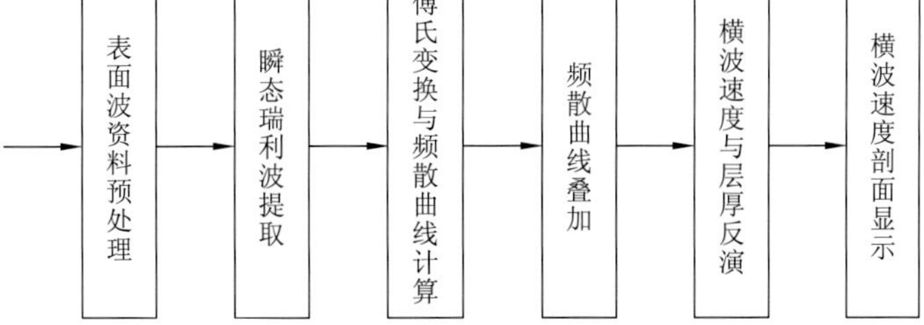

图 6.23　相邻道法提取频散曲线的流程

（1）表面波资料预处理。

通过成批调入与显示采集记录，检查现场采集参数和观测系统的输入是否正确，对错误的输入应予以改正；检查记录中表面波和干扰波的发育情况，并检查采集记录的质量。

（2）瞬态瑞利波提取。

目前，主要采用 τ-p 交换与波场旋转法实现瞬态瑞利波的提取，该方法提取的瞬态瑞利波可以满足采用相邻两道计算频散曲线的精度要求。

（3）傅氏变换与频散曲线计算。

首先对 τ-p 交换与波场旋转法提取的瞬态瑞利波的相邻两道记录做傅氏变换，然后根据相位谱计算各频点的表面波速度 V_R：

$$V_{\mathrm{R}} = \frac{2\pi f_i dx}{\Delta\varphi} \tag{6.33}$$

式中：f_i 为频率；$\Delta\varphi$ 为两道之间频率 f_i 的相位差。

从而得到该点的频散曲线。

（4）频散曲线叠加。

频散曲线叠加是指对同瞬态瑞利波勘探点的频散曲线进行算术平均，对共炮点瞬态瑞利波进行 f-k 变换，在 f-k 域中的等值线图上确认和提取频散曲线。正常频散曲线应遵循收敛的原则。不收敛的频散曲线段不能用于地层速度的计算。该方法可压制随机干扰，并消除激发的不一致性的影响，提高频散曲线的精度。

（5）横波速度与层厚反演。

同理，采用阻尼最小二乘算法进行横波速度与层厚的反演，反演过程中应遵循由浅至深逐层调试的原则，使正、反演结果尽可能逼近。

6.1.4 地震勘探资料解释

1. 反射波法资料解释

在地质调查中地震反射信息解释的主要任务是利用处理后的各种反射地震剖面，结合地质、钻探、测井及其他物探资料，根据地震波的传播理论和地质规律，把各种地震波信息转变为构造、地层岩性等信息，把地震剖面变为地质剖面，进行含水性评价。

1）反射波识别对比的三个标志

（1）强振幅：经过反射信息采集及处理中一系列提高信噪比的措施后，地震剖面上反射波的振幅一般都强于干扰波。

（2）波形相似性：同一界面的反射波在相邻道的地震记录上波形相似（包括视周期、相位个数、各极值间振幅比等）。

（3）同相性：由于同一界面的反射波到达相邻检波点的射线路径是相近的，地震波相同相位所记录的时间十分接近，反射波同相轴是一条圆滑的曲（直）线，同一反射波不同相位的同相轴应彼此平行。

2）时间剖面对比的方法

时间剖面的对比就是在地震反射时间剖面上，根据反射波的运动学和动力学特征来识别并追踪同一反射界面的反射波的过程，又称为波的相位对比或同相轴对比。同相轴就是地震剖面上同一界面反射波组相同相位的连线。

（1）从主测线开始对比。在一个场区有多条地震剖面，应先从主测线开始对比工作，然后从主测线的反射层延伸到其他测线上去。主测线是指垂直于构造走向，横穿主要构造，并且信噪比高、反射同相轴连续性好的测线，它还应有一定的长度，最好能经过钻探井位。

（2）重点对比标准层。对于某条测线而言，可能有几个反射层，应重点对比标准层。标准层是指具有较强振幅、同相轴连续性较好、可在整个场区内追踪的目的反射层。它往往是主要的地层或岩性分界面。

（3）相位对比。一个反射界面在地震剖面上往往包含有几个强度不等的同相轴，选其中振幅最强、连续性最好的那个同相轴进行追踪，这叫作强相位对比，有时反射层无明显的强相位，可对比反射波的全部或多个相位，这称为多相位对比。

（4）波组和波系对比。从地质方面来说，相邻地层界面的厚度间隔、几何形态是有一定联系的，沿横向是渐变的，反映在时间剖面上，反射波在时间间隔、波形特征等方面也是有一定规律的。有时在剖面的某段长度内，出于某种原因（如岩性横向变化），有的同相轴质量较差（振幅弱、连续性差），可以根据反射波在剖面上相互之间的总趋势是等时间间隔的，还是逐渐减小或增大的，用好的反射波组控制不好的反射波组，进行连续追踪。

（5）利用偏移剖面进行对比。当地质构造比较复杂时，在水平叠加时间剖面上，同相轴的形态会比较复杂，这时可利用叠加偏移剖面来帮助对比工作。但剖面间的闭合不能利用二维偏移剖面，因为对于沿地层倾向的剖面，反射波可以归位，而对于沿地层走向的水平时间剖面，倾角为零，偏移后反射波位置没有变化，这样在测线交点处反射层就不能闭合。只有利用三维地震资料，才能使其闭合。

（6）剖面间的对比。在对时间剖面进行了初步对比后，可以把沿地层倾向或走向的各个剖面按次序排列起来，纵观各反射波的特征及其变化，来了解地质构造、断裂在横向、纵向上的变化，这有助于对剖面进行地质解释和作构造图等工作。

（7）在利用上述对比方法的同时，应根据各种地质现象在时间剖面上表现出的特殊波（如回转波、发散波、绕射波、断面波、多次波）的特点或识别标志来指导波的对比。

3）断层的解释

断层构造在水文地质调查中是十分重要的一种构造，由于断裂构造体系发育，纵横交错，地震时间剖面变得异常复杂。由于断层面的产状、规模不一，故断面波的表现形式也不一。

（1）断层在水平叠加时间剖面上的识别标志：①反射波同相轴发生错断；②反射波突然消失，或者反射波组的突然增多或减少；③标准反射同相轴出现分叉、合并、扭曲、强相位转换等现象，而且有时只在一层反射波上出现；④反射同相轴产状突变，反射零乱，或者出现空白带；⑤特殊波的出现是识别断层的重要标志，在反射层错断处，往往伴随出现断面波、绕射波等。

（2）断层要素的确定。①断层面：当浅、中、深层都有绕射波出现时，各层绕射波极小点的连线就是断面。如果有断面波出现，在偏移剖面上它能正确归位，从而反映出断面的位置。②断层升降盘及落差：根据反射层位在断层两盘的升降点来确定升降盘，两盘的垂直深度差就是断层的落差。在时间剖面上，断层两盘的升降点的相对时差为 t_0 时间落差。③断面倾角：当测线与断层走向垂直时，地震剖面上断层的倾角为真倾角；当测线与断层面斜交时，可得断层面的视倾角。通常断层的走向、延伸长度等要在断点的剖面组合后才能确定。

2. 浅层折射波法资料解释

1）折射波资料地质解释要点

根据时距曲线特征，结合已知地质资料，判断地下折射界面的数量，求得各折射界面的埋深和界面速度之后，应依据任务要求，在分析测区内有关地质、钻探及其他物探资料的基础上做出地质解释。

（1）应依据钻孔或物性资料确定折射界面与地质界面的对应关系。当物性层与地质层不一致时，应使用物性层厚度确定物性参数，并在成果报告中加以说明。

（2）应结合测区地形地质资料分析波速在水平方向的变化，以推断水平方向岩性的变化。

（3）对于低速带，应分析原始记录上有无伴随振幅衰减、波形变化等现象，以确定低速带与断层破碎带的对应关系。

（4）应依据覆盖层与下伏风化带和基岩之间存在的速度、电阻率的差异，说明覆盖层解释厚度是否包含基岩强风化带。

2）浅层折射波法成果图件

浅层折射波法的成果图件宜包括综合时距曲线图、成果地质解释剖面图（地震地质剖面图）和成果地质解释平面图。成果图件应符合下列要求。

（1）综合时距曲线图的上部除绘制综合时距曲线和观测时距曲线外，还应绘制完整的解释辅助线；此外，在炮点的上方应标注截距时间、表层波速和覆盖层有效速度（或平均速度）。在下部绘制地质界线、断层构造，并标注界面速度。

（2）在成果地质解释剖面图（地震地质剖面图）上，应注明比例尺、高程、剖面桩号和方向（剖面端点和转折点的坐标）、测线交点、界面上下介质的波速值、地质岩性符号，并将通过测线的勘探点位置标注在图上。比例尺应符合地震勘探测量的精度要求。

（3）成果地质解释平面图包括覆盖层等厚度图、基岩面等高线图、其他目的层等厚度图和界面速度分布图等。在成果地质解释平面图上应标注地质界线与解释的构造线、测线及其编号、钻孔位置及孔号、坑槽位置及编号、主要地形地物标志等。

3. 瑞利波法资料解释

利用波的横波速度场可进行地质分层、不良地质体（如断层、破碎带、裂隙、溶蚀凹陷和岩溶等）划分，由纵波、横波速度场和密度就可计算出动态弹性模量与物性参数，动态弹性模量经动静转换可得到静态弹性模量，进而进行饱和砂土层的液化程度判别与地层含水性评价。

1）岩土动力学参数的计算

动态弹性模量：

$$E_d = \frac{\rho V_S^2 (3V_P^2 - 4V_S^2)}{V_P^2 - V_S^2} \tag{6.34}$$

动泊松比：

$$\sigma_d = \frac{V_P^2 - 2V_S^2}{2(V_P^2 - V_S^2)} \tag{6.35}$$

动体变模量：

$$K_d = \rho\left(3V_P^2 - \frac{4}{3}V_S^2\right) \tag{6.36}$$

动剪切模量：

$$\mu_d = \rho V_S^2 \tag{6.37}$$

动拉梅常数：

$$\lambda_d = \rho(V_P^2 - 2V_S^2) \tag{6.38}$$

式中：V_P、V_S 和 ρ 分别为纵波速度、横波速度和密度。

2）饱和砂土液化判别

常用的判别饱和砂土液化的判别式为

$$V_{scri} = K_V\sqrt{h_s - 0.0133h_s^2} \tag{6.39}$$

式中：V_{scri} 为液化横波速度临界值；K_V 为系数（当烈度为 7、8 度时，分别为 42 和 60）；h_s 为判别深度。

$$V_{scri} = K_V\left\{[1 + 0.125(h_s - 3)h_s^{-0.25} - 0.05(h_w - 2)]\sqrt{\frac{3}{P_c}}\right\}^{0.2} \tag{6.40}$$

式中：K_V 为系数（当烈度为 7、8、9 度时，分别为 145、160 和 175）；h_s 和 h_w 分别为判别深度和地下水深度；P_c 为砂土的黏粒含量。

当实测值 $V_S<V_{scri}$ 时，为液化，反之，为非液化。也就是说，地层横波速度越低，地层含水性越好。

6.3 岸坡和堤坝典型隐患地震探测正演数值模拟

6.3.1 时间推移地震正演方程的建立及单元分析

假设基于物理空间的坐标（x, z）和基于计算空间的坐标（ξ, η）之间有如下映射关系（图 6.26）：

$$x = x(\xi,\eta), \quad z = z(\xi,\eta) \tag{6.41}$$

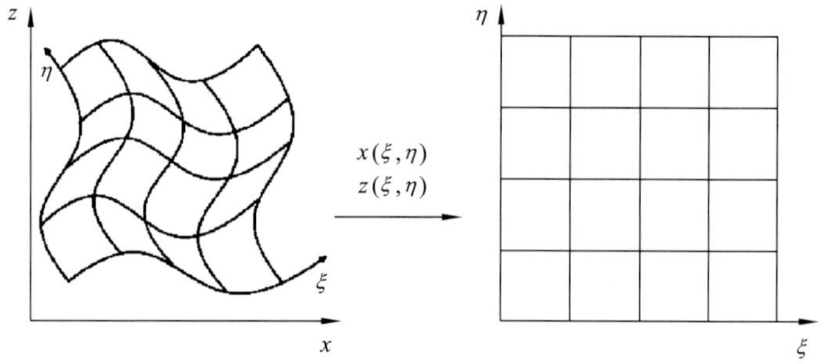

图 6.26 曲线网格和计算网格的网格变换关系

由上述映射关系，对式（6.41）分别关于 x、z 求偏导，则由链式求导法则可得

$$\begin{cases} 1 = x_{,\xi}\xi_{,x} + x_{,\eta}\eta_{,x} \\ 0 = x_{,\xi}\xi_{,z} + x_{,\eta}\eta_{,z} \\ 0 = z_{,\xi}\xi_{,x} + z_{,\eta}\eta_{,x} \\ 1 = z_{,\xi}\xi_{,z} + z_{,\eta}\eta_{,z} \end{cases} \tag{6.42}$$

对式（6.42）整理可以得到坐标转换系数：

$$\begin{cases} \xi_{,x} = \dfrac{1}{J} z_{,\eta} \\ \xi_{,z} = -\dfrac{1}{J} x_{,\eta} \\ \eta_{,x} = -\dfrac{1}{J} z_{,\xi} \\ \eta_{,z} = \dfrac{1}{J} x_{,\xi} \end{cases} \tag{6.43}$$

式中：$J = x_{,\xi} z_{,\eta} - x_{,\eta} z_{,\xi}$。

当采用曲线坐标系时，根据求导的链式法则，可以得到曲线坐标系中的波动方程，然后采用低频散、低耗散的 DRP/opt MacCormack 有限差分算子并结合四阶龙格-库塔时间积分来数值求解波动方程。

图 6.27（a）为堤坝模型示意图，图 6.27（b）为数值模拟试验中使用的近似模型，图 6.27（b）中的红点星形和蓝色三角形分别表示震源与地震检波器。为了测试水浸润引起的波场反射，分别将浸润线以下部分地质体的纵、横波速度设置为浸润线以上部分

的 1 倍（模型 A）、1.2 倍（模型 B）和 1.5 倍（模型 C），其中 1 倍是为了对比无浸润时的波场传播情况。

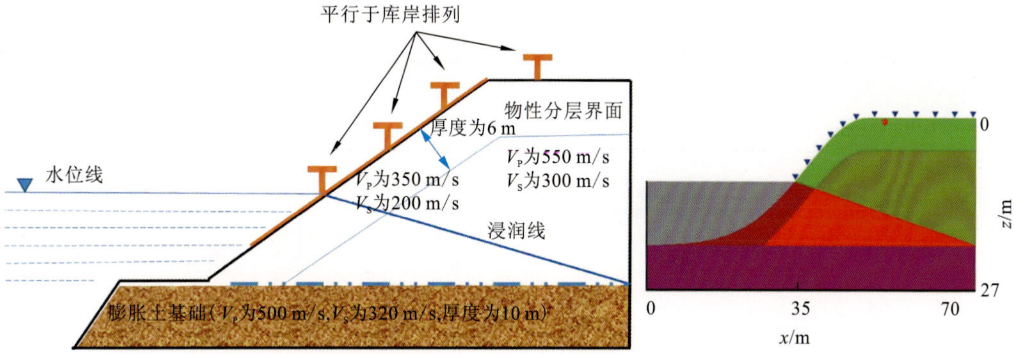

（a）模型及其物性参数　　（b）数值模拟模型

图 6.27　模型示意图

采用曲线网格进行模型剖分时，x 方向网格平均间距和 z 方向网格平均间距均为 0.1 m，时间步长为 0.05 ms，震源分别采用 30 Hz 和 100 Hz 的雷克子波。

1. 30 Hz 地震波模拟结果

首先将主频为 30 Hz 的雷克子波作为震源进行模拟。图 6.28 展示了模型 A 中数值模拟得到的 20 ms、32 ms、44 ms 和 60 ms 时刻的 V_z（V_z 为垂向速度）分量波场快照图。采用相同的参数，同样可以得到模型 B（图 6.29）和模型 C（图 6.30）中模拟得到的 V_z 分量的波场快照图。对比图 6.28～图 6.30 可以发现，堤坝遭到河水浸润后，浸润线附近可见较明显的反射波。

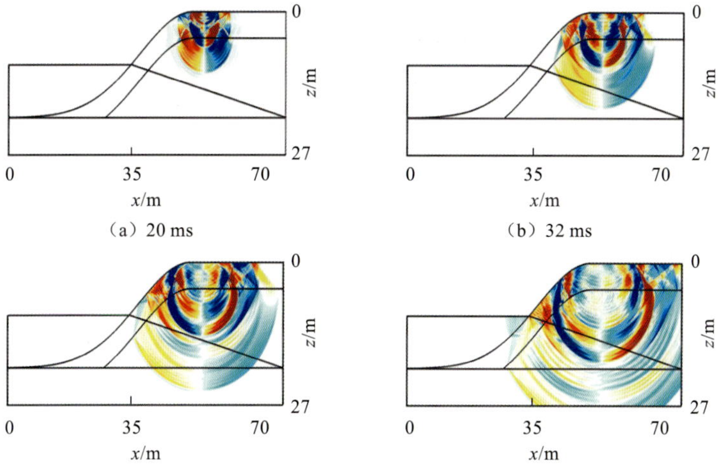

（a）20 ms　（b）32 ms　（c）44 ms　（d）60 ms

图 6.28　模型 A 中不同时刻的 V_z 分量波场快照图（30 Hz）

图 6.31 为三个模型 V_z 分量的合成地震记录。对比发现，当堤坝遭到河水浸润后，合成地震记录中 75～100 ms 出现了明显的反射波同相轴，且浸润程度越高，反射波信号越明显。

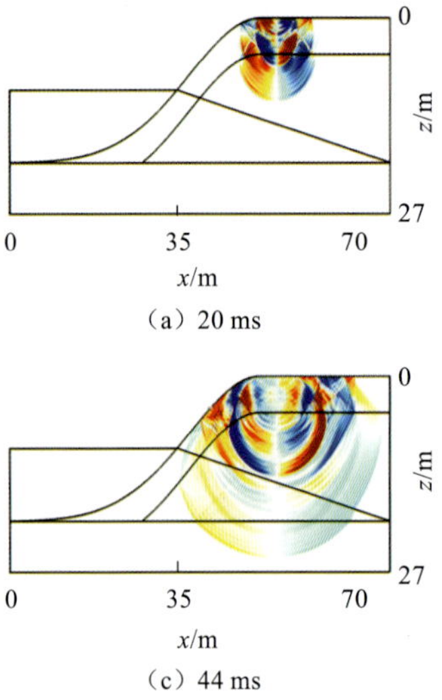

（a）20 ms （b）32 ms

（c）44 ms （d）60 ms

图 6.29 模型 B 中不同时刻的 V_z 分量波场快照图（30 Hz）

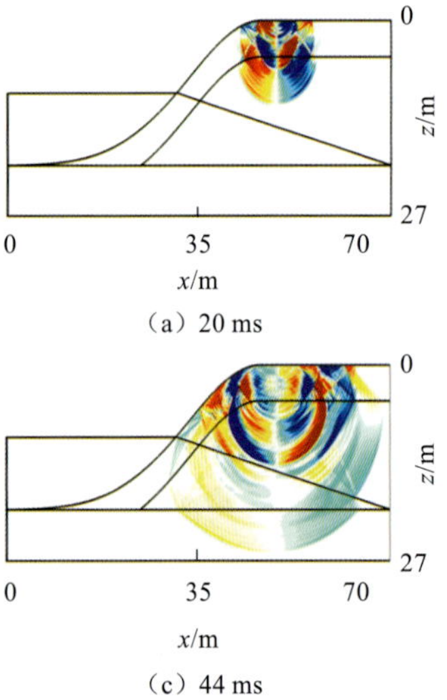

（a）20 ms （b）32 ms

（c）44 ms （d）60 ms

图 6.30 模型 C 中不同时刻的 V_z 分量波场快照图（30 Hz）

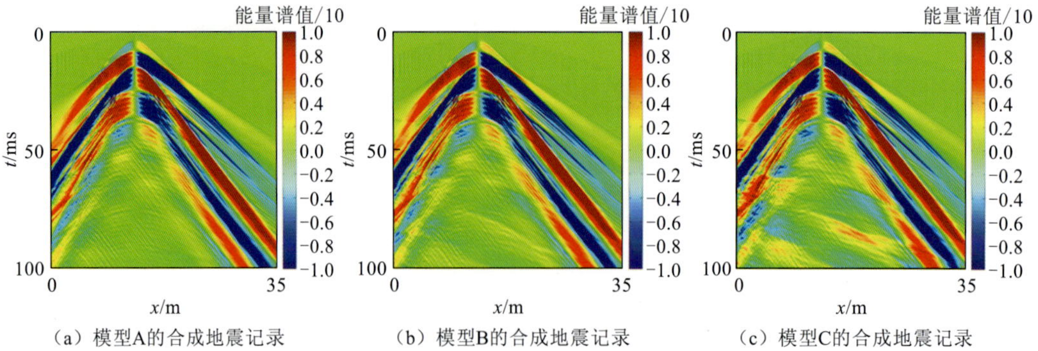

（a）模型A的合成地震记录 （b）模型B的合成地震记录 （c）模型C的合成地震记录

图 6.31 不同模型 V_z 分量的合成地震记录（30 Hz）

图 6.32 展示了浸润模型（模型 B 和模型 C）与无浸润模型（模型 A）的合成地震记录差值的百分比图，从图 6.32 中可以清晰地观察到河水浸润对地震波传播产生了影响，差异呈现倾斜条带状分布（与浸润线形态相关），且浸润程度越高,差异越大。

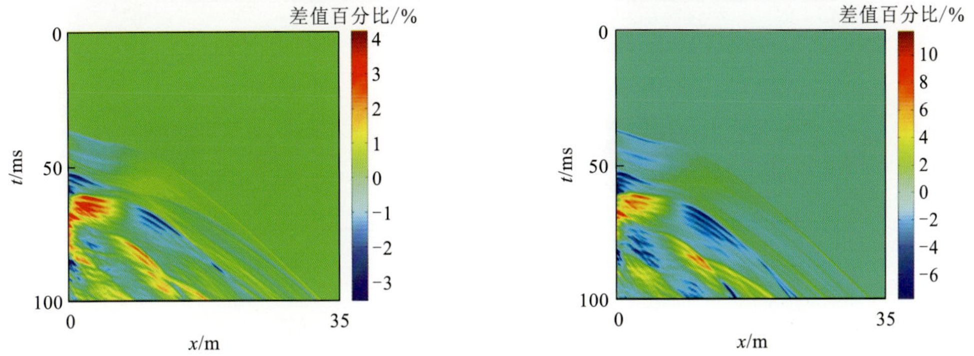

（a）模型B与模型A的合成地震记录差值的百分比图　（b）模型C与模型A的合成地震记录差值的百分比图

图 6.32　V_z 分量的合成地震记录差值的百分比图

2. 100 Hz 地震波模拟结果

采用相同的模型参数，并将雷克子波的主频提升至 100 Hz，可以得到相似的结果，图 6.33～图 6.35 分别为模型 A、模型 B、模型 C 中数值模拟得到的 20 ms、32 ms、44 ms 和 60 ms 时刻的 V_z 分量波场快照图，图 6.36 为对应的 V_z 分量合成地震记录，图 6.37 展示了两个浸润模型和无浸润模型的合成地震记录差异的百分比图。从图 6.33～图 6.37 中可以看到，浸润线附近出现明显的反射波成分，信号强度与河水浸润程度相关。同时，对比 30 Hz 的结果发现，随着主频的升高，反射波信号更加清晰，分辨率有较明显的提高。

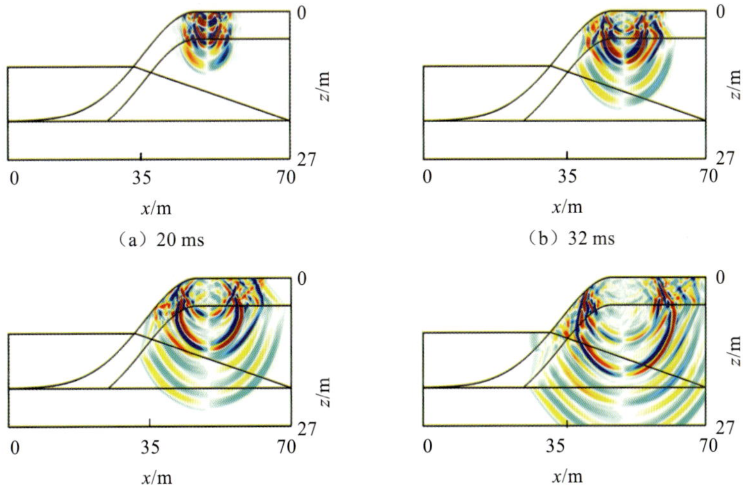

（a）20 ms　（b）32 ms　（c）44 ms　（d）60 ms

图 6.33　模型 A 中不同时刻的 V_z 分量波场快照图（100 Hz）

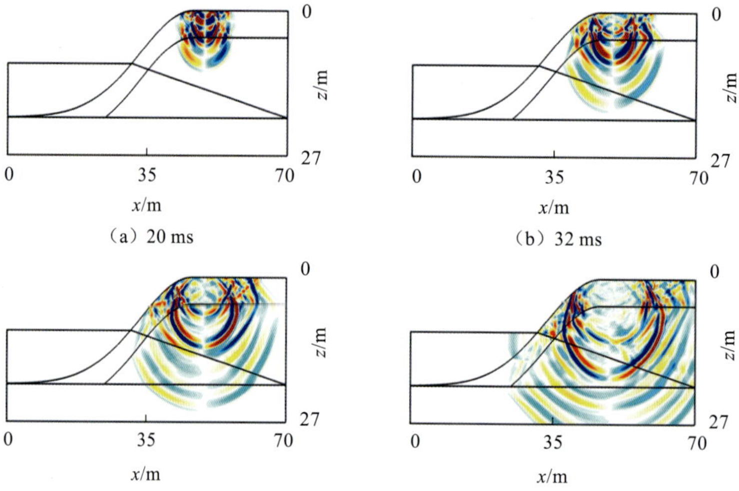

（a）20 ms　（b）32 ms　（c）44 ms　（d）60 ms

图 6.34　模型 B 中不同时刻的 V_z 分量波场快照图（100 Hz）

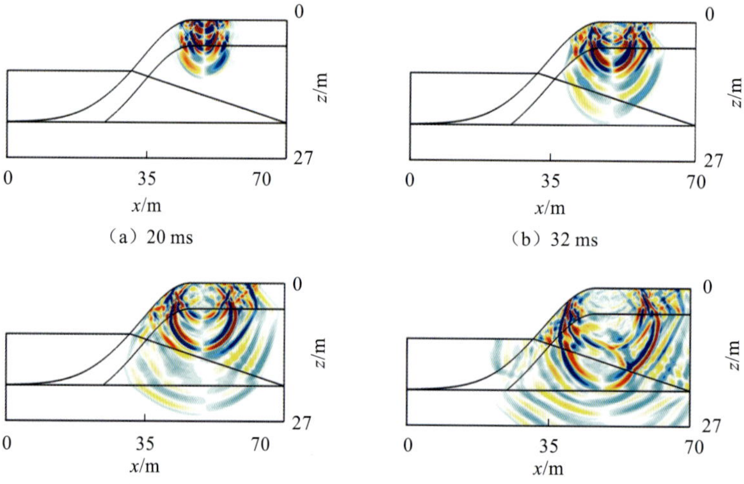

（a）20 ms　（b）32 ms　（c）44 ms　（d）60 ms

图 6.35　模型 C 中不同时刻的 V_z 分量波场快照图（100 Hz）

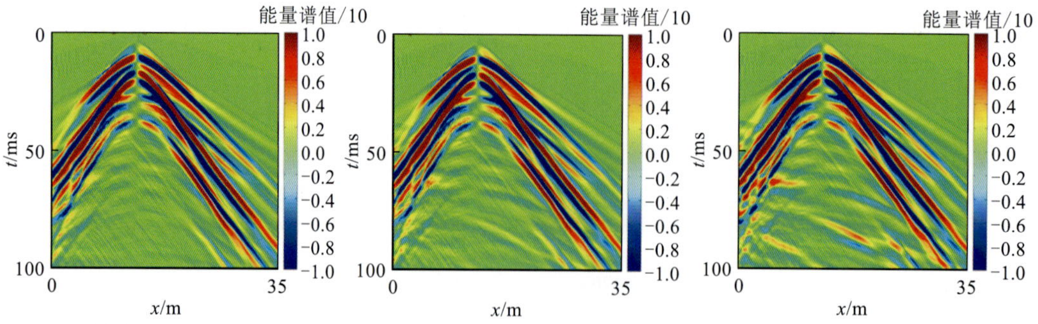

（a）模型A的合成地震记录　（a）模型B的合成地震记录　（a）模型C的合成地震记录

图 6.36　不同模型 V_z 分量的合成地震记录（100 Hz）

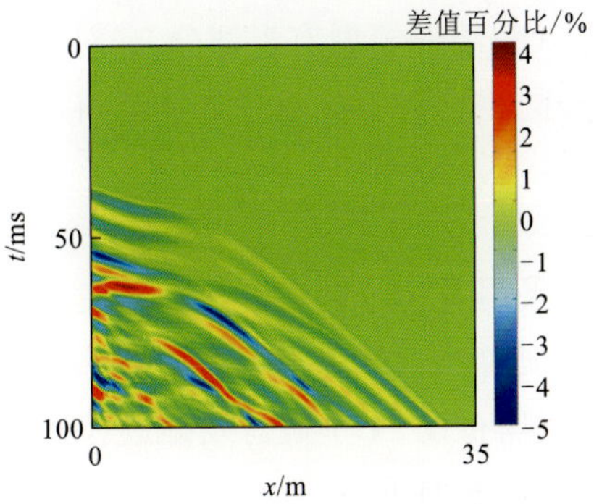

（a）模型B与模型A的合成地震记录差值的百分比图

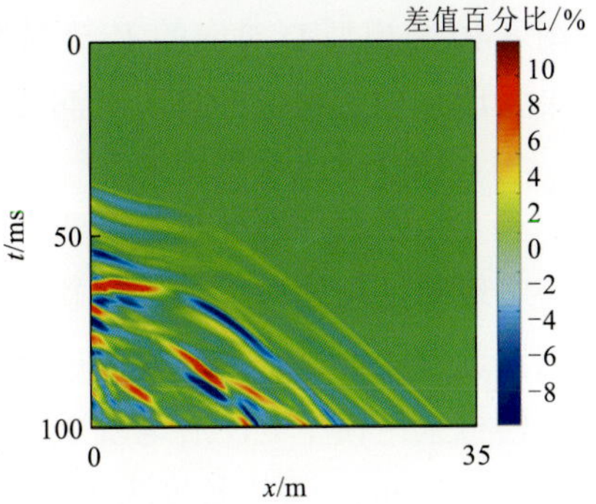

（b）模型C与模型A的合成地震记录差值的百分比图

图 6.37　V_z 分量的合成地震记录差值的百分比图（100 Hz）

3. 高水位条件下地震波模拟结果

采用与模型 C 相同的介质参数及雷克子波主频（30 Hz），但将水位提升较大幅度，构建模型 D，如图 6.38 所示，以模拟丰水期时的情况。

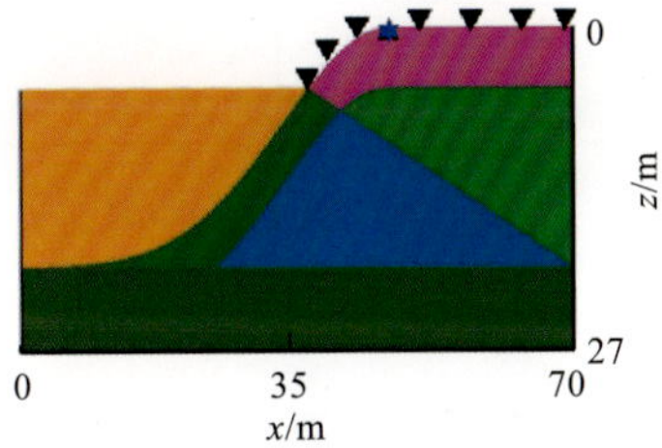

图 6.38　高水位模型 D 示意图

图 6.39 分别展示了数值模拟得到的 20 ms、32 ms、44 ms 和 60 ms 时刻的 V_z 分量波场快照图，从图 6.39 中可以明显分辨出由浸润线引起的反射波，且能量较强。由于浸润线与地表及介质的分界面距离较近，后续地震记录更为复杂。

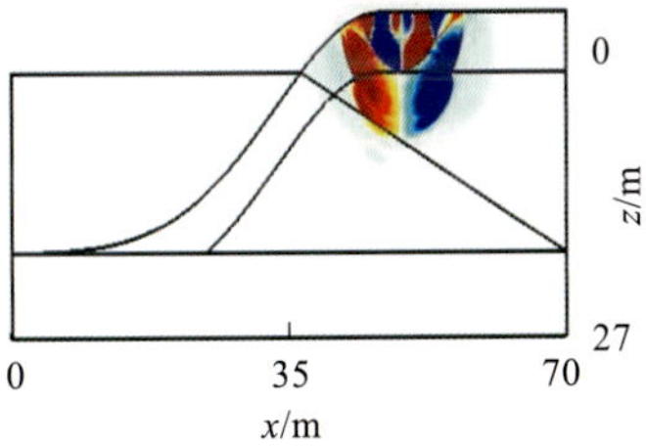

（a）20 ms

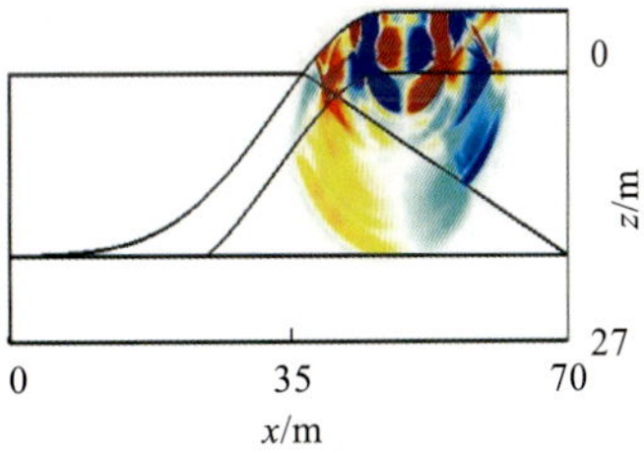

（b）32 ms

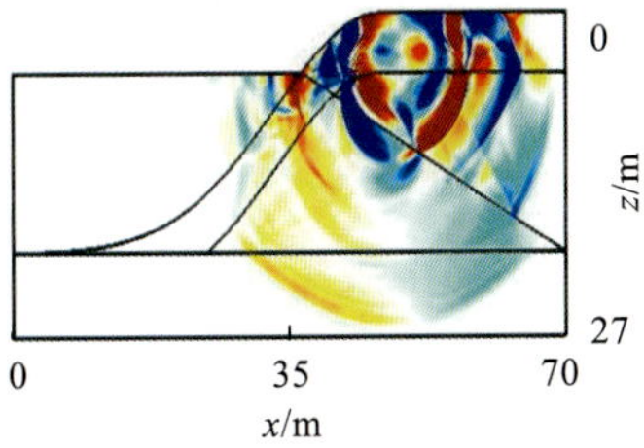

（c）44 ms

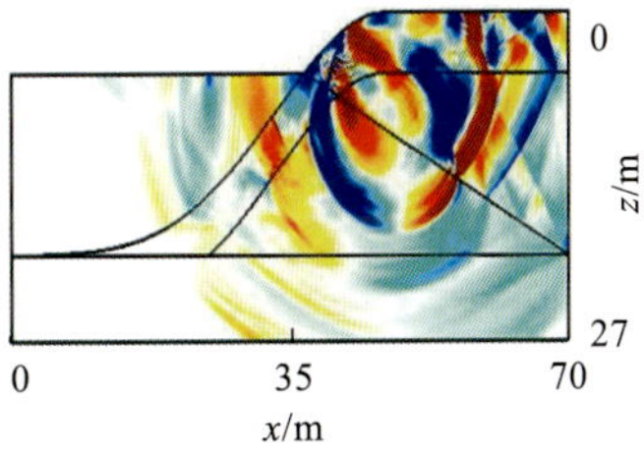

（d）60 ms

图 6.39　模型 D 不同时刻的 V_z 分量波场快照图

图 6.40 为模型 D 对应的 V_z 分量合成地震记录（仅绘制模型右半部分），对比模型 C 的结果发现，由于水位升高，浸润线变陡，反射波同相轴有所提前且愈发倾斜。

4. 地震偏移成像

为实现对堤坝结构内部渗水软弱区域的定位，采用主动源地震勘探的采集、处理方法，利用地震数据进行逆时偏移成像研究，监测堤坝内部隐患病害的灾变演化。偏移成像数值模拟采用模型 C，沿地表 35～75 m 以 2 m 间隔布设 21 个震源及地震检波器，采样间隔为 0.02 ms，采样长度为 160 ms，成像结果如图 6.41 所示。

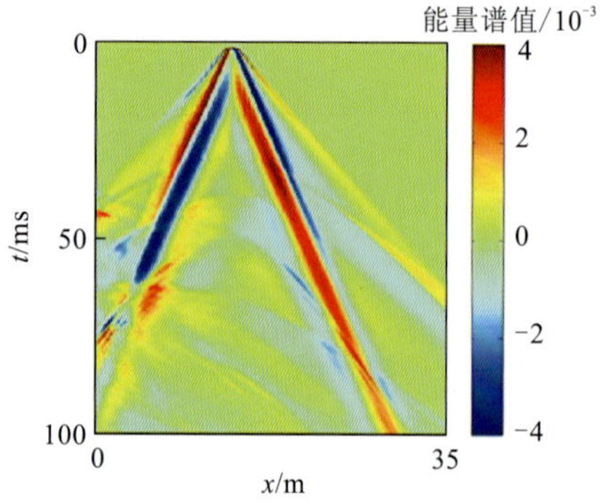

图 6.40　V_z 分量的合成地震记录

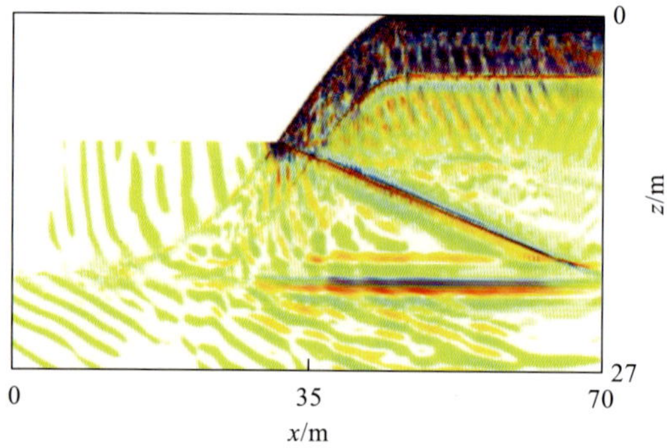

图 6.41　模拟的偏移成像结果

从图 6.41 中可以看到，地质分层线、坝体与基底的分界面、浸润线等在成像断面上较清晰地反映出来，其形态和位置均较为准确。由于观测局限于岸坡地表，故对模型左侧的成像效果较差。

5. 数值模拟结论

通过对不同模型和不同频率下的数值模拟结果进行分析，可以得出以下结论。

（1）堤坝模型遭到河水浸润后，波场快照和地震剖面中均可出现明显的反射波信息。

（2）通过与未遭浸润的模型的地震剖面进行对比，可分离出浸润模型引起的倾斜条带状差异，该异常的形态与浸润线形态有关。

（3）子波频率越高，反射波信号的分辨率越高，但信号能量衰减快。

（4）水面及浸润线的位置对反射波信息的影响主要受浸润线的倾斜程度控制，地震记录上，反射波同相轴的倾斜程度与浸润线的倾斜程度正相关。

（5）地震剖面上，由河水浸润引起的差异主要集中于震源左侧靠近水面的多道记录，这与浸润线的倾斜方向有关。

（6）偏移成像的结果显示，该方法可以较为准确地获得坝体内部反射界面的信息，有助于监测堤坝内部的隐患病害。

6.3.2　典型隐患地球物理弹性参数变化响应特征

膨胀土岸坡滑动通常与裂隙富水、土体强度降低有关，这种变化反映为土体波速、波阻抗的差异，通常为低水位时，裂隙失水，含水率降低，表现为高波速、高波阻抗特征；高水位时，裂隙吸水，含水率升高，表现为低波速、低波阻抗特征。基于丹江口水库宋岗码头膨胀土物性参数测试结果，建立了如图 6.42 所示的膨胀土岸坡弹性模型，模型参数见表 6.2。

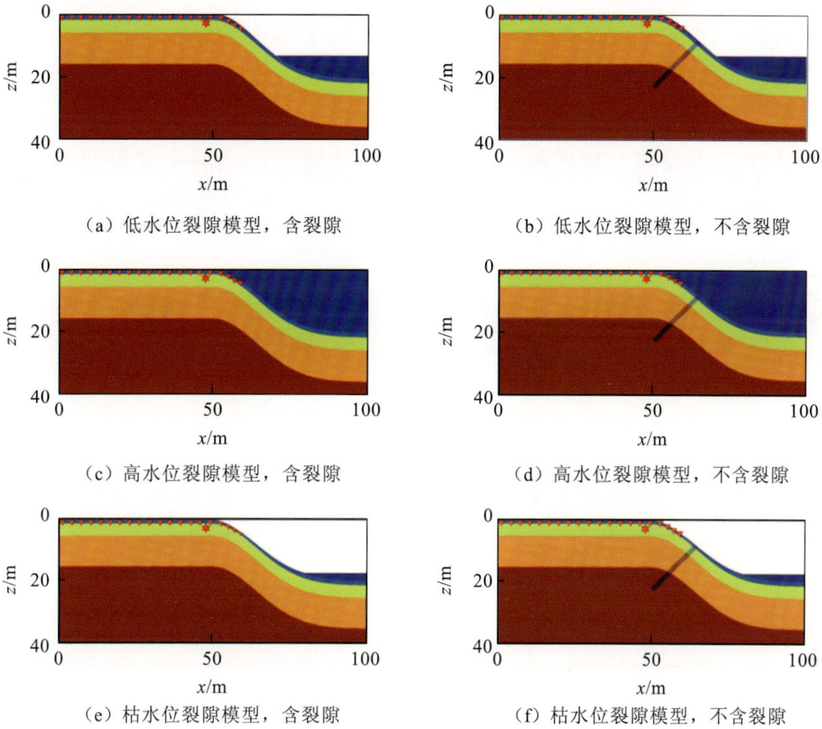

(a) 低水位裂隙模型，含裂隙　(b) 低水位裂隙模型，不含裂隙

(c) 高水位裂隙模型，含裂隙　(d) 高水位裂隙模型，不含裂隙

(e) 枯水位裂隙模型，含裂隙　(f) 枯水位裂隙模型，不含裂隙

图 6.42　膨胀土岸坡弹性模型及观测系统示意图

表 6.2　模型参数表

层位	岩性	层厚/m	密度/（g/cm^3）	V_P/（m/s）	V_S/（m/s）
1	水	15	1.0	1 500	水中无横波
2	人工填土	1.5	1.2	420	230
3	膨胀土	4	1.7	500	320
4	泥质粉砂岩 1	10	2.4	2 200	1 600
5	泥质粉砂岩 2	24.5	2.6	2 500	2 000
6	裂隙	0.3	1.1	400	220

图 6.42 中低水位时水位低于裂隙，高水位时水体淹没裂隙，红色星形和三角形分别表示震源、地震检波器。

研究岸坡模型中地震波的传播规律时，为使网格线与岸坡的边界相贴合，避免矩形网格由于采用阶梯状近似产生虚假散射问题，采用曲线网格有限差分法进行地震波场数值模拟。该算法采用曲线网格（贴体网格）对地质体模型进行网格剖分，利用坐标变换法将实际的非规则物理空间变换到规则的计算空间，然后在这个规则空间进行均匀网格剖分与计算。

采用曲线网格进行模型剖分时，x 方向网格平均间距和 z 方向网格平均间距均为 0.1 m，时间步长为 0.05 ms，分别采用 30 Hz 和 100 Hz 的雷克子波震源对岸坡模型进行波场模拟，不同水位的模拟情况如下。

（1）低水位：图 6.43、图 6.44 展示了低水位时主频为 30 Hz 的雷克子波在不同时刻波场的传播结果；将雷克子波主频提升至 100 Hz，得到相似的结果，如图 6.45 和图 6.46 所示。可以观察到，由于裂隙的存在，结果有细微的差别。起伏分界面的合成地震记录较为复杂，且异常（裂隙）规模较小，难以直接从地震记录图中获得两者的差异。从差值成果图可以观察到裂隙对地震波传播产生了影响，差异呈现倾斜条带状分布，但差异的幅值较小。

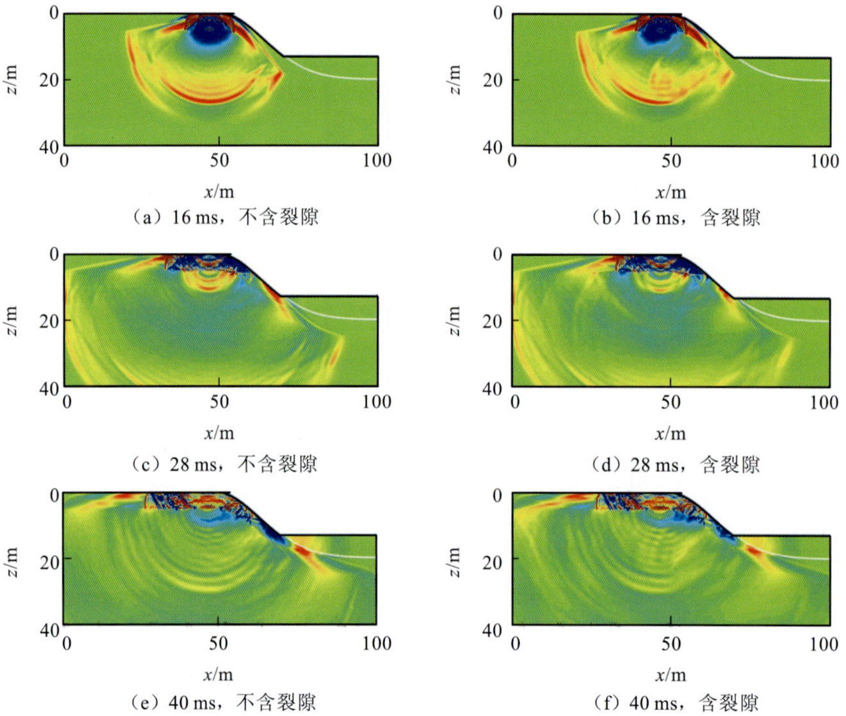

图 6.43　低水位条件下 V_x 分量的波场快照图（30 Hz）

V_x 为 x 方向速度

（2）高水位：图 6.47～图 6.50 分别展示了高水位时主频为 30 Hz 的雷克子波和主频为 100 Hz 的雷克子波在不同时刻波场的传播结果。所示地震剖面中很难直接看出裂隙的影响。从由裂隙引起的绝对差异和百分比差异可以看出，在不同水位高度条件下，由裂隙引起的差异分布形态和幅度基本一致，未见明显区别。

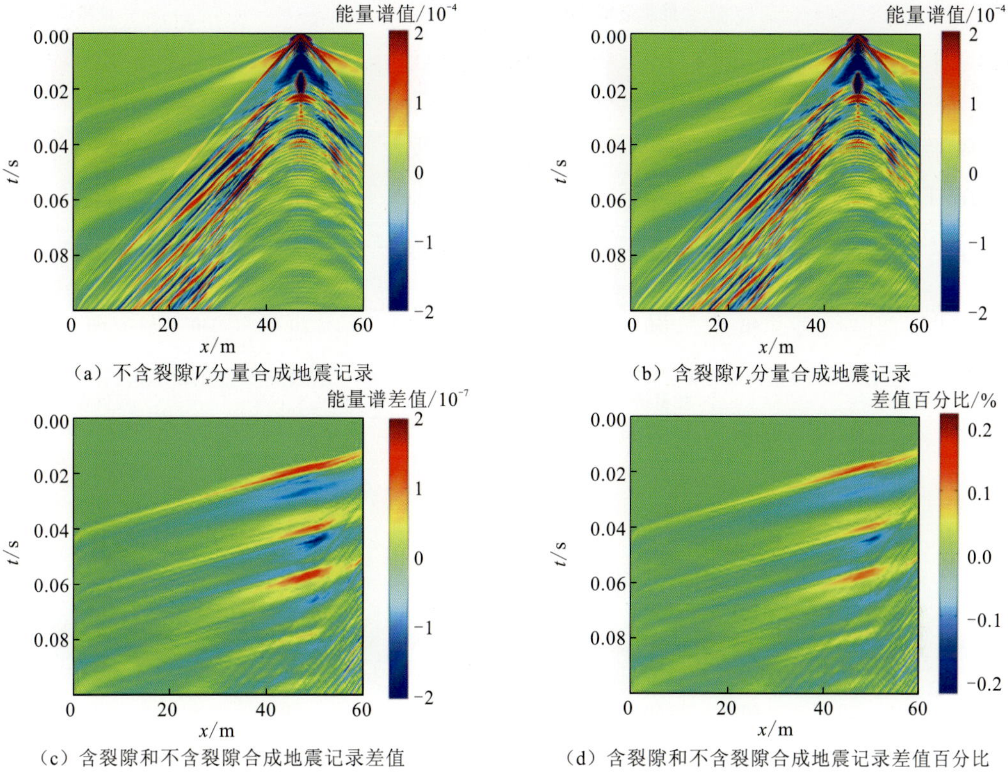

图 6.44　低水位条件下 V_x 分量的合成地震记录对比成果图（30 Hz）

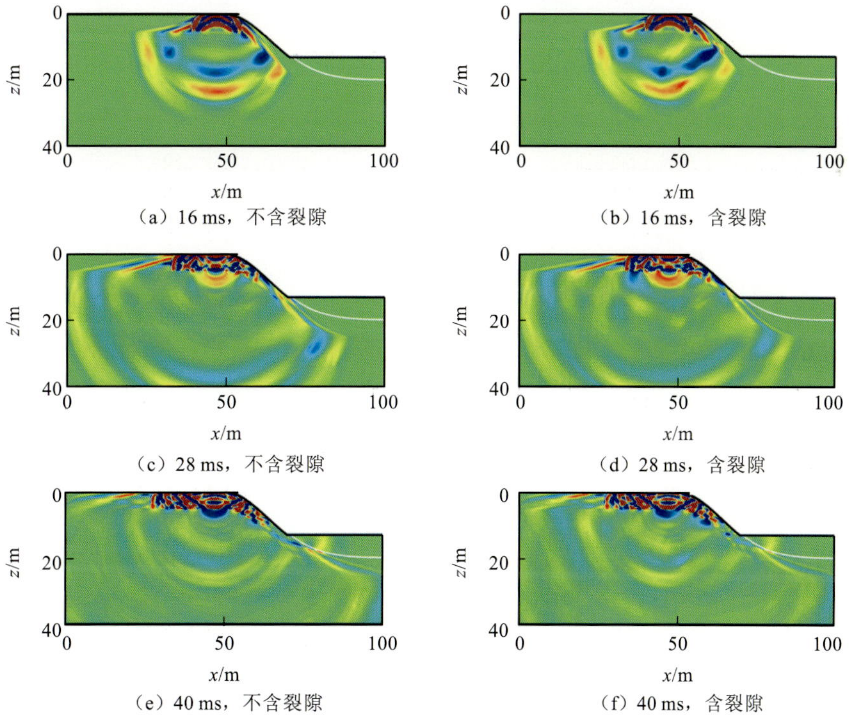

图 6.45　低水位条件下 V_x 分量的波场快照图（100 Hz）

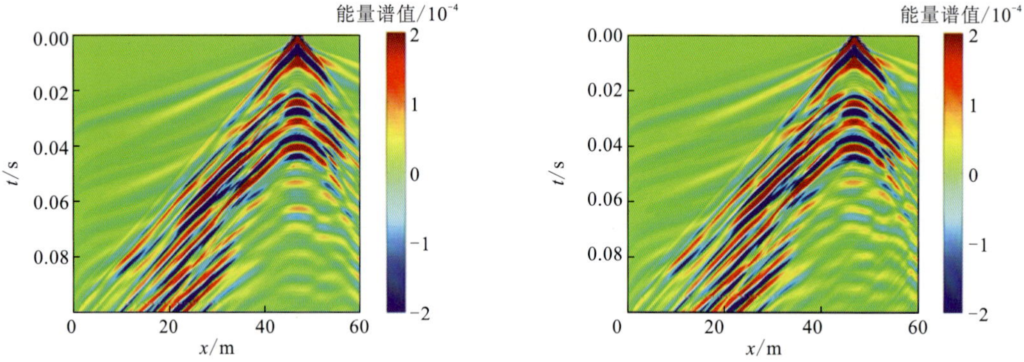

（a）不含裂隙V_x分量合成地震记录　　（b）含裂隙V_x分量合成地震记录

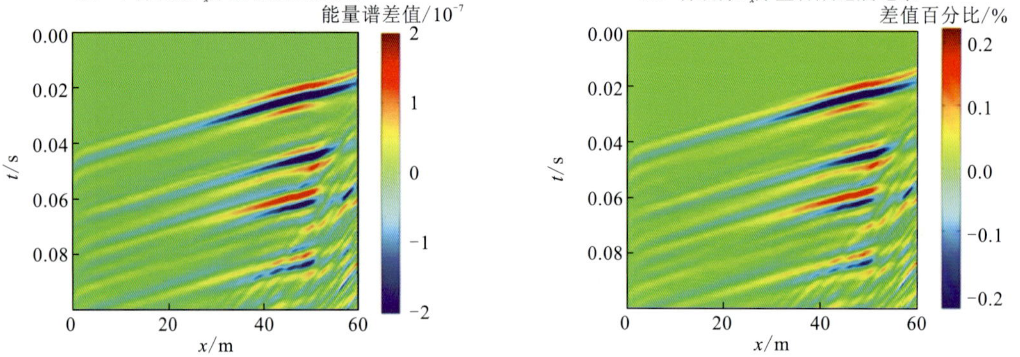

（c）含裂隙和不含裂隙合成地震记录差值　　（d）含裂隙和不含裂隙合成地震记录差值百分比

图 6.46　低水位条件下 V_x 分量的合成地震记录对比成果图（100 Hz）

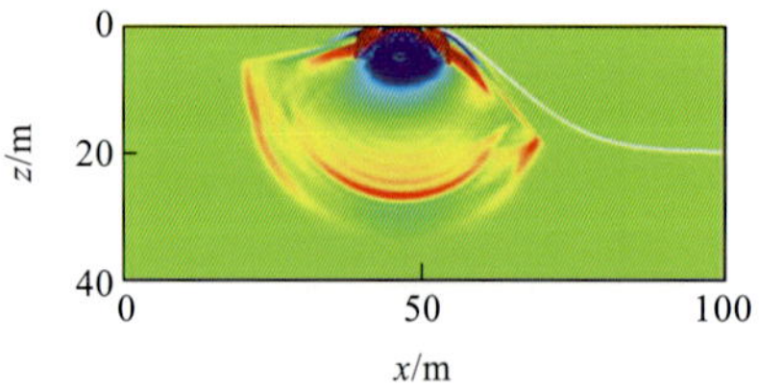

（a）16 ms，不含裂隙　　（b）16 ms，含裂隙

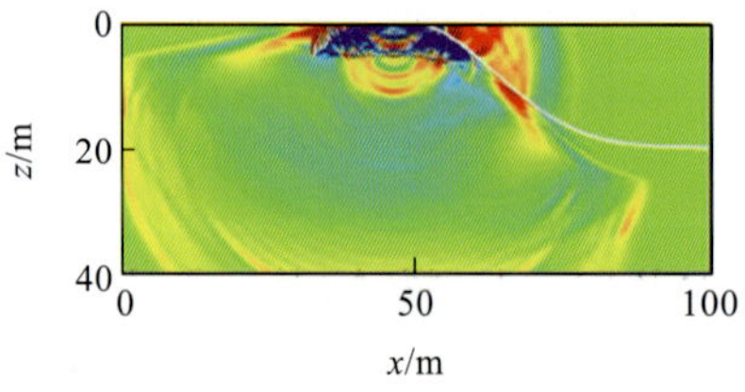

（c）28 ms，不含裂隙　　（d）28 ms，含裂隙

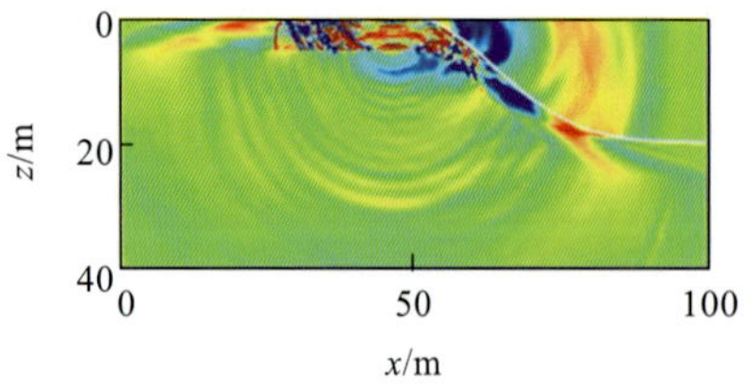

（e）40 ms，不含裂隙　　（f）40 ms，含裂隙

图6.47　高水位条件下V_x分量的波场快照图（30 Hz）

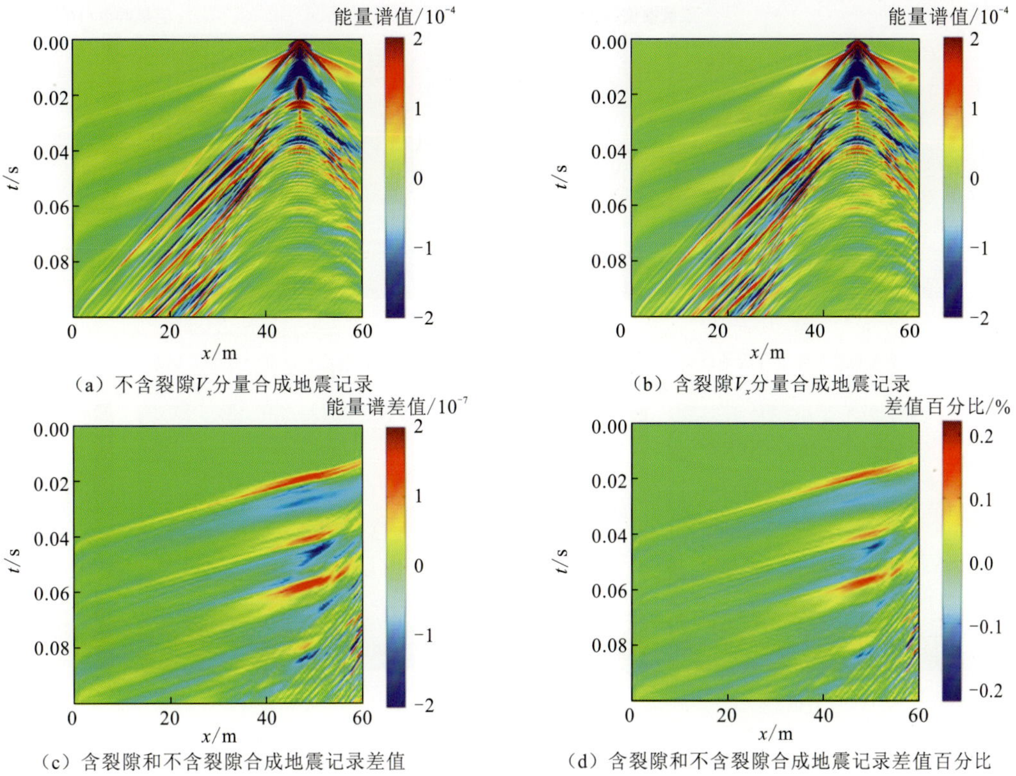

(a) 不含裂隙V_x分量合成地震记录　(b) 含裂隙V_x分量合成地震记录

(c) 含裂隙和不含裂隙合成地震记录差值　(d) 含裂隙和不含裂隙合成地震记录差值百分比

图6.48　高水位条件下V_x分量的合成地震记录对比成果图（30 Hz）

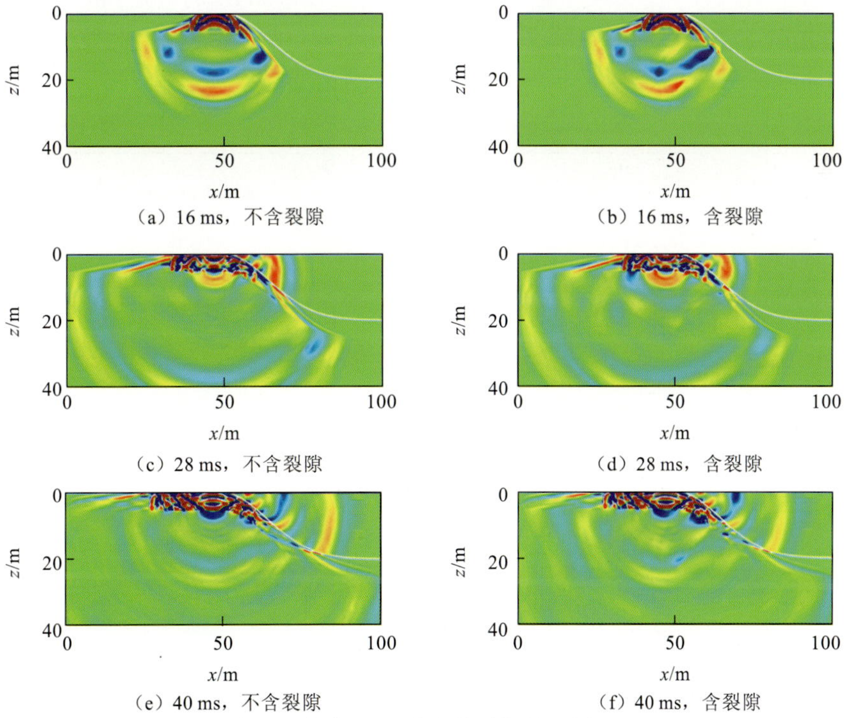

(a) 16 ms，不含裂隙　(b) 16 ms，含裂隙

(c) 28 ms，不含裂隙　(d) 28 ms，含裂隙

(e) 40 ms，不含裂隙　(f) 40 ms，含裂隙

图 6.49　高水位条件下 V_x 分量的波场快照图（100 Hz）

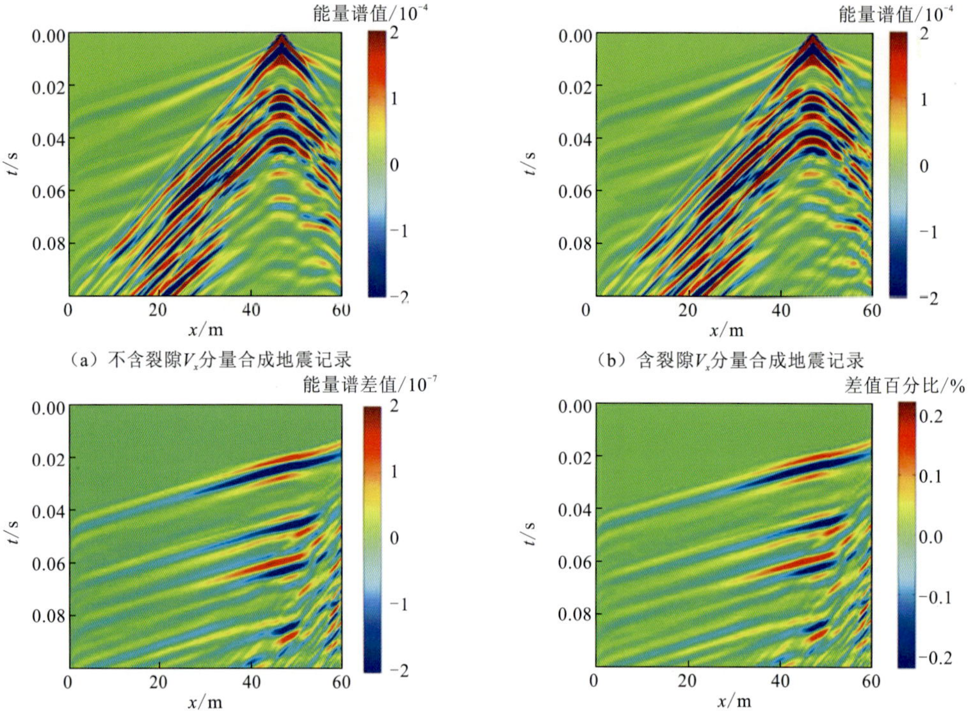

（a）不含裂隙V_x分量合成地震记录　（b）含裂隙V_x分量合成地震记录

（c）含裂隙和不含裂隙合成地震记录差值　（d）含裂隙和不含裂隙合成地震记录差值百分比

图6.50　高水位条件下V_x分量的合成地震记录对比成果图（100 Hz）

（3）枯水位：图6.51～图6.54分别展示了枯水位时主频为30 Hz的雷克子波和主频为100 Hz的雷克子波在不同时刻波场的传播结果，分析结果与低水位时基本类似，此处不做赘述。

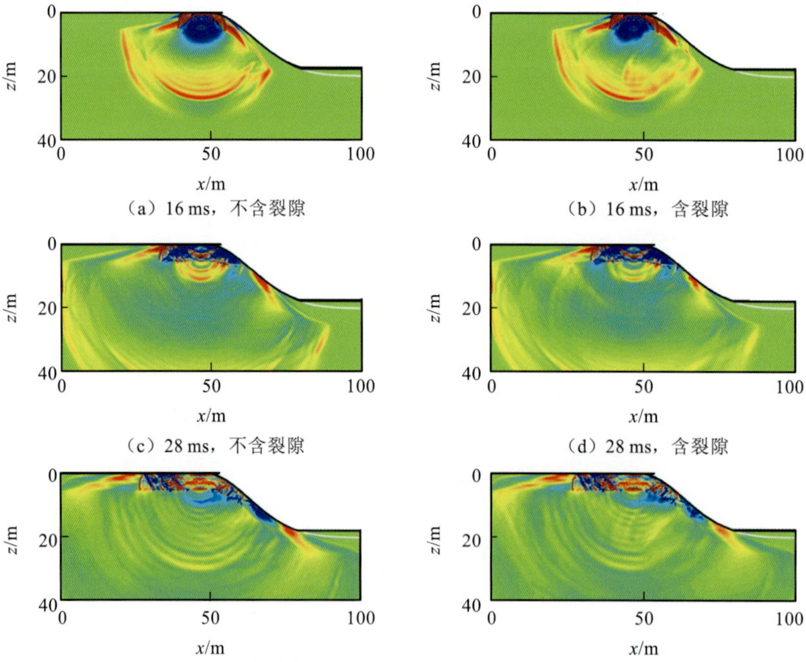

（a）16 ms，不含裂隙　（b）16 ms，含裂隙

（c）28 ms，不含裂隙　（d）28 ms，含裂隙

（e）40 ms，不含裂隙　（f）40 ms，含裂隙

图6.51　枯水位条件下V_x分量的波场快照图（30 Hz）

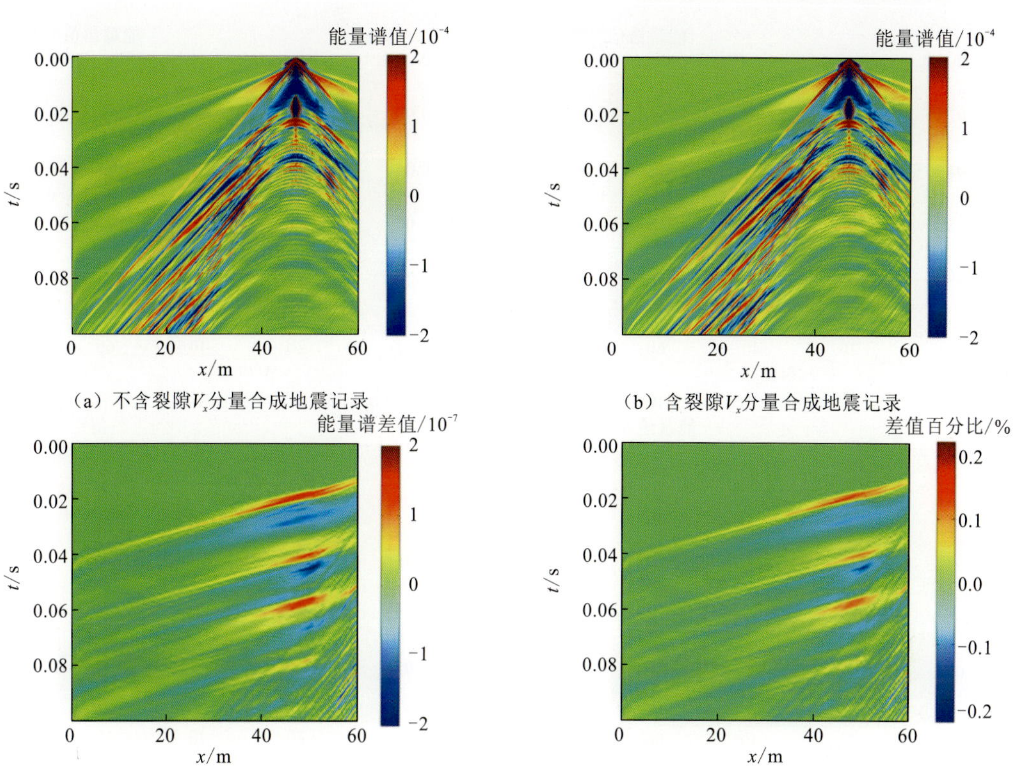

（a）不含裂隙V_x分量合成地震记录　（b）含裂隙V_x分量合成地震记录

（c）含裂隙和不含裂隙合成地震记录差值　（d）含裂隙和不含裂隙合成地震记录差值百分比

图6.52　枯水位条件下V_x分量的合成地震记录对比成果图（30 Hz）

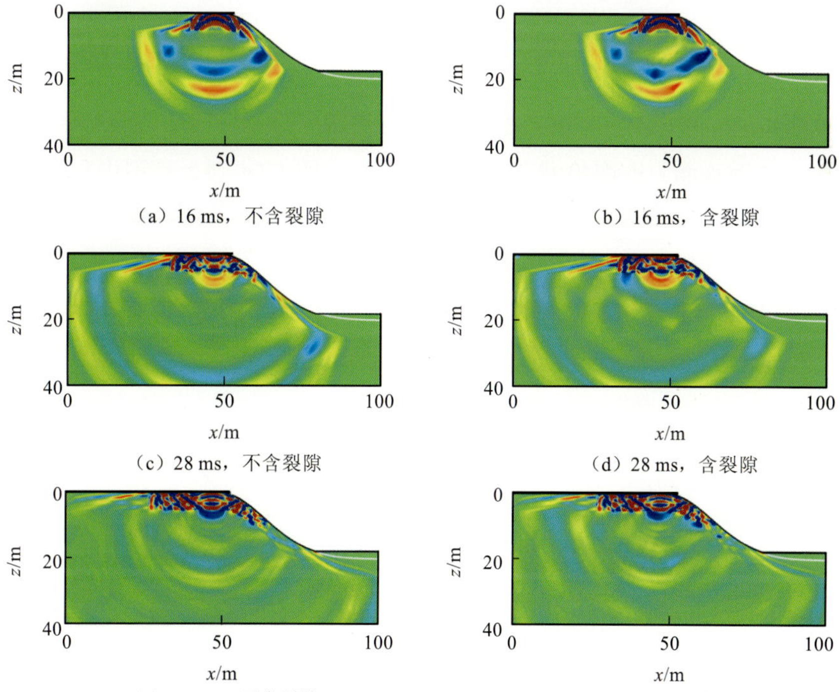

（a）16 ms，不含裂隙　（b）16 ms，含裂隙

（c）28 ms，不含裂隙　（d）28 ms，含裂隙

（e）40 ms，不含裂隙　（f）40 ms，含裂隙

图 6.53　枯水位条件下 V_x 分量的波场快照图（100 Hz）

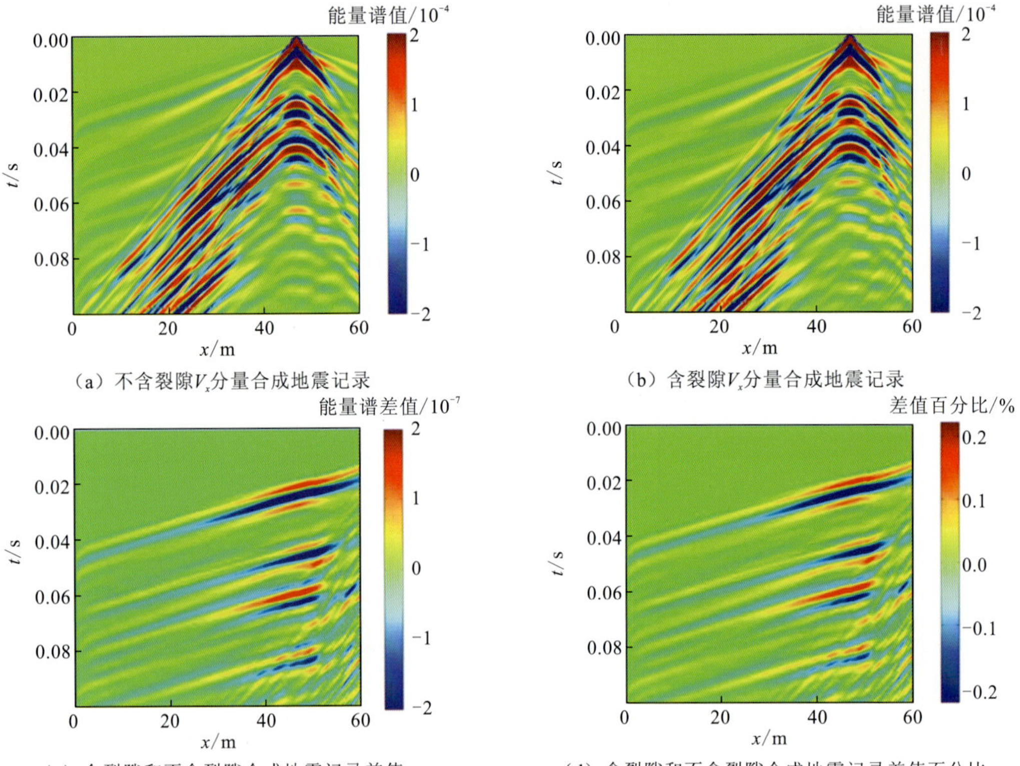

（a）不含裂隙V_x分量合成地震记录
（b）含裂隙V_x分量合成地震记录
（c）含裂隙和不含裂隙合成地震记录差值
（d）含裂隙和不含裂隙合成地震记录差值百分比

图6.54　枯水位条件下V_x分量的合成地震记录对比成果图（100 Hz）

为得到水位变化引起的合成地震记录差值，将高水位和低水位所得结果相减，其差值见图 6.55、图 6.56。图 6.55 为模型中不包含裂隙时两种水位条件下的合成地震记录差值，其中图 6.55（a）为绝对差值，图 6.55（b）为相对差值。可以看到，差值主要集中于震源右侧（靠近水面）地震检波器记录到的信息。图 6.56 则为模型中包含裂隙时的差值，对比可以看到，包含裂隙时，合成地震记录中出现了多条倾斜条纹。

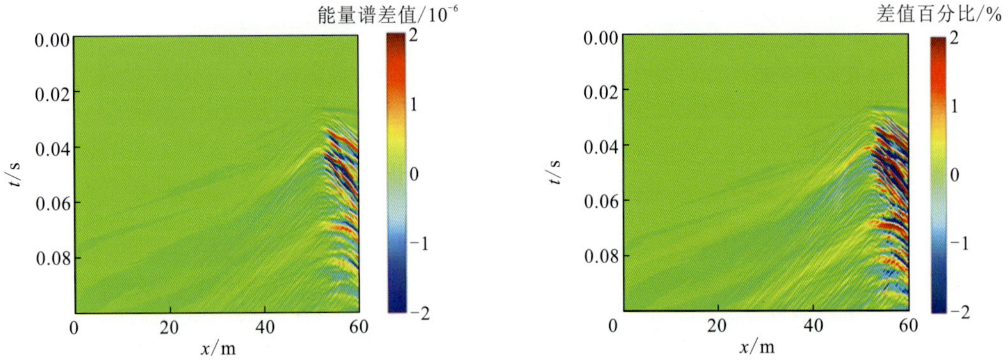

（a）绝对差值
（b）相对差值

图6.55　不含裂隙合成地震记录差值比较（30 Hz）

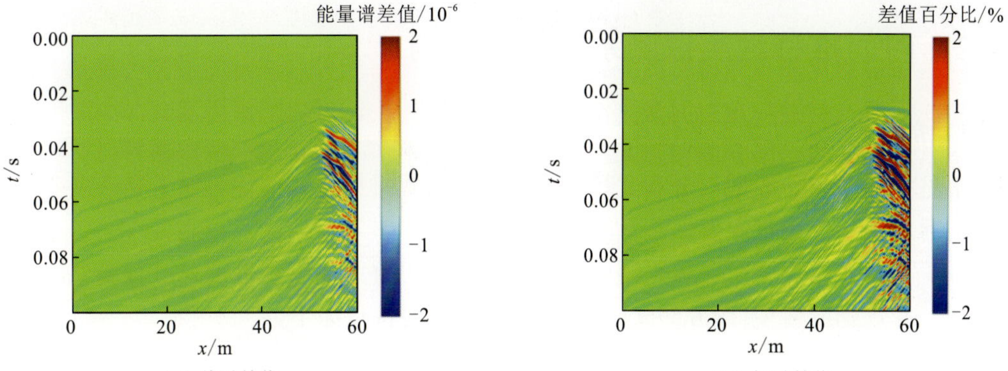

（a）绝对差值　　（b）相对差值

图6.56　含裂隙合成地震记录差值比较（30 Hz）

综上所述，通过地震波场模拟能够识别出由水位变化引起的裂隙浸润局部波阻抗差异，子波频率越高，由裂隙引起的差异越大，但总体上差异的幅值偏小。地震剖面上，由水位高度引起的差异主要集中于震源右侧靠近水面的多道记录中，可指导现场观测系统的布置。

6.4　岸坡和堤坝时间推移地震探测系统研究

6.4.1　空间布线与数据采集原则

1）空间布线原则

（1）测线应尽量为直线，即激发点和接收点在一条直线上，在无法按直测线施工时可以采用弯曲测线或折线。

（2）测线要足够长，能控制缺陷形态和目标体；地震检波器之间的道间距分别设置为 1～4 m，然后分别根据设置的道间距检测地震检波器收到激发点的地震波效果，选取最佳道间距的基本参数和激发频率（通常来说，频率越高，得到的地震图像的精度越高）。

（3）测线宜垂直裂隙走向，靠近迎水面。

（4）相邻测线的空间位置高差要结合水文资料、水位变化时间与速率来确定。

2）时间推移数据采集原则

按照库区水位变化选择数据采集时段，至少包括以下几个关键时间段：枯水期、低水位时期、高水位时期，时间跨度原则上均匀分布。当水位快速上涨或发生地震等自然灾害时，应连续实时探测。

6.4.2 时间推移地震探测系统设计原则

1）常见探测系统类型及特点

常见探测系统一般采用分布式排列方式，分布式排列方式的优势在于灵活多变，可根据实际场地条件进行布置。

（1）在场地较规则时，可采用的探测系统大致可分为以下几种形式：直线型、规则网格型、非规则网格型[图 6.57（a）～（c）]，主要特点如下。

直线型：结构简单，数据量小，易于处理。

规则网格型：数据量大，可用于三维成像。

非规则网格型：灵活多变，可根据试验现场实际地形变化，提高探测效果。

（2）在场地为非规则场地时，要根据场地的地形情况，灵活采用非规则分布式排列探测系统[图 6.57（d）]，由于该类探测系统几何关系复杂，后期数据整理工作量较大，要求较高。

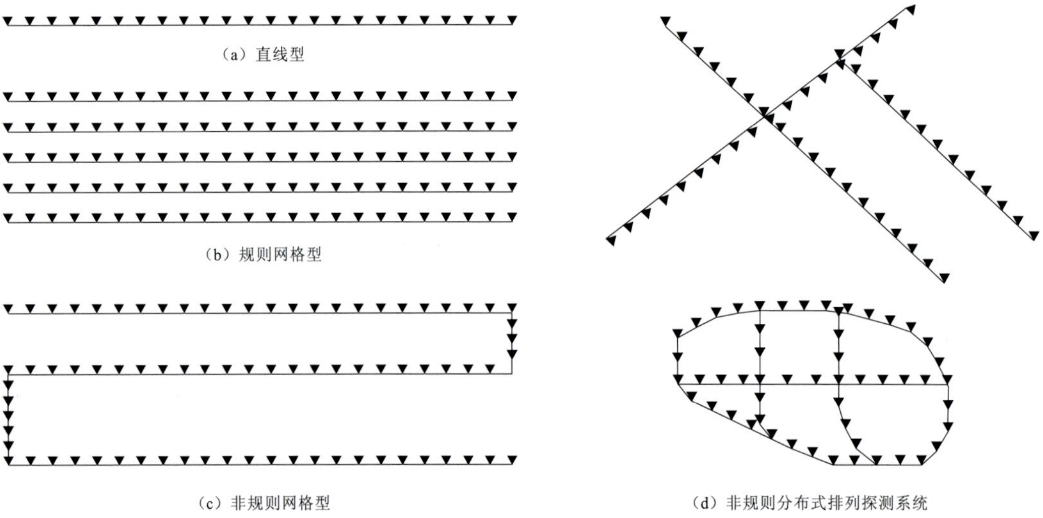

图 6.57　规则分布式排列探测系统及非规则分布式排列探测系统

2）岸坡和堤坝时间推移地震探测系统设计

根据我国堤坝与岸坡的实际地形、地貌进行探测系统的设计，方便实际施工布设及提高工作效率，采用规则分布式排列布置可兼顾工作效率和探测效果。图 6.58～图 6.61 为岸坡常见的规则分布式时间推移地震探测系统，常用的探测系统参数设计建议如下。

（1）地震反射采用横波检波器，采样率为 0.125 ms，横波检波器布置 18 道，道间距为 2 m，采样时长为 256 ms，固定偏移距分别为 5 m、10 m。

（2）地震折射采用垂直检波器，采样率为 0.125 ms，垂直检波器布置 18 道，采样时长为 256 ms，道间距为 2 m，激发炮点桩号分别为-10 m、-5 m、0、12 m、24 m、34 m、39 m、49 m。

（3）表面波法采用垂直检波器，采样率为 0.125 ms，垂直检波器布置 18 道，采样时长为 256 ms，道间距为 2 m，固定偏移距为 5 m。

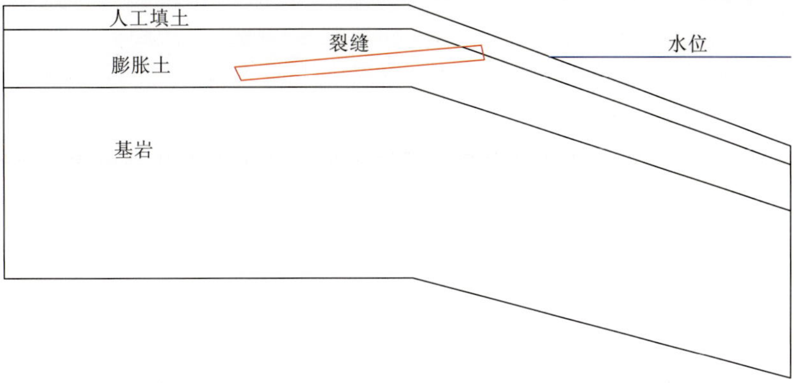

图 6.58　典型岸坡结构断面图

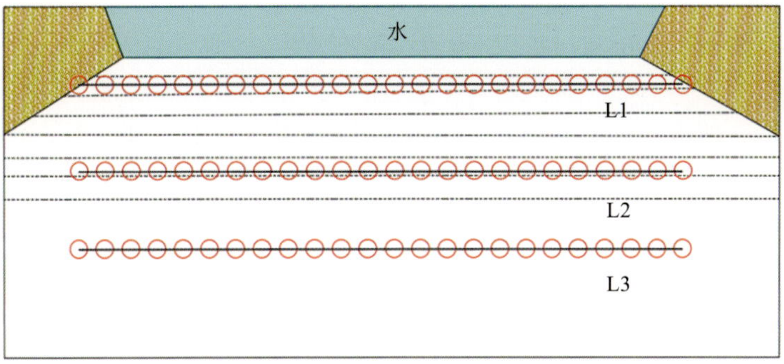

图 6.59　岸坡直线型排列布置俯视图

圆圈表示检波器；L1～L3 为测线号

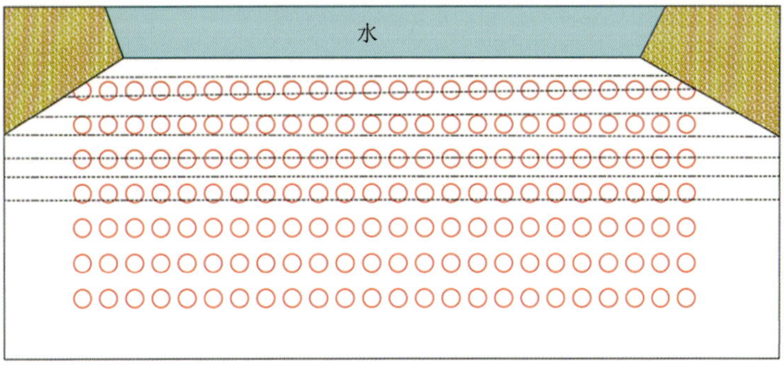

图 6.60　岸坡规则网格型平面布置俯视图

圆圈表示检波器

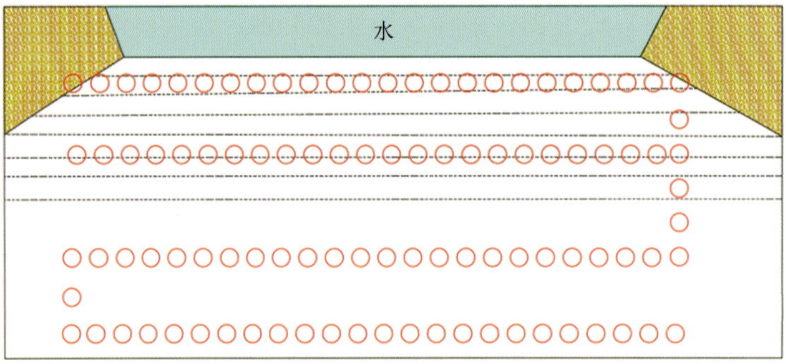

图 6.61　岸坡非规则网格型平面布置俯视图

圆圈表示检波器

6.5　时间推移地震探测数据处理与解释

6.5.1　时间推移地震数据反演基本流程

地震波阻抗、速度反演是进行地层层间属性定量解释的重要工具，而定量解释又是时间推移地震研究所必需的。实验室测量表明，水土界面、气水变化及由水渗透产生的边界波阻抗、速度的改变会影响地震振幅，而时间推移地震探测技术的基础是振幅、速度变化。因此，利用地震振幅、速度变化进行反演成像的研究已得到认可。然而，当基准测线与监测剖面的振幅、速度变化很小时，多解性可能阻碍波阻抗、速度差值的精确测量。时间推移地震是一个差异过程，在这一过程中，波阻抗、速度变化能被限定在某一个或某几个地层里，通过在附加的地震约束下同时反演两个地震数据体，很小的波阻抗、速度变化也能被较为精确地反演出来，时间推移地震波阻抗、速度反演流程见图 6.62。

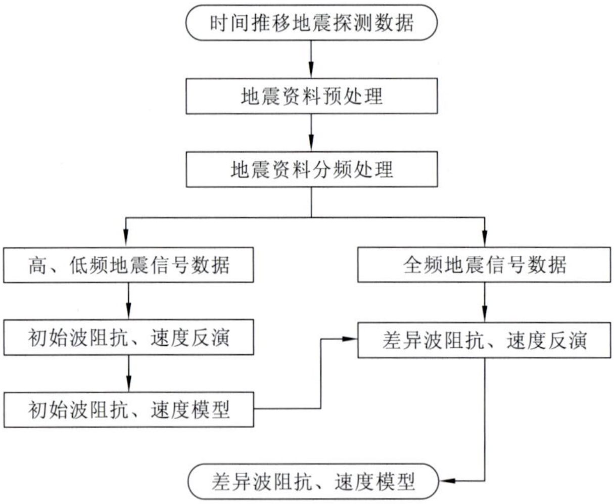

图 6.62　时间推移地震反演流程图

6.5.2　常见时间推移地震数据反演方法

1. 差异反演

1）时间推移地震叠前反演

时间推移地震反演的技术有很多，但基本上都是运用 Zoeppritz 方程的近似式或波动方程，近似计算精度较低，并且在利用大偏移距地震振幅（大角度）信息及纵横波联合反演等方面都存在一定的问题；此外，间接计算也会引起很大的累积误差。上述因素对时间推移地震反演精度的提高有严重的约束性，使得常规的时间推移地震反演方法不能够满足精细描述的要求，也不能使地震资料结果的分辨率足够高以便于解释，所以在叠前时间推移地震反演这一方面还需要进一步的研究。

近年来，相关学者进一步探讨了时间推移地震反演方法。Gluck 等[65]探讨了时间推移地震波阻抗反演的方法，在时间推移地震非线性反演技术方面也有学者进行了适用性的分析。之后，Sarkar 等[66]通过对比分析指出，需要对不同时间段得到的地震数据的反演结果实施匹配处理，才能够避免由模型假象造成的资料解释不准确，因此，如果基础和监测的数据有着恰当的可重复性，那么差异反演方法对时间推移地震的处理是较为适用的。李景叶等[67]对时间推移地震振幅随偏移距变化（amplitude variation with offset，AVO）的反演公式进行了推导计算，将储层中的压力情况及含油饱和度情况进行了很好的分离，最终可以定量地解释油气藏中的变化情况。Buland 和 Ouair[68]在差异反演的理论中引入了贝叶斯框架，此后，Suman 和 Mukerji[69]又引入了一种联合反演的方法，运用了生产数据和地震的差异数据，并加入了粒子群方法来进一步优化算子。李景叶和陈小宏[70]对时间推移地震弹性波阻抗差异反演方法进行了研究。王守东和王波[71]在时间推移地震差异反演的过程中，在贝叶斯框架的基础上，运用波形来进行差异反演。在 2015 年，Grana 和 Mukerji[72]基于贝叶斯理论和岩石物理关系，提出了利用时间推移地震数据来估计油藏静态属性及动态属性变化的方法。在时间推移地震的反演过程中，需要求解的参数一般都不连续，Eidsvik 和 Theune[73]分析提出了时间推移地震 AVO 数据的块反演方法，实际数据处理结果表明，这个方法可以有效地描述时间推移地震中弹性参数的差异情况。

Theune 等[74]详细分析了地震 AVO 数据块反演的先验模型，并进行了对比讨论。基于 Zoeppritz 方程近似式的反演方法在很多方面限制了叠前反演的准确性，因此周林等[75]分别从不同角度提出了运用精确的 Zoeppritz 方程的叠前反演技术。此外，在拥有良好的多波数据的情况下，可以用进一步研究联合反演的方法，来增强反演过程的稳定性，并且提高反演结果的精度。Stewart[76]在 1990 年首先提出了由多波反射系数来求解弹性参数的方法，其中运用了 PP 波及 PS 波的联合反演框架方程。之后，周林等[77]在此基础上实现了运用精确的 Zoeppritz 方程的多波联合反演方法，并应用在实际数据中，获得了较好的结果。

在上述研究成果的基础上，可对时间推移地震叠前差异反演的方法进行改进，即基于精确的 Zoeppritz 方程，运用贝叶斯框架，在其中引入块约束来推导出差异数据的 PP

波及 PS 波的联合反演公式，从而进行迭代反演，求解出分辨率更高并且更稳定的三参数反演结果。

2）时间推移地震叠后反演

在叠后时间推移地震差异反演方面，有很多学者进行过系统的研究。对于叠后时间推移地震波阻抗反演，可以引入蒙特卡罗约束，来提高反演的精度。此后，为了减少计算量，需要将数据的差异变化运用到约束条件中对地震进行控制，再对基础及监测数据进行同时反演，最后做差得到反演结果的差异情况。但是不同年份的时间推移地震数据需要进行匹配，才可以避免模型的假象，从而进行正确的资料解释。差异反演可以提供必要的匹配条件，在时间推移地震处理中是比较适用的。为了进一步提高差异反演的精准度，贝叶斯理论被引入时间推移地震差异反演中，将地震、测井和统计信息加入反演中，并运用先验信息来加以约束。

2. 全波形反演

目前，将全波形反演应用到时间推移地震数据中有很多种方法，与传统的定性的时间推移分析方法相比，全波形反演能够从弹性参数的变化直接恢复时间推移的影响，另外，全波形反演也能揭示时间推移的变化，这也打破了传统方法中线性假设的说法。

Queißer和Singh[78]用基础和监测的纵波速度模型定量解释气体饱和度的变化。Zheng等[79]用海底电缆数据反演纵波和横波的时间推移异常，在他们的研究中，他们使用了三种方法来进行时间推移地震的全波形反演。第一种方法是分别反演，基础数据和监测数据的反演使用相同的初始模型；第二种方法是连续反演，监测数据反演时的初始模型为基础数据反演的结果；第三种方法和第二种方法类似，不同的是，它定义了真实的监测数据，为反演的基础数据与真实基础数据和监测数据之差的和。Routh 等[80]提出，合成的海洋时间推移拖缆数据用于检测水面下的纵波速度异常。Raknes 等[81]2013 年把 Zheng 等[79]使用的三种方法用在合成和真实时间推移数据上。Zhang 等[82]在小偏移距数据上使用全波形反演来监测注入 CO_2 对纵波速度的影响。2014 年 Raknes 和 Arntsen[83]分别使用不同的时间推移地震反演方法在合成和真实的小偏移距数据上进行了全波形反演，另外，他们研究了声波和弹性波反演的不同。他们提出了一种梯度约束方法，这种方法可以只在模型的特定区域进行更新，它基于偏移方法并结合了局部对比检测算法，用这种方法可以在时间推移数据中发现模型中的不同之处，并使用这些信息来限制反演算法中的更新过程，这个过程减少了时间推移假象。

3. 地震属性反演

时间推移地震属性分析技术是 20 世纪 80 年代后期，伴随着地震属性技术和时间推移地震油藏监测技术的发展而发展起来的。时间推移地震属性分析从前期的层间时差分析、振幅差异分析、波阻抗差异分析及频谱差异分析等，逐渐发展到多种时间推移地震属性的敏感分析和时间推移地震敏感属性的定量表征，以及时间推移地震属性的历史匹配等多方位的油藏监测和描述研究。然而，时间推移地震油藏监测要求获得更加可靠的时间推移差异，要求突出剩余油分布的定量预测，目前的时间推移地震属性分析技术还存在许多不够完善的地方。

6.5.3　时间推移地震探测数据反演分析

1. 时间推移地震属性反演

1）时间推移地震属性反演分析概念

一般，时间推移地震属性反演技术可以从时间推移地震资料中提取更多隐藏在数据里的信息，可以通过少量钻孔信息的标定和对含水量信息分布的分析进行约束，为异常识别提供依据。作为时间推移地震属性分析的基础，地震属性是指从地震数据中导出的关于几何学、运动学、动力学及统计特征的特殊量值。时间推移地震属性反演技术是以地震属性分析技术为基础的，但又在很大程度上不同于地震属性分析技术，概括起来主要表现在以下几个方面。

（1）涉及的资料不同。地震属性分析技术只涉及静态地震资料，而时间推移地震属性反演分析技术涉及了时间推移前后（或两次以上重复采集）的地震资料，它是一种动态资料。

（2）提取属性的方法有所不同。常规的地震属性分析技术重点提取目标体的层位属性，而时间推移地震属性反演分析技术还需要提取目标体的体属性，研究目标体的空间变化。

（3）研究的目标不同。地震属性分析技术主要针对目标体的横向预测问题，而时间推移地震属性反演分析技术主要针对目标体的含水量监测与变化等问题。

（4）研究的成果有所不同。地震属性分析技术侧重于获取目标体参数的空间展布特征，而时间推移地震反演分析技术更侧重于获取目标体参数空间展布特征的时间推移差异，侧重于对时间推移差异的有效解释，并获取目标体的异常分布特征。

2）时间推移地震属性反演分析内容

时间推移地震属性反演是一个将时间推移地震特征转化为时间推移前后目标体特征的过程，对于不同地区、不同岩性及不同的处理措施，时间推移地震属性反演应该分别进行研究，时间推移地震属性反演的主要研究内容可以归纳为以下三个方面。

（1）敏感属性分析。时间推移地震敏感属性分析一般需要借助岩石物理测试、正演模拟和钻孔资料约束等手段。其中，岩石物理测试可提供目标体物性与地震属性之间的关系，正演模拟（包括物理模拟和数值模拟）可揭示地震对不同构造、不同岩性的响应特征，钻孔资料约束则可用来建立实际地震属性与目标体参数的相关性。通过敏感属性分析可以优选出与目标体参数相关的地震属性，有利于解释人员直接利用该敏感属性来初步分析研究区目标体的横向分布特征，同时为时间推移后的目标体预测提供可靠的敏感属性。

（2）时间推移前后属性定量预测。地震属性技术发展到现阶段，多属性联合定量分析已成为必然。为减少地震属性定量预测的多解性，提高构造和目标体的预测精度，除了依靠岩石物理研究结果和井中数据对属性进行标定以外，还利用各种数学统计方法及各种智能化技术进行目标体参数的定量表征。目前应用较多的模式识别技术主要是人工神经网络方法，如反向传播（back propagation，BP）神经网络、径向基神经网络及自组织神经网络等。将优选出的敏感属性集或压缩后的地震属性集作为神经网络的输入，将样本钻孔参数作为输出，利用线性或非线性映射方法来实现目标体特征（含水率、岩性和饱和度等）的定量预测，可以更加直观地了解时间推移前后目标体参数的横向展布情况。

（3）时间推移地震属性差异分析方法。时间推移地震属性差异分析是利用目标体的敏感属性集，根据时间推移前后的匹配地震数据或时间推移前后的地震体属性数据，进行沿层属性求差分析，属性差异与动态数据的点、线、面综合分析，以及属性差异的可视化雕刻分析，最终确定时间推移地震属性差异与目标体特征变化的关系。

3）时间推移地震属性反演分析技术流程

一般情况下，时间推移地震属性反演分析包含一次地震数据、二次地震数据、差异地震数据、地质资料、监测中的动态数据五个方面的资料。利用这几个方面的资料，可以进行处理前地震多属性的定量预测、处理后地震多属性的半定量预测，以及时间推移前后的属性差异分析。下面将从三个方面来阐述具体的工作步骤。

（1）时间推移前地震数据的属性分析。时间推移前的地震属性分析工作主要用来认识地下岩体原始状态下的岩性、物性和流体在空间的分布情况，以指导地质人员更好地了解地下情况，设计处理方案。在时间推移前地震属性分析工作中重要的是，在各个环节中做好质量控制工作，以保证最终成果的可靠性。时间推移前地震属性分析具体可以从以下几个方面来进行。

一，目标层位标定。参照地质钻孔资料，确保目标层位最终的可靠性，保证地震属性提取时窗确定的准确性。

二，属性提取所用时窗确定。主要是保证岩体、流体特征参数之间的相关性。

三，地震属性提取及属性优化的预处理。例如，地震属性数据的标准化、属性数据野值的剔除与平滑滤波等处理。

四，灵敏属性确定。应该多角度地考察地震属性与目标体参数之间的相关性，克服单一层面考察地震属性与目标体参数之间的相关性所存在的片面性，然后利用正演模型研究成果等剔除一些相关性低的属性，从而最终确定优选的属性。

五，地震属性参数优化组合。在不改变原始优选属性所包含的信息的前提下，选择多属性组合优化，提高聚类效率。

（2）时间推移后地震数据的属性分析。时间推移后地震数据的属性分析的目的是了解岩体内部的流体分布情况，从而指导处理方案的调整。在时间推移地震的分析解释技术中，流体变化引起的反射时间的变化应是一个重要的特征参数，因此，时间推移后的地震数据层位标定与追踪也是一个重要的问题。

（3）时间推移前后的属性差异分析。在进行时间推移地震属性差异分析时，必须对基于时间推移地震匹配数据的地震属性进行分析，因为匹配后的地震数据经过了各种处理（振幅均衡、时差校正、频率校正、相位匹配和基于标志层的匹配等），这样的时间推移数据才具有可比性，获得的属性差异才能反映流体所造成的变化。

2. 时间推移地震差异阻抗反演

1）波阻抗反演的概念

波阻抗反演实际上是从地震剖面上消除子波影响，留下反射系数，再由反射系数计算出能反映地层物性变化的物理参数波阻抗。

波阻抗反演的方法有很多，其中最常用的是广义线性反演，该方法有较高的反演精度，但是在反演过程中，高频噪声对求解病态方程组影响很大，即使加了正则化因子，也无法消除高频噪声的影响。根据反射系数序列，给定波阻抗初始值，利用递推波阻抗的反演方法就可以算出相应的波阻抗序列。

2）波阻抗反演的技术流程

（1）正演模型建立。在反演之前，需要建立正演模型。在正演模型建立的过程中，反射系数的求取是比较重要的，在正常情况下，反射系数 $r(t_i)$ 的求取公式如式（6.44）所示。

$$r(t_i)=\frac{\mathrm{AI}(t_{i+1})-\mathrm{AI}(t_i)}{\mathrm{AI}(t_{i+1})+\mathrm{AI}(t_i)} \tag{6.44}$$

式中：$\mathrm{AI}(t_i)$ 为 t_i 时刻的地震波振幅。在对反射系数进行近似的时候，需要先假设地层是连续的介质，然后就可以由此得到近似公式，再分别对反射系数的分母、分子进行近似求解，得到式（6.45）、式（6.46）。

$$2\mathrm{AI}(t_i)\approx \mathrm{AI}(t_{i+1})+\mathrm{AI}(t_i) \tag{6.45}$$

$$\mathrm{AI}(t_{i+1})-\mathrm{AI}(t_i)\approx \Delta t\frac{\mathrm{dAI}(t_i)}{\mathrm{d}t}\approx\frac{\mathrm{dAI}(t_i)}{\mathrm{d}t} \tag{6.46}$$

在地震数据中，一般情况下 Δt 是常数，所以可以由此得到反射系数的公式，如式（6.47）所示。

$$r(t_i)\approx\frac{\mathrm{dAI}(t_i)}{\mathrm{d}t}\times\frac{1}{2\mathrm{AI}(t_i)}\approx\frac{1}{2}\frac{\mathrm{dlnAI}(t_i)}{\mathrm{d}t} \tag{6.47}$$

依据式（6.47），假设 $\mathrm{li}_i=\mathrm{lnAI}_i$，那么反射系数的矩阵形式就可以写成式（6.48）。

$$\begin{bmatrix} r_0\\ r_1\\ r_2\\ r_3\\ r_4\\ r_5\\ r_6 \end{bmatrix}=\frac{1}{2}\begin{bmatrix} -1 & 1 & & & & & \\ & -1 & 1 & & & & \\ & & -1 & 1 & & & \\ & & & -1 & 1 & & \\ & & & & -1 & 1 & \\ & & & & & -1 & 1 \end{bmatrix}\begin{bmatrix} \mathrm{li}_0\\ \mathrm{li}_1\\ \mathrm{li}_2\\ \mathrm{li}_3\\ \mathrm{li}_4\\ \mathrm{li}_5\\ \mathrm{li}_6 \end{bmatrix} \tag{6.48}$$

式中：r_0～r_6 为反射系数。反射系数的矩阵形式求出之后，就可以根据褶积公式的离散形式式（6.49）来得到褶积公式的矩阵展开形式，如式（6.50）所示，其中 $S(t)$为地震记录，$R(t)$ 为反射系数函数，$b(t)$为地震子波。

$$S(t)=R(t)*b(t)=\sum_{i=1}^{n}R(t_i)b(t-t_i) \tag{6.49}$$

$$\begin{bmatrix} s_0 \\ s_1 \\ s_2 \\ s_3 \\ s_4 \\ s_5 \\ r_6 \end{bmatrix} = \frac{1}{2}\begin{bmatrix} -b_0 & b_0 & & & & & \\ -b_1 & b_1-b_0 & b_0 & & & & \\ -b_2 & b_2-b_1 & b_1-b_0 & b_0 & & & \\ & -b_2 & b_2-b_1 & b_1-b_0 & b_0 & & \\ & & -b_2 & b_2-b_1 & b_1-b_0 & b_0 & \\ & & & -b_2 & b_2-b_1 & b_1-b_0 & b_0 \end{bmatrix}\begin{bmatrix} \mathrm{li}_0 \\ \mathrm{li}_1 \\ \mathrm{li}_2 \\ \mathrm{li}_3 \\ \mathrm{li}_4 \\ \mathrm{li}_5 \\ \mathrm{li}_6 \end{bmatrix} \tag{6.50}$$

由此可知正演公式可以线性近似为式(6.51)，其中 $\boldsymbol{S}$ 为地震记录矩阵，$\boldsymbol{L}$ 为 li_i 矩阵，$\boldsymbol{B}$ 为地震子波矩阵。

$$\boldsymbol{S}=\boldsymbol{BL} \tag{6.51}$$

根据式（6.51）的正演公式，可以得到基础数据与监测数据的正演过程，分别写成式（6.52）和式（6.53）。

$$d_1 = B\mathrm{li}_1 + n_1 = B\ln \mathrm{AI}_1 + n_1 \tag{6.52}$$

$$d_2 = B\mathrm{li}_2 + n_2 = B\ln \mathrm{AI}_2 + n_2 \tag{6.53}$$

式中：d_1 为基础数据；d_2 为监测数据；n_1 和 n_2 分别为两次采集时产生的噪声数据。

两次数据相减，就能获得差异的数据，如式（6.54）所示。

$$d_2 - d_1 = B(\ln \mathrm{AI}_2 - \ln \mathrm{AI}_1) + n_2 - n_1 = B\ln\frac{\mathrm{AI}_2}{\mathrm{AI}_1} + n_2 - n_1 \tag{6.54}$$

令 $\Delta L = \ln\frac{\mathrm{AI}_2}{\mathrm{AI}_1} = \ln\left(\frac{\Delta \mathrm{AI}}{\mathrm{AI}_1}+1\right)$，$n_2-n_1=e$，就有$\Delta d=B\Delta L+e$，其中$\Delta d$ 是差异地震数据，ΔL 是波阻抗比值的对数，e 是误差项，也可以理解成噪声。

（2）初始波阻抗模型反演。为了获取地震资料的全频信息，尤其是低频信息，为建立精细波阻抗模型提供更多信息，并能更好地控制下一步的差异波阻抗反演，以钻孔资料为约束，利用地震资料的低频信号，对参考地震资料（监测数据）在粗网格上反演拟合低频剖面，在细网格上反演拟合高频剖面，最后得到高分辨率的真实波阻抗模型。

（3）差异波阻抗模型反演。根据贝叶斯估计理论和模型的概率分布，考虑时间推移地震数据体之间的联系，参考波阻抗模型与监测波阻抗模型的相似性后，得到了差异波阻抗模型反演的目标函数 $O(m,m')$，见式（6.55）。

$$O(m,m') = g(m) - d + g(m') - d' + W_1 m - m' + W_2 g(m')[g(m') - g(m)] - d'(d' - d) \tag{6.55}$$

式中：m、m'分别为参考波阻抗模型和监测波阻抗模型；d、d'分别为实际的参考地震数据体和监测地震数据体；$g(m)$、$g(m')$分别为合成参考地震数据和合成监测地震数据；W_1、W_2 为不同地层的权重因子，可以根据实际情况进行调节。

（4）目标函数最优算法。反演问题最终归结为目标函数寻优。由于初始波阻抗模型反演的目标函数和差异波阻抗模型反演的目标函数都有很强的非线性，目标函数的最小化可使用蒙特卡罗、模拟退火等算法。

6.5.4　时间推移地震探测数据资料解释

时间推移地震是利用地震响应随时间的变化对目标体性质变化的表征来监测目标体内部物性参数的变化，因此时间推移地震资料应该反映目标体中水体的变化属性。再加上时间推移地震有时间差，所以时间推移地震资料属性解释能更好地与目标体动态变化联系起来。

地震属性生成后，差异地震属性可以描述和解释目标体中水体的变化，并通过计算机可视化技术实现多种形式的计算机数据体的动态与切片显示，这样即可使工程人员从不同角度、不同时间连续地观察目标体内部的气水变化和运移情况，从而实现对目标体的监测。

1. 时间推移地震资料解释流程

（1）基础资料分析：在对测区的地质、钻孔信息和地震资料质量进行详细分析的基础上，分析地震数据的分辨率，结合裂隙等缺陷的分布确定地震可分辨、可全区追踪的目标体。

（2）建立地震波速-含水率关系：利用合成记录，采用大时窗建立目标体的地震波速-含水率关系；采用小时窗，利用合成记录创建目标体的地震波速-含水率关系。

（3）目标体（裂隙、缺陷等）解释：为了保证不同时间序列、多次采集的地震数据的重复性，得到合理的由地下目标体含水率变化引起的地震数据的差异，消除膨胀土体内部除缺陷之外的其他因素对差异的干扰，需要对多次采集的地震波数据进行匹配处理。

（4）地震可分辨的最小尺度裂隙或缺陷解释：能精细解释满足地震可分辨条件的目标体，保证最终探测结果的可靠性。

（5）探测异常可识别范围：膨胀土裂隙、缺陷等在全区的分布不稳定，只有最小尺度的满足地震分辨率的部分探测结果才是可靠的，划分出不满足地震可分辨条件、预测不可靠的范围，为后续研究工作提供可靠依据，避免给后续的评估造成较大的误差。

2. 资料解释关键技术

实现时间推移地震数据基于数值模拟解释循环的关键是由数值模拟模型合成时间推移地震响应，包括以下四方面技术。

1）合成时间推移地震响应

根据数值模拟的相关数据，包括含水率、原始饱和度的分布、岩性等，生成对应的地震响应，包括波阻抗、振幅、速度等参数。

（1）速度计算——生成速度模型：根据目标体数值模拟模型的含水率、原始饱和度、岩体速度等计算速度分布。

（2）波阻抗计算——合成波阻抗模型：根据计算的速度和密度，合成波阻抗，建立全区的波阻抗模型。

2）不同网格的投影

由于地震响应在纵、横向上的网格与目标体数值模拟的网格不同，就需要实现这两种网格的互换，建立这两种网格相互转换关系的方法主要如下。

（1）将目标体数值模拟网格数据用 Kriging 2D 方法重新网格化，转换到地震数据测线网格上来。

（2）按目标体数值模拟数据的网格中心点坐标将地震数据提取出来，形成与目标体数值模拟数据的网格坐标对应的地震数据体。如果地震数据体的网格长度小于目标体数值模拟网格尺寸，那么该方法所产生的误差是可以接受的。该方法在实际对齐网格时应用较多，其过程如下：①从目标体数值模拟数据中提取网格中心点的大地坐标；②按各个大地坐标从地震属性数据中提取数据；③形成与目标体数值模拟网格对应的地震属性数据体。

3）时间－深度网格转换

其目的是将合成的时间推移地震数据转换到实测地震探测数据的时间上，或者将反演波阻抗转换到目标体数值模拟深度网格上。

将合成的时间推移地震深度信息转换为实测地震探测时间信息的过程大致可以分为两步：首先将合成的地震数据与测量的地震数据顶界面对齐，然后用钻孔、地质数据确定反演波阻抗的时间—深度转换关系并完成其余部分。

与之类似，将反演波阻抗体的时间域转换成深度域，首先应将反演波阻抗体的顶界面与目标体数值模拟的顶界面对齐，然后用测井曲线合成地震记录，确定反演波阻抗的时间—深度转换关系，并完成其余部分，再将反演的波阻抗体投影到目标体模型网格上，生成以目标体模拟网格节点的反演波阻抗。

在实际操作过程中，应首先将目标体模型中的地层顶界面与地震记录对应的层界面对齐，然后用时间—深度转换关系计算顶界面以下其余各界面的时间，继而将各个参数转换到地震网格或数值模拟网格上。

4）目标体合成响应与实际地震记录对比分析

将反演结果和目标体合成响应进行对比分析，并指导目标体静态模型的调整。

第 7 章

岸坡和堤坝渗透滑动灾变分析与评估技术研究

7.1 膨胀土岸坡和堤坝渗透滑动灾变分析方法

膨胀土岸坡作为一个渗透滑动危险源，一旦发生滑坡，往往造成包括人员伤亡、财产损失及环境污染在内的重大损失。如何正确地对膨胀土岸坡全生命期演化特征进行判别，并对膨胀土岸坡进行健康状态诊断和预测，已成为膨胀土岸坡研究的热点问题之一。膨胀土岸坡是一个开放、复杂的非线性动力系统，其演化具有从混沌到有序的特征，且风险辨识的影响因素错综复杂，揭示并处理膨胀土岸坡风险非线性关系的方法在物理意义阐明、参数推理选择、参数关联时存在局限性，判别膨胀土岸坡健康状态演化特征的准确性和风险预测结果的可靠性有待提高。如能改进膨胀土岸坡全生命期健康状态诊断和预测方法，这对膨胀土岸坡风险分析很有意义。针对这个问题，本节基于非线性动力学理论，利用估计延迟时间与嵌入维数的相空间重构方法，采用由 Grassberger 和 Procaccia 提出的 G-P 算法[84]计算膨胀土岸坡关联维，采用小数据量法计算最大 Lyapunov 指数，并引入近似熵 ApEn 混沌特征指标，研究了膨胀土岸坡的多元混沌特征，进而对膨胀土岸坡全生命期健康状态进行诊断；提出了一种基于 BP 神经网络原理的机器学习方法来分析膨胀土岸坡，并预测膨胀土岸坡的滑坡风险；建立了膨胀土岸坡渗透滑动全生命期模型。利用 BP 神经网络原理，选取膨胀土岸坡滑坡风险的辨识指标，构建膨胀土岸坡风险辨识模型来进行学习训练，并对膨胀土岸坡进行健康状态预测。研究表明，关联维、Lyapunov 指数、近似熵 ApEn 能够建立起较为完善的膨胀土岸坡多元混沌判断理论，可对膨胀土岸坡全生命期健康状态进行准确诊断，所提出的膨胀土岸坡全生命期健康状态诊断方法较为合理，可为膨胀土岸坡演化规律研究提供重要的基础和新途径；基于 BP 神经网络的膨胀土岸坡的风险辨识模型学习性好，泛化能力较强，可为类似膨胀土岸坡的风险分析提供借鉴指导，能够对膨胀土岸坡健康状态快速做出辨识和预测，提高膨胀土岸坡健康状态辨识的可靠性和效率。

7.1.1 复杂条件下渗透滑动演化过程中的动力学特性

膨胀土岸坡渗透滑动严重威胁居民的生命、财产安全。如何正确地认识膨胀土岸坡现阶段的稳定性，预防滑坡事故的发生，已成为膨胀土岸坡研究的热点问题之一。面对严重的滑坡灾害，传统的渗透滑动形成机制、工程治理技术等方面的研究难以满足综合减灾、防灾的实际需求，从膨胀土岸坡演化规律、滑坡灾害风险预测的角度来开展滑坡灾害研究，对于滑坡灾害的风险辨识和评估显得尤为重要。因此，准确描述膨胀土岸坡风险已成为当前工程领域中的重要课题。然而，膨胀土岸坡的滑坡风险的影响因素错综复杂，且风险和影响因素间的线性关系不明显，存在较大的不确定性，因此准确、高效地对膨胀土岸坡滑坡风险进行辨识、评估十分困难。

膨胀土岸坡系统是一个复杂的非线性动力系统，其演化具有从混沌到有序的特征。演化混沌特征分析的首要问题是混沌特征量指标的计算与判别。根据混沌动力学理论，系统的关联维、Lyapunov 指数、K 熵是其混沌特征的主要依据。国内外学者经过探索给出了混沌判别的基本方法：①如果系统吸引子的关联维为一个分数，那么就可以判断系统含有混沌成分；②最大的 Lyapunov 指数大于零，就可以肯定混沌的存在；③系统的 K 熵收敛且为正数也能表明其混沌特征。

在膨胀土岸坡演化方程未知的情况下，现在一般采用 Takens[23]的时间延迟重构相空间的方法，因其隐含了测量数据具有无限精度的假设，对膨胀土岸坡混沌研究并不适用；并且，任意选择延迟时间和独立估计延迟时间与嵌入维数的方法可能使特征量计算效率低或者相点稀疏，因此，适应膨胀土岸坡系统特点的相空间重构方法需要探索。

在国内外关于膨胀土岸坡的风险分析方法中，多位学者借助极限平衡法、强度折减法、模型试验和数值试验等，定量评价了膨胀土岸坡在多因素作用下的稳定性。然而，定量评价以确定的数学模型、材料参数、边界条件为基础，评价过程中需要借助大量的假设及简化，使定量评价结果存在较大偏差。

目前，利用可靠度理论、集对分析法、模糊随机可靠度分析法、模糊综合评判法、可拓学模型等新理论和新方法可以定性评价膨胀土岸坡的稳定性[85-89]，但定性方法大多是对基于各种拟定的标准进行分析计算，得到评价结果，很少考虑实际存在的不确定因素，计算结果往往不能真实地反映分析对象的可靠性。目前，不确定性方法有 BP 评判法和 BP 神经网络算法，它们能考虑膨胀土岸坡风险的不确定性，适合处理膨胀土岸坡风险与其影响因素间的非线性关系，近年来逐渐被应用到膨胀土岸坡的风险分析中。黄海燕和王叶鹏[90]建立的 BP 风险分析模型，有效预测了严重的膨胀土岸坡堤坝事故及风险系数，但该模型计算复杂，预测精度小于 80%。这些不确定性方法也各有其局限性，如 BP 分析不存在明确的结构来选择推理中的各种参数。神经网络在膨胀土岸坡稳定应用方面已有先例，BP 神经网络算法自学习、自组织能力强，具有极强的线性逼真能力，适合处理膨胀土岸坡风险与其影响因素间的非线性关系，对改善膨胀土岸坡健康状态的辨识和预测能力是一个非常值得尝试的手段。但是神经网络在进行风险辨识和预测时主要依赖数值运算，对于不能或不宜数值化的信息无法处理；对信息的表达、储存和推理都是隐式的，不能解释推理依据和推理过程；对于学习样本太少或代表性太差的情况，精确度和可靠性较差。混沌动力学理论可以从系统演化的角度揭示系统演化的本质和规律，通过混沌动力学理论可以分析系统的演化过程，并提出系统全生命期健康状态的综合判据，结合神经网络风险辨识和风险预测，能够弥补 BP 神经网络算法缺乏推理依据的缺陷，并为 BP 神经网络算法对系统的全生命期健康状态进行预测提供更有力的科学依据。

本节针对膨胀土岸坡监测数据的特点，同时估计延迟时间 f 和嵌入维数 m，进行膨胀土岸坡相空间重构，采用较新的方法计算膨胀土岸坡关联维、最大 Lyapunov 指数、近似熵 ApEn 及指标，从多个角度揭示膨胀土岸坡演化的混沌特性，进而对膨胀土岸坡进行全生命期健康状态诊断。同时，提出一种基于 BP 神经网络原理的机器学习方法来分析膨胀土岸坡的稳定性，并辨识和预测膨胀土岸坡的滑坡风险，实现对膨胀土岸坡全生命期的风险辨识与预测。结果显示，膨胀土岸坡的演化具有混沌特性，健康状态诊断效果较好；膨胀土岸坡模型训练效果良好，膨胀土岸坡辨识、预测精度高，得到的风险状态与实际吻合，能有效辨识和预测膨胀土岸坡的滑坡风险。

下面介绍膨胀土岸坡演化过程中的动力学特性。

（1）演化前提：开放性与远离平衡状态。现实中的系统，严格来说都处于开放状态。按照热力学熵增加原理，膨胀土岸坡系统只有开放，才能够与外界进行物质与能量交换，才能最终走向有序的状态。

（2）演化诱因：涨落与失稳。涨落是系统演化时对同一发展演化过程的差异，对于膨胀土岸坡系统这样的由大量因素子系统组成的复杂系统，必然存在涨落。系统通过涨落达到有序。由于系统的非线性，当膨胀土岸坡系统发展进入非线性、非平衡区时，系统某一因素（如应力或位移）的微小涨落会在临界点处放大，在关联效应作用下，诱使膨胀土岸坡走向失稳。

（3）演化动力：协同与竞争。按照自组织理论，协同与竞争的相互依赖、相互转化过程就是系统发展、演化的过程，它们是系统发展的动力。例如，滑动面的形成过程：膨胀土岸坡在应力、应变等综合因素作用下，会在坝体内局部产生无定向的裂缝；又在因素的竞争下，逐渐产生主宰膨胀土岸坡演化的序参量，通过“侍服”与强化，裂缝趋于统一，形成滑动面。

（4）演化形式：分岔与突变。膨胀土岸坡系统在演化过程的不同发展阶段，可能面临各种可能的方向，表现出各种可能的形式，特别是在临近破坏阶段，可能通过稳定的缓慢破坏或者急剧的破坏等演化方式进入新一轮的稳定状态，具有分岔与突变特征。

（5）演化特征：混沌到有序。滑坡发生的无序性与随机性已充分显示了混沌特征，由膨胀土岸坡监测数据获得的混沌特征量也显示出了膨胀土岸坡演化过程中混沌的存在。

从这些膨胀土岸坡演化的要素分析可见，开放、远离平衡状态、协同与竞争、分岔与突变、混沌就是膨胀土岸坡系统演化的非线性动力学的基本特点。

7.1.2 复杂条件下渗透滑动灾变的动力学影响因素

1. 膨胀土滑坡形成因素

动力学是研究动力系统的状态变量随时间变化规律的学科。状态变量随时间变化的定量表述是各种形式的（连续的或离散的）数学方程，这种表示状态变量随时间变化的方程称为动力学（动态）方程或运动方程。过去对动力系统的研究一般多限于线性系统，即其动力学方程都是线性的。也就是说，在方程中只有各状态变量及其各阶导数的线性（一次）项。然而，实际的自然现象或社会现象毕竟是复杂的，其动力学规律往往都必须用非线性方程表示，即实际存在的客体大多数都是非线性系统。一般来说，含有状态变量或其导数高次项的动力学方程便是非线性的。膨胀土岸坡系统是一个决定性与随机性共存的复杂体，具有非稳定、不可积的系统特征。

根据前期研究成果和现场查勘，膨胀土滑坡的形成与发展，一般是以下三个方面某个因素或多个因素作用的结果。

（1）土体内在因素。由各种性质的膨胀土层及其结构与构造组成的膨胀土体，是膨胀土滑坡形成和发育的内因，也是滑坡产生的重要物质基础。这些内在因素包括膨胀土的成因类型、工程地质性质与土体结构等内容。

膨胀土的成因类型：不同的成因类型标志着沉积环境的差异，在一定程度上决定着膨胀土的物质成分和工程性质，从而对滑坡的发育产生不同影响。

膨胀土的物质组成：膨胀土的黏土矿物成分、化学成分和粒度成分，以及微观结构等的不同，都将对滑坡的发育产生重要的影响。

膨胀土的工程地质性质：影响膨胀土滑坡发育的工程地质性质有土的天然含水性、塑性、膨胀与收缩特性、强度特性等。

膨胀土的土体结构：膨胀土体的裂隙与节理、各种层面与软弱夹层的特性，都常常是滑坡发育和发展的重要条件。

（2）环境影响条件。环境条件指膨胀土边坡所处的位置及其与周围环境的相互关系，主要包括地形地貌、地下水与地表水和自然气候等。当膨胀土边坡具备了发育滑坡的土体内在因素时，环境因素通常起到促滑作用，成为诱发滑坡的直接原因。实践证明，在同一膨胀土体中，如果所处环境条件不同，滑坡也不一定都会产生。只有当内因具备，而环境条件又有利于滑坡发育时，滑坡才容易形成。

地形地貌条件：膨胀土边坡所处地貌单元与微地貌部位不同，地形坡度不等，不仅决定着边坡的汇水条件与排泄条件，而且控制着边坡的临空面大小，从而影响滑坡的形成与发展。

地下水与地表水作用：膨胀土中的裂隙水和层间水、在底部砂层与卵石层中的水，都将促使土体滑动。地表水除了对边坡的直接冲蚀破坏外，一部分水深入裂隙或层间，同样会加剧滑坡的发展。

自然气候条件：自然气候条件的变化，主要对膨胀土产生风化与剥落，形成胀缩裂隙等，大气降雨直接渗入边坡土体，增大边坡下滑力的同时，胀缩裂隙也降低了膨胀土的强度，常对滑坡产生重要影响。

（3）工程活动影响。工程活动主要是指人们在膨胀土地区的工程建设过程中所采取的有关措施、方法和行动等，主要包括勘察、设计、施工、使用期中的判断错误，以及其他原因，它们都会对边坡稳定造成不利影响，有可能导致滑坡的发生与发展。显然，工程活动实际上就是人为因素的影响。

勘察判断不准确：在膨胀土地区的工程地质勘探工作，是认识和改造膨胀土自然地貌的第一步，也是最重要的一步。勘察过程中将膨胀土误判为普通黏土，采取的工程措施失当，显然是导致边坡或地基变形与滑坡的主观因素。

设计方案不合理：设计膨胀土边坡必须了解膨胀土的特性，方案措施才能更有针对性。采用的路堑边坡形式不当，地表排水措施不妥，均不能适应膨胀土的特性要求，影响边坡稳定而导致滑坡。

施工方法不当：雨季施工正好满足膨胀土体长期干旱后的吸水要求，产生大面积滑动，这是膨胀土地区施工中的一大问题。其次，采用全面开挖、后期防护，先主体后排水，以及爆破松动等施工方法，都会引起滑坡。这充分说明了膨胀土施工中，新的工程地质问题的极端复杂性。

养护维修不及时：天沟因胀缩作用常产生裂缝或挤坏，如维修不及时，反而使水集中下渗，造成坡顶滑坡。边坡冲蚀、局部溜滑，如不及时嵌补，也将逐渐发展，形成坡面滑动。

上述影响因素是由膨胀土结构特征和孕灾模式决定的。

2. 膨胀土滑坡的薄弱土体组合

膨胀土的多裂隙特征源自其黏土矿物（以蒙脱石和伊利石为主）吸水膨胀软化和失水收缩干裂。晶层之间的联结力较弱，水很容易进入晶层之间，因此蒙脱石和伊利石等黏土矿物的亲水性强，具有显著的吸水膨胀、失水收缩特征。吸水和失水的往复周期变化，导致膨胀土土体结构松散，形成许多不规则的裂隙，裂隙的发育又为膨胀土表层的进一步风化创造了条件。同时，裂隙又成为雨水进入土体的通道，含水量的波动变化导致反复胀缩，从而引起裂隙的扩展。此外，卸载土体中的应力状态发生变化也产生裂隙，或者促进裂隙的张开与发展。裂隙发育导致土体的有效应力减小，土体强度急剧下降。

膨胀土微观结构研究表明，絮凝结构是黏土矿物最不牢固的微观结构，其特点是孔隙率可以变化很大，吸湿可以产生强烈的体积膨胀或产生膨胀力，膨胀潜势强。

因此，裂隙发育、存在絮凝结构的膨胀土对岸坡/堤坝的稳定不利。

3. 滑坡渗透滑动孕灾模式概化

主要考虑裂隙发育特征、滑坡结构、滑体物质和渗流特征四个典型变量，对岸坡/堤坝渗透滑动孕灾模式进行了识别。根据滑动特征统计分析，将滑坡渗透滑动孕灾模式概化成孕灾模式 A（整体式滑动）、孕灾模式 B（裂隙层整体式滑动）和孕灾模式 C（牵引式滑动）三类（图 7.1），各孕灾模式的特征见表 7.1。

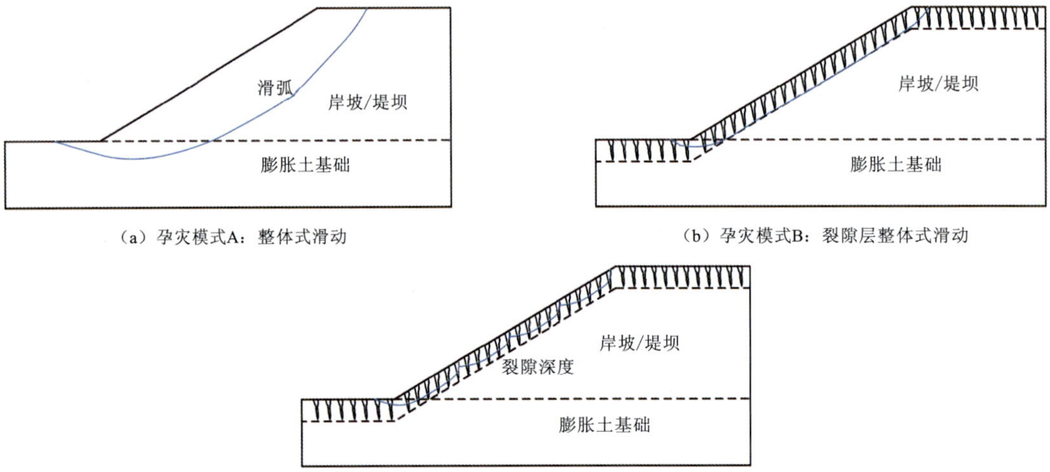

（a）孕灾模式A：整体式滑动　（b）孕灾模式B：裂隙层整体式滑动

（c）孕灾模式C：牵引式滑动

图 7.1　渗透滑动孕灾模式示意图

表 7.1　孕灾模式分类表

孕灾模式	裂隙发育特征	滑坡结构	滑体物质	渗透特性
A（整体式滑动）	基础裂隙不发育	基础为膨胀土，岸坡/堤坝为非膨胀土	基础膨胀土+岸坡/堤坝材料	层流状态，达西渗流，渗流速度慢
	基础裂隙不发育，岸坡/堤坝裂隙也不发育	基础和岸坡/堤坝均为膨胀土		
	基础裂隙发育，岸坡/堤坝裂隙不发育	基础和岸坡/堤坝均为膨胀土		
	基础裂隙发育	基础为膨胀土，岸坡/堤坝为非膨胀土		
B（裂隙层整体式滑动）	基础裂隙发育，岸坡/堤坝裂隙也发育	基础和岸坡/堤坝均为膨胀土，坡长较短，坡度较陡	基础膨胀土+岸坡/堤坝材料	裂隙集水或连通成为渗流集中通道
C（牵引式滑动）	基础裂隙发育，岸坡/堤坝裂隙也发育	基础和岸坡/堤坝均为膨胀土，坡长较长，坡度较缓	基础膨胀土+岸坡/堤坝材料	裂隙集水或连通成为渗流集中通道

结合膨胀土岸坡和堤坝滑坡的薄弱土体组合，各孕灾模式渗透滑动的主要受控机制如下。

（1）孕灾模式 A（整体式滑动）。在膨胀土基础裂隙发育，岸坡/堤坝为黏性土的情况下，当发生顺坡向渗流（如水位骤降）时，黏性土的渗透系数小，排水不畅，使滑动力/力矩增大，同时膨胀土基础裂隙发育使基础强度降低，抗滑力/力矩减小，岸坡/堤坝的稳定安全系数减小，不利于岸坡/堤坝的稳定。

（2）孕灾模式 B（裂隙层整体式滑动）和孕灾模式 C（牵引式滑动）。在膨胀土基础和岸坡/堤坝裂隙发育的情况下，当岸坡/堤坝裂隙发展成为集中渗流通道、坡底和坡面排水不畅时，水压力的顶托使滑动力/力矩增大，同时膨胀土基础裂隙发育使滑动面强度降低，抗滑力/力矩减小，岸坡/堤坝的稳定安全系数减小，不利于岸坡/堤坝的稳定。

膨胀土岸坡系统由于其内部因素的作用，经历由多变量协同作用到单变量主要支配的过程，以分岔或者突变完成其演化周期，进而从一种状态过渡到另一种状态。膨胀土岸坡是具有时间发展行为的耗散系统，是一个开放、复杂的非线性动力系统。膨胀土岸坡演化遵循一定的非线性系统演化原则，其发展必然存在一个非线性、非平衡状态，因此可以通过非线性动力学理论去分析膨胀土岸坡的非线性动力学过程与混沌特征；而人工神经网络是由大量神经元通过极其丰富和完善的连接构成的自适应、非线性动力学系统。神经网络具有良好的自学习、自处理能力，以及强大的非线性逼近特性，对复杂的非线性系统不仅可以实现全局预测，而且可以实现局域预测，因此可以通过 BP 神经网络算法对膨胀土岸坡和堤坝这个非线性系统进行风险预测。

从理论上讲，评价指标越全面，就越能描述膨胀土岸坡的状态。但在实际工程中，一方面资料的收集极为困难，另一方面指标越多，膨胀土岸坡风险辨识的非线性关系越复杂，因此评价指标的确定不能一概而论，要具体情况具体分析。通过对影响膨胀土岸坡风险辨识的诸多因素进行分析，结合各指标选取的难易程度及对研究区相关资料的掌握程度，从气象条件、水文条件、水平位移、沉降及时间序列五个方面来选择确定膨胀土岸坡风险的指标。

气象、水文条件包括降雨量和地下水位影响两个指标。

（1）降雨量（选用每天的降雨量作为降雨量的评价指标）。降雨是诱发滑坡最重要和最活跃的自然因素之一。有些膨胀土岸坡由于长时间被雨水浸泡，表面土体松动后容易产生滑坡，对膨胀土岸坡风险有着重要影响。

（2）地下水位影响。地下水位是诱发膨胀土岸坡滑坡的重要的外部因素，它也是改变膨胀土岸坡材料力学特性的关键原因，由于地下水的作用，结构面的土体强度会降低（软化），地下水位影响膨胀土岸坡的力学特征，进而给膨胀土岸坡带来潜在的巨大风险。

水平位移监测数据（包括表面水平位移，膨胀土岸坡中部水平位移、顶部水平位移、底部水平位移）和整体沉降，也是影响膨胀土岸坡风险辨识的因素。膨胀土岸坡的位移能从一定程度上反映膨胀土岸坡的风险状态，对膨胀土岸坡风险有着重要影响。

时间序列主要选取膨胀土岸坡滑坡前一年内非等间距的时间序列，运用神经网络所具有的高度鲁棒性、学习和联想记忆功能及数据挖掘等特性，通过对时间序列特点的分析，构造基于时间序列的神经网络预测模型。

根据确定好的膨胀土岸坡风险辨识的指标体系，同时考虑以上辨识指标，即可确定膨胀土岸坡群风险辨识的相关参数。

7.1.3 基于检测数据的岸坡和堤坝渗透滑动灾变分析方法

由于膨胀土岸坡系统具有从混沌到有序的演化特征，下面着重对膨胀土岸坡演化的混沌特征进行分析。分析的首要问题和重点是混沌特征量指标的计算与判别。国内外已有学者对此方面进行了有益的探索，主要体现在膨胀土岸坡的关联维、Lyapunov 指数等方面。但要系统地判断膨胀土岸坡的混沌特征仅用这两个指标仍不充分，故本章将引入近似熵，从关联维、Lyapunov 指数、近似熵多个角度揭示膨胀土岸坡的混沌特性，对膨胀土岸坡进行健康状态诊断，为进一步进行膨胀土岸坡和堤坝健康状态的识别与预测提供判据。

膨胀土岸坡的风险辨识过程关键在于建立基于 BP 神经网络算法的膨胀土岸坡风险辨识模型，通过将预测膨胀土岸坡的辨识指标数据输入膨胀土岸坡风险辨识模型，即可得到膨胀土岸坡的监测点位移，进而对膨胀土岸坡滑坡风险进行预测和评估。BP 神经网络算法作为机器学习的一种方法，适合处理复杂的非线性问题，如膨胀土岸坡风险与其影响因素间的非线性关系。膨胀土岸坡风险辨识的 BP 神经网络模型的研究流程是将数据参数输入 BP 神经网络模型进行训练；模型训练结束后，可通过该模型获取膨胀土岸坡的风险辨识结果；最后再对模型的正确性进行检验和核对。

其中，用于膨胀土岸坡风险辨识和训练的 BP 神经网络模型由三层组成：第一层为输入层；第二层为隐含层；第三层为输出层。

输入层有 7 个影响指标对应辨识指标，分别是降雨量、水位（包括顶部水位、底部水位)、水平位移(包括表层水平位移、中部水平位移、底部水平位移)和时间;输出层为监测点的沉降位移。因此,本模型的输入层节点为 7,隐含层节点为 5,输出层节点为 1。其中,每一个节点都是一种特定的输出函数,每两个节点间的连接都代表一个对于通过该连接信号的加权值(权重),学习率决定着每一次循环中所产生的权值变化量。本小节设定的固定学习率为 0.1,训练目标为 0.000 04,最大学习迭代次数为 100 次,通过反复迭代运算,确定相关系数及阈值,此后学习训练过程结束,模型建立成功。经过 BP 神经网络模型训练,对实际值与预测值进行比对,并利用两者的误差百分比来验证该模型的拟合程度。为解决 BP 神经网络模型中输入变量间的单位及数量级不一致的问题,在 BP 神经网络模型中采用归一化将样本数据控制在不大于 1。

归一化公式如下:

$$Y_i = \frac{X_i - X_{\min}}{X_i - X_{\max}}\alpha + \beta \tag{7.1}$$

式中:X_i 和 Y_i 分别为归一化前后的变量;$X_{\min}$ 和 $X_{\max}$ 分别为 X_i 的最小值和最大值;α 为取值在 0～1 内的参数;$\beta = 1 - \frac{\alpha}{2}$。

7.2　膨胀土岸坡和堤坝渗透滑动时效响应模型

7.2.1　复杂条件下渗透滑动动力响应模型

1. 膨胀土岸坡健康状态关键变量的非线性时间序列相空间重构

在非线性动力系统中,任意一个状态变量的演化都是由与之相互作用着的其他状态变量决定的,因此这些相关变量的信息就隐含在任意一个分量的发展过程中,为了重构一个等价的状态空间,可以考察一个变量,并将它在某些固定的时间延迟点上的测量作为新维处理,以形成一个多维状态空间。重复这一过程并测量相对于不同时刻的各延迟量,就可以产生出许多这样的相点,然后再运用适当的方法来检验该系统的运动中是否存在混沌吸引子。

由于膨胀土岸坡和堤坝的稳定控制主要是控制变形,变形是膨胀土岸坡和堤坝状态变量中影响最大的因素,可将竖向位移作为膨胀土岸坡和堤坝健康状态监测的关键变量,本章针对膨胀土岸坡系统监测数据特点,采用胡瑜和陈涛[91]提出的能够同时估计 f 和 m、数据需求较少、抗噪能力较好的 C-C 方法,以沉降位移监测数据为对象,对膨胀土岸坡进行相空间重构,主要步骤如下。

(1)设 δ_1,δ_2,…,δ_i,…,δ_N 为监测所得的膨胀土岸坡位移数据序列,按时间延迟重构方法,将此时间序列重构成 m 维相空间:

$$\boldsymbol{X}_i = [\delta_i, \delta_{i+k}, \delta_{i+2k}, \cdots, \delta_{i+(m-1)k}]^{\mathrm{T}} \tag{7.2}$$

其中：$i=1, 2, \cdots, N-(m-1)k$，$\boldsymbol{X}_i \in \mathbf{R}^m$，$k$ 为延迟时间指数（$k=1, 2, \cdots$），假如测量膨胀土岸坡位移的时间间隔为 τ_s（即 δ_i 与 δ_{i+1} 之间的时间间隔），那么延迟时间 $f=k\tau_s$；$\boldsymbol{X}_i$ 为 m 维相空间里的一个相点，$\{\boldsymbol{X}_i\}$则为 m 维相空间里的一个相型。相点的连线表征了膨胀土岸坡的演变轨迹。

（2）定义嵌入时间序列的关联积分：

$$C(m,N,r,k)=\frac{2}{M(M-1)}*\left[\sum_{j-1}^{M}\sum_{i=j-1}^{M}\Theta(r-\|\boldsymbol{X}_i-\boldsymbol{X}_j\|)\right] \quad (r>0) \tag{7.3}$$

其中：当 $\alpha<0$，$\Theta(\alpha)=0$；当 $\alpha \geqslant 0$，$\Theta(\alpha)=1$；N 为数据集的大小；k 为延迟时间指数；$M=N-(m-1)$，M 为 m 维空间的相点数；$\|\boldsymbol{X}_i-\boldsymbol{X}_j\|$ 为 Euclidean 距离；r 为相空间中相点矢量间的距离。

（3）引入函数：

$$S(m,N,r,k)=C(m,N,r,k)-C^m(1,N,r,k) \tag{7.4}$$

为了研究非线性依赖关系，并且消除与时间有关的伪关联性，将位移时间序列 $\{\delta_i\}(i=1,2,\cdots, N)$ 分成 k 个不相交的子序列，这里 k 是延迟时间指数，则

$$S(m,N,r,k)=\frac{1}{k}\sum_{s=1}^{k}\left[C_s\left(m,\frac{N}{k},r,k\right)-C_s^m\left(1,\frac{N}{k},r,k\right)\right] \tag{7.5}$$

当 $N\to\infty$时，有

$$S(m,r,k)=\frac{1}{k}\sum_{s=1}^{k}\left[C_s(m,r,k)-C_s^m(1,r,k)\right] \quad (m=2,3,\cdots) \tag{7.6}$$

（4）固定 m 和 k，选择 n 个代表性的 r_j，定义：

$$\Delta S(m,k)=\max\{S(m,r_j,k)\}-\min\{S(m,r_j,k)\} \tag{7.7}$$

（5）定义下列平均量：

$$\overline{S}(k)=\frac{1}{16}\sum_{m=2}^{a}\sum_{j=1}^{b}S(m,r,k) \tag{7.8}$$

$$\Delta\overline{S}=\frac{1}{4}\sum_{m=2}^{a}\sum_{j=1}^{b}\Delta S(m,k) \tag{7.9}$$

$$S_{\mathrm{cor}}(k)=\Delta\overline{S}(k)+|\overline{S}(k)| \tag{7.10}$$

式中：a 为数值试验 m 的上限；b 为 r_j 的个数，一般，$r_j=0.5\cdot j\cdot\sigma$，$\sigma$ 为数据集的标准差。从 $\overline{S}(k)$ 第一个零点，或者 $\Delta\overline{S}$ 第一个极小值中寻找数据相互独立的局部最优时间，此最优时间对应延迟时间 $f=k\tau_s$，τ_s 为单位时间。寻找 $S_{\mathrm{cor}}(k)$的最小值点，给出延迟时间窗口 $\tau_w=k\tau_s$，从而确定延迟时间 f 和嵌入维数 m。

2. 膨胀土岸坡全生命期健康状态关键变量的混沌特征判别指标的计算

1）膨胀土岸坡健康状态关键变量关联维计算

分形理论是非线性动力学的一个重要分支，它建立在自相似性或自仿射性的基础上，所研究的对象在结构上具有标度不变性（或称为伸缩对称性），所反映的是事物本身固有的结构特征。关联维是反映分形结构的一个重要的特征参数，它能够定量地描述事物内

部结构的复杂程度，是解决复杂领域混沌、无规则问题和研究看似杂乱无章、零乱分散、支离破碎的形体问题的一个非线性理论工具。

第 1 部分为 C-C 方法重构膨胀土岸坡位移时间序列相空间，关联积分如式（7.3）所示，因为固定 N、k，式（7.3）简写为 $C(m, r)$，关联维的定义为

$$D_2 = \lim \frac{\ln C(m,r)}{\ln r} \tag{7.11}$$

通常的方法是给定一些 m 的值，画出 $\ln C(m, r)$ - $\ln r$ 曲线，通过考察曲线中直线段的斜率确定关联维。但这种方法对于膨胀土岸坡这种有限数据集，计算出的 D_2 可能比真实值小。可以采取排除时间相关性点对的办法对式（7.3）进行修正，即假定相点在经过 $t_{\min} = n_{\min}\tau_s$ 后不再产生时间相关性，于是式（7.3）修正为

$$C(m,r) = \frac{2}{(m-n_{\min})(M-n_{\min}-1)} \sum_{i=1}^{M} \sum_{j=i+n_{\min}}^{M} \Theta(r - \| \boldsymbol{X}_i - \boldsymbol{Y}_j \|) \tag{7.12}$$

式中：$n_{\min}$ 为产生时间相关性的点的最小个数。在确定 $t_{\min}$（即确定 $n_{\min}$）时，可以采用空间-时间分离图的方法，其基本思想是在时间相关性存在的条件下，作以分离时间 t 和空间距离 r 为自变量、以点对的数目为函数的等值线图来识别。

2）膨胀土岸坡健康状态关键变量的最大 Lyapunov 指数计算

混沌从本质上说是指在确定性系统中出现的一种貌似无规则、类似随机的现象。混沌系统的基本特点是运动对初值条件极为敏感，两个靠近的初值产生的轨道随时间推移按指数方式分离，Lyapunov 指数就是定量描述这一现象的量，是衡量系统动力学特性的一个重要定量指标，它表征了系统在相空间中相邻轨道间收敛或发散的平均指数率。利用最大 Lyapunov 指数研究非线性系统的混沌特性，判断混沌状态，进行系统混沌识别，为非线性动力系统的状态识别提供了有效方法。

设混沌时间序列为$\{x_1, x_2, \cdots, x_N\}$，嵌入维数为 m，时间延迟 f，则重构相空间：

$$\boldsymbol{Y}_i = [x_i, x_{i+f}, \cdots, x_{i+(m-1)f}] \in \mathbf{R}^m \quad (i = 1, 2, \cdots, M) \tag{7.13}$$

其中，$N = M + (m-1)f$。在重构相空间后，寻找给定轨道上每个点的最邻近点，即

$$d_j(0) = \min \| \boldsymbol{Y}_j - \boldsymbol{Y}_{\hat{j}} \| \tag{7.14}$$

这里采用了限制短暂分离，即要求$|j - \hat{j}| > P$，其中 P 为时间序列的平均周期；$d_j(0)$ 为第 j 个参考点 $\boldsymbol{Y}_j$ 和最邻近点 $\boldsymbol{Y}_{\hat{j}}$ 的初始距离；$\|\cdot\|$ 表示二范数。那么最大 Lyapunov 指数就可以通过基本轨道上每个点的最邻近点的平均发散速率估计出来。

最大 Lyapunov 指数为

$$\lambda_{\max}(i, k') = \frac{1}{k'\Delta t} \frac{1}{M - k'} \sum_{j=1}^{M-k'} \frac{d_j(i+k')}{d_j(i)} \tag{7.15}$$

式中：k'为常数；Δt 为样本周期；$d_j(i)$ 为基本轨道上第 j 对最邻近点经过 i 个离散时间步长后的距离。最大 Lyapunov 指数的几何意义是量化初始闭轨道的指数发散和估计系统的总体混沌水平，所以结合 Sato 等[92]的估计式有

$$d_j(i) = C_j \mathrm{e}^{\lambda_{\max}(i\Delta t)}, \quad C_j = d_j(0) \tag{7.16}$$

两边取对数得

$$\ln d_j(i) = \ln C_j + \lambda_{\max}(i\Delta t) \quad (j=1,2,\cdots,M) \tag{7.17}$$

显然，最大 Lyapunov 指数大致相当于上面这组直线的斜率，它可以通过采用最小二乘法逼近这组直线得到，即

$$y(i) = \frac{1}{\Delta t}\ln d_j(i) \tag{7.18}$$

3）膨胀土岸坡健康状态关键变量的近似熵计算

应用 K 熵或 K_2 熵研究系统的混沌特性，较难单独反映规则运动成分的特征，并且 K 熵研究中，要求有一定的数据长度 N（N 一般大于 100），这样才能达到较好的效果，这对膨胀土岸坡工程是有一定难度的。针对这一问题，引入近似熵（ApEn）混沌指标，计算方法如下。

对于式（7.2）重构的膨胀土岸坡位移时间序列相空间，定义矢量 $\boldsymbol{X}_i$ 与 $\boldsymbol{X}_j$ 之间的距离 $d|\boldsymbol{X}_i,\boldsymbol{X}_j|$ 为它们各分量之间的最大距离，即

$$d|\boldsymbol{X}_i,\boldsymbol{X}_j| = \max\{|\delta_{i+k-1}-\delta_{j+k-1}|\} \quad (k=1,2,\cdots,m) \tag{7.19}$$

类似关联积分，定义：

$$C_i^m(r) = d|\boldsymbol{X}_i,\boldsymbol{X}_j|r \tag{7.20}$$

再令

$$\Phi^m(r) = (N-m+1)^{-1}\sum_{i=1}^{N-m+1}\ln C_i^m(r) \tag{7.21}$$

$\Phi^m(r)$ 便表示序列$\{\boldsymbol{X}_i\}$的平均自相关程度。因此，定义近似熵：

$$\text{ApEn} = \Phi^m(r) - \Phi^{m+1}(r) \tag{7.22}$$

具体得

$$\text{ApEn} = \frac{1}{N-m}\left\{\sum_{i=1}^{N-m}\left[\ln C_i^m(r) - \ln C_i^{m+1}(r)\right]\right\} = \frac{1}{N-m}\sum_{i=1}^{N-m}\left[\ln\frac{C_i^m(r)}{C_i^{m+1}(r)}\right] = \left\langle \ln\frac{C_i^m(r)}{C_i^{m+1}(r)}\right\rangle \tag{7.23}$$

其中，$\langle\cdot\rangle$ 表示对不同的 i 求平均。对于关联维、Lyapunov 指数等，如果 N 较小，可能无法收敛或者有较大的误差。但 ApEn 是人为定义的，对数据量要求较宽松，通常 $N=100$ 左右仍可计算；并且 ApEn 具有较好的鲁棒性，对时间序列中存在的少数异常数据不敏感，这对于膨胀土岸坡实测数据很有利。对于实际的随机信号（白噪声），ApEn 不会像 K 熵趋于无穷大，而是趋于有限值，所以更为合理。

基于大量岸坡与堤坝工程实践研究，膨胀土岸坡和堤坝滑坡的渗透滑动问题属于典型的饱和、非饱和渗流问题，降雨入渗首先引起边坡表层土体体积含水率的上升，随着降雨强度及降雨时间的持续增加，边坡表层区域内的土体体积含水率逐渐升高，直至达到饱和状态，该区域称为暂态饱和区，其形成范围、形成时间、渗流状态等均会随着降雨条件的变化而不断发生变化。暂态饱和区的水分蒸发过程分为三个阶段：常速率阶段、减速率阶段和残余阶段。常速率阶段发生在试样干燥的初期，由于此时试样含水率较高，蒸发面位

于膨胀土自由水表面，该阶段膨胀土含水率随时间线性减小，蒸发速率几乎为常数；减速率阶段，蒸发速率随时间递减；残余阶段，蒸发速率趋向于 0，试样也基本呈稳定状态。

膨胀土的根本特点是其具有显著的胀缩性，而另一个重要的工程特性是低渗透性。低渗透性使膨胀土上层土体蒸发、收缩时下层土体的收缩变形小，造成上、下层收缩不均而产生裂隙。裂隙一方面破坏了土体的完整性，另一方面也为雨水入渗提供了通道，加剧了土体的胀缩和裂隙扩展。多裂隙性是原状膨胀土的固有属性，也是膨胀土边坡易于失稳的关键因素。研究发现，膨胀土含水率与表面裂隙率及土体强度存在线性关系。相同含水率下，膨胀性越高，裂隙率越大；裂隙率与含水率负相关，含水率越高，裂隙率越小，呈良好的线性关系，中膨胀土裂隙率随含水率的增大衰减最快，弱膨胀土与非膨胀土表现为近似一致的衰减趋势。

膨胀土的抗剪强度特性，对工程中膨胀土的强度和边坡的稳定性具有重要影响。影响膨胀土抗剪强度的主要因素有膨胀土的物质成分、结构与构造、上覆压力、含水率等。其中，膨胀土的抗剪强度对含水率的变化特别敏感。土中含水率变化，膨胀土的干密度将随之变化。通常含水率减小，干密度增大，土的抗剪强度提高。含水率对抗剪强度指标（黏聚力 c 和内摩擦角 φ）的大小具有重要影响，两者存在某种线性相关性。

根据上述水力耦合机制分析，建立了渗透滑动的全生命期模型：

$$A_1+\alpha A_2 h_{\mathrm{t}}\overline{\gamma_{\mathrm{t}}}+\beta\frac{(B_1+B_2 h_{\mathrm{t}}\overline{\gamma_{\mathrm{t}}})\overline{\gamma_{\mathrm{t}}}}{\gamma_{\mathrm{w}}}\frac{[2+(1+D_f)e_0]}{(1+D_f)e_0}\frac{\omega_{\mathrm{t}}}{(1+\omega_{\mathrm{t}})}+(C_1+C_2 h_{\mathrm{t}}\overline{\gamma_{\mathrm{t}}})D_f-\tau_p=\Delta\tau \tag{7.24}$$

式中：$\Delta\tau$ 为剪应力差；τ_p 为当前土体所受剪应力；ω_{t} 为实时监测的裂隙区含水量；h_{t} 为实时监测的裂隙区深度；$\overline{\gamma_{\mathrm{t}}}$ 为实时监测的裂隙区平均重度；$D_f=-\sum_{i=0}^{N-1}P_i\log_2 P_i$，为裂隙度，由图像处理获得，$P_i$ 为灰度频率分布区间；A_1、A_2、B_1、B_2、C_1、C_2 为模型参数，与膨胀土性质有关，由室内试验获得；α、β 为公式的修正系数，在精确测量含水量深度变化值及裂隙率时分别取 1；γ_{w} 为水的容重；e_0 为膨胀土原始孔隙率。

基于上述渗透滑动全生命期模型，提出了渗透滑动的破坏判据：①$\Delta\tau<0$，稳定；②$\Delta\tau=0$，临界；③$\Delta\tau>0$，失稳。

在此基础上，探讨了岸坡与堤坝滑动灾变过程中渗流的发展规律，阐明了滑动灾变过程中发生的主要渗流-损伤效应，给出了颗粒、孔隙、电荷与裂隙等渗流-损伤效应的定量表征，揭示了其结构、组分与节理裂隙特性对水-岩土体相互作用的影响机制。

据此，采用渗透定律基本原理，分别建立了滑动灾变过程中能量与渗流、损伤与力学之间的关键变量变化之间的内在关联，构建了以损伤-渗流为基础的软化多过程耦合作用模型，揭示了渗流-力学多过程作用机制，阐明了渗流力学耦合作用规律，结合膨胀土岸坡与堤坝孕灾模式，进一步揭示了膨胀土岸坡与堤坝多过程耦合作用致灾机理。同时，分别从微观、细观、宏观等不同尺度（离子、颗粒、岩块、岩土体）定量研究了膨胀土岸坡与堤坝中岩土体-水相互作用的综合特征及规律，研究了控制岩土体-水相互作用的不同尺度界面效应；以干湿交替作用下土体水力耦合灾变全过程的多尺度演化机制为主线，建立了不同尺度的演化控制模型及其连接桥梁；结合前期开展的膨胀岩土体多尺度计算框架，提出膨胀土岸坡与堤坝渗透灾变的多尺度计算原理和方法，给出了膨胀土岸坡与堤坝渗透滑动灾变监测指标的初步框架：初始孔隙比、抗剪强度、强度系数、裂隙表面分布及深度分布、容重、含水量等。

下面根据一系列的试验确定其中的各项参数，获得完整的渗透滑动全生命期模型，以确定膨胀土岸坡和堤坝渗透滑动灾变评估方法。

（1）击实试验。取代表性土样 10 kg，风干，粉碎，通过 5 mm 筛，将筛下土拌匀，测量土样的风干含水率。预估土样的最优含水率为 20%，制备 3 个含水率的 3 组试样，相邻 3 个含水率的差值为 4%。本次试验分别制备 16%、20%、24%含水率的试样，并在均匀搅拌和密封放置一夜后进行试验，步骤如下。

第一步，取 6 kg 不同含水率的土壤样品，分 3 组，每组土样 2 kg。将土样倒入击实筒，分层击实，分 3 层，每层 25 击。

第二步，卸下护筒，拆除底板，称筒与试样的总质量，准确至 1 g，并计算试样的湿密度。

第三步，从击实筒中取 2 个代表性试样测定含水率，尽量从击实筒土样中部取代表性试样。

第四步，将剩余的 2 组不同含水率的试样依次击实。

第五步，分别对取出的代表性试样进行称重、烘干。

第六步，分别记录湿土质量和干土质量，并计算平均含水率、干密度和湿密度。

第七步，根据干密度和含水率的关系曲线，取最大干密度和最优含水率的平均值，得到土体的最大干密度、最优含水率。

第八步，取代表性原状土样，测得土壤自然干密度。

击实试验所需的土量较多，取土区域土壤结构单一，各个土样的最大干密度和最优含水率相差不大，本次试验取弱膨胀土 3 组土样，进行击实试验，击实筒质量为 1.844 kg，体积为 947.4 cm^3，数据结果见表 7.2。

表 7.2　弱膨胀土土样击实试验记录表

试验序号	筒加试样质量/g	皿号	湿土质量/g	干土质量/g	含水率/%	平均含水率/%	湿密度/%	干密度/（g/cm^3）
24%含水率	3 764	25	47.23	41.32	15.23	15.73	1.78	1.54
		36	45.32	42.1	16.23			
20%含水率	3 761	92	42.90	38.48	20.58	20.155	1.98	1.65
		46	46.43	41.58	19.73			
16%含水率	3 763	62	50.23	39.61	16.98	17.175	1.777	1.52
		89	48.01	43.42	17.37			

根据 3 组干密度和含水率的关系曲线，取最大干密度和最优含水率的平均值，得到土体的最大干密度为 1.65 g/cm^3，最优含水率为 21.5%。

（2）液塑限。取代表性土样 1 kg，风干，粉碎，通过 0.5 mm 筛，将筛下土拌匀，取 200 g 土壤样品，分 3 组，制备为 16%、20%、24%含水率的试样，并在均匀搅拌和密封放置一夜后进行试验，步骤如下。

第一步，将制备好的土膏充分调拌均匀，密实填入试样杯中。

第二步，在光电式液塑限联合测定仪圆锥体上涂以薄层润滑油脂，并固定锥杆。调节升降座，使圆锥在自重下沉入试样内。

第三步，测读圆锥下沉深度。

第四步，挖去锥尖入土处油脂，取附近试样 15 g，测定含水率。

第五步，测定其余 2 个试样的圆锥下沉深度和含水率。

第六步，通过圆锥下沉深度与含水率的关系图，查得对应的液限、塑限，计算得出缩限。

由液塑限试验过程及计算得，本弱膨胀土试验液限为 69.5%，塑限为 30%。

（3）颗粒分析试验。采用密度计法进行颗粒分析试验，主要仪器为乙种密度计，刻度为 0.995～1.020，最小分度值为 0.000 2，量筒为 1 000 mL，高度约为 420 cm，步骤如下。

第一步，将干质量为 30 g 的风干试样倒入锥形瓶中。注入 200 mL 水，浸泡一夜。

第二步，将锥形瓶放到煮沸设备上进行煮沸，煮沸时间为 30 min。

第三步，煮沸后，关闭电源，静置 10 h。之后，将悬液倒入瓷杯中，加入 4%六磷酸钠 10 mL，再注入纯水至 1000 mL。

第四步，将搅拌器放入量筒中，对悬液上下搅拌 1 min，取出搅拌器后立即打开秒表，将密度计放入悬液中，记录 0.5 min、1 min、5 min、30 min、120 min、360 min 和 1 440 min 时的密度计读数，读数时，视线应与量筒液体弯液面的上缘处平齐，提前 10～20 s 放入密度计，待密度计平稳并达到预定的记录时间时开始记录数据。

第五步，记录试验相应的土粒分布情况，并画出颗粒密度曲线。

通过试验数据得到土体粒径的大致范围和级配情况，试验数据说明了土体级配良好，差异性较小（表 7.3）。

表 7.3　弱膨胀土土样颗粒分析试验记录表

下沉时间/s	悬液温度/℃	密度计读数					土粒落距/cm	粒径/mm	小于某粒径的土的质量分数/%
		密度/（g/cm^3）	温度校正值/℃	分散剂校正值	动力黏滞系数	某温度水相对密度			
30	19	1.016 8	−0.000 2	0.000 2	1.035	0.998 432 261	9.330	0.058 92	84.5
60	19	1.016 2	−0.000 2	0.000 2	1.035	0.998 432 261	9.697	0.042 47	81.3
300	19	1.012 7	−0.000 2	0.000 2	1.035	0.998 432 261	11.841	0.020 99	62.8
1 800	19	1.008 2	−0.000 2	0.000 2	1.035	0.998 432 261	14.598	0.009 51	39.1
7 200	19	1.005 8	−0.000 2	0.000 2	1.035	0.998 432 261	16.068	0.004 99	26.4
21 600	19	1.004 4	−0.000 2	0.000 2	1.035	0.998 432 261	16.925	0.002 96	19.0
86 400	19	1.003 1	−0.000 2	0.000 2	1.035	0.998 432 261	17.721	0.001 51	12.1

（4）膨胀率试验。试验步骤如下。

第一步，取代表性原状土样，将其击实放入内壁均匀涂抹凡士林的环刀，擦净环刀外壁，称环刀和土的总质量。

第二步，将烘干透水板埋入削下的碎土内 1 h，刷净放入膨胀仪。

第三步，将环刀与透水板密切接触，放入仪器水盒，记录读数。

第四步，向水盒注入纯水，保持水面高出试样 5 mm，记录时间，并隔段测读百分表读数。

第五步，当 6 h 内变形小于 0.01 mm 时，终止试验。取出试样烘干，计算含水率、孔隙比、膨胀率。

由以上试验可得，弱膨胀土的基本物理属性如表 7.4 所示。由此计算得出，弱膨胀土的自由膨胀率为 58%。

表 7.4　弱膨胀土的基本物理属性

土名	颗粒密度/（g/cm^3）	含水率/%	液限/%	塑限/%	自由膨胀率/%
弱膨胀土	1.65	21.5	69.5	30	58

（5）干湿循环。从缩限与塑限之间取 4 组数据，从自然干密度和最大干密度之间取 4 组数据，共得到 16 组数据试样，对其进行标记，步骤如下。

第一步，无荷试验，将各组试样放入水箱，静止 4～6 h 进行吸水饱和，饱和后放入烘箱中进行烘干，如此即完成一次干湿循环。测定干湿循环后试样的膨胀量。

第二步，有荷试验，将膨胀率试验中的每组试样各取 5 份置于水箱中，分别施加 5 kPa、15 kPa、30 kPa、50 kPa 和 75 kPa 的竖向压力，槽内注水至与试样上透水石持平，静置 8～10 d 让其尽量吸水饱和，饱和后放入烘箱中进行烘干，如此即完成一次干湿循环。测定干湿循环后试样的膨胀量。

（6）矿物及化学成分分析。取强、中、弱若干组原状土进行矿物及化学成分分析，步骤如下。

第一步，矿物成分分析：对于强、中、弱膨胀土，分别取一定量的土体原状敲成小块，加入少量稀盐酸除去可溶性碳酸盐，离心沉淀、水洗后，加入几滴氨水，制成稳定的悬浮液。搅动悬浮液，然后静置一段时间，从悬浮液中吸取黏粒进行离心沉淀，对沉淀进行处理，分为两份，其中一份用于鉴定其中的高岭石成分，另一份加入蒸馏水，晾干后于 X 射线衍射仪进行关于蒙脱石、伊利石成分的分析。

第二步，化学成分分析：红外光谱分析是通过测量分子对红外光的吸收，从而得到分子结构信息的一种方法。取一定量的强、中、弱膨胀土土体原状制成固体压片，使用红外光谱仪进行扫描，得到吸收光谱图，从而对各膨胀土中的化学成分进行分析、对比。

（7）非饱和土三轴试验。取强、中、弱三类膨胀土，取缩限（10%左右）与塑限之间的 4 组数据分 2 组制样，取自然干密度和最大干密度之间的 4 组数据分 2 组制样。考虑膨胀土的实际工作条件，以上试样均分有荷和无荷进行 5 次干湿循环试验，测定每次干湿循环后的膨胀率，以及每次吸湿饱和状态下的渗透系数；进行非饱和三轴试验，测定每次干湿循环后的抗剪强度，分析数据，研究关键因素对渗流及抗剪强度的影响。

（8）核磁共振试验。取大气影响范围下的原状土进行试验，取原状土分 12 组制样，其中 6 组分别在有荷条件下进行 0～5 次的干湿循环，另外 6 组分别在无荷条件下进行 0～5 次的干湿循环，用煤油浸泡干湿循环后试样，利用核磁共振仪器对每组试样在干湿循环过程中的裂隙及孔隙变化进行记录，利用非饱和三轴仪记录每组试样在干湿循环后的抗剪强度，分析数据，研究孔隙变化对膨胀土抗剪强度的影响。

强、中、弱膨胀土均按照以上步骤来进行试验。

根据上述膨胀土常规物理属性试验、矿物及化学成分分析试验、非饱和土三轴试验、核磁共振试验（物理、矿物、力学、化学），选取有代表性的关键要素属性参数，并分析这些要素属性参数的不同对膨胀土渗流及抗剪强度的影响。初步研究了其中的关键控制因素：膨胀各向异性控制因素为黏土颗粒的取向分布，而粒间膨胀力的控制因素为 Stern 层表面电位、黏土颗粒表面电荷密度、水合阳离子直径的大小与颗粒比表面积。

根据以上试验，当膨胀土饱和度较高时，裂隙度较小，饱和度是土体强度的主要影响因素；当饱和度较低时，裂隙度变大，裂隙度对土体强度的影响逐渐起主要作用。由于饱和度与裂隙度间存在线性关系，强度指标 c、φ 与饱和度及裂隙度也呈线性关系，基于此，确定了具体的模型参数，建立了膨胀土岸坡全生命期演化模型：

$$143.4-0.1h_{\mathrm{t}}\overline{\gamma_{\mathrm{t}}}\frac{(132.17+0.6h_{\mathrm{t}}\overline{\gamma_{\mathrm{t}}})\overline{\gamma_{\mathrm{t}}}}{\gamma_{\mathrm{w}}}\frac{[2+(1+D_f)e_0]}{(1+D_f)e_0}\frac{\omega_{\mathrm{t}}}{(1+\omega_{\mathrm{t}})}+(18.48+0.95h_{\mathrm{t}}\overline{\gamma_{\mathrm{t}}})D_f-\tau_p=\Delta\tau \tag{7.25}$$

式中：ω_{t} 为裂隙区含水量；h_{t} 为裂隙区深度；$\overline{\gamma_{\mathrm{t}}}$ 为裂隙区平均重度；$D_f=-\sum_{i=0}^{N-1}P_i\log_2 P_i$，为裂隙度，取值为 0～1；$\tau_p$ 为岸坡土体的当前剪应力。该模型根据库仑定律[93]，并结合宋岗码头区域膨胀土具体试验参数推导而来。

将膨胀土岸坡理论抗剪强度 τ_f 与当前剪应力 τ_p 之比定义为膨胀土岸坡的演化度，演化度越小，说明岸坡越稳定。

7.2.2　基于时间推移检测的渗透滑动灾变临界判据

膨胀土具有特别发育的非胀缩裂隙（因而又称为裂土），其裂隙面清晰光滑，大多由次生的白色黏土充填。土体吸水膨胀，裂隙闭合，土体失水，裂隙张开。裂隙面吸水软化，强度随之降低。这是膨胀土（裂土）的一个重要特性。因为裂隙的存在给水分的入渗提供了通道，在裂隙邻近区域形成了低强度带。渠道开挖，改变了土体原有的应力状态，使正应力降低，剪应力增加，首先在局部破坏，然后发展成滑坡。裂隙使土体成为不连续体，破坏了土体的结构性和均一性，从形态上分为垂直裂隙、水平裂隙和斜交裂隙。此外，尚存在软弱结构面。在这些软弱结构面上，大多充填有灰白黏土条带，裂面光滑，含水量大，抗剪强度低。

膨胀土的超固结性使其具有的另一个重要特性是应变软化。当剪应力超过其抗剪强度后，剪切面上的抗剪强度随变形的增加而明显降低。渠坡土体开挖后，在某一小区域内破坏后，剪应力向四周迅速转移，导致破坏区域的不断扩大，形成渐进性破坏。超固结土还有明显的卸荷与剪胀性。渠道开挖使平均主应力降低，剪应力增加，土体膨胀，从而引起负孔隙压力，加速水的入侵，土体性质恶化，强度降低。

膨胀土渠坡在施工甚至运行初期往往是稳定的，稳定时间可以是几年，甚至是十几年，此后逐渐发生滑动。目前认为，发生滑动的主要原因是土层的抗剪强度随时间而衰减，而这种抗剪强度的衰减是由膨胀土的内在因素和某些外部诱发条件共同促成的。内在因素主要指膨胀土的胀缩性。膨胀土的这种胀缩特性受其内的水分状态控制，而渠坡膨胀土的水分状态主要受气候条件和渠水水位及渗漏情况所控制。这些控制因素的交替变化，造成膨胀土的反复膨胀和收缩，最终导致膨胀土土体松散，在其中形成许多不规则的次生裂隙，并使其中的原生裂隙进一步扩张，形成了错综复杂的裂隙网络，破坏了膨胀土土体的完整性，为雨水入渗和水分蒸发提供了条件，进而为渠坡表面膨胀土的进一步风化创造了条件，促进了土体内水分的波动和胀缩现象的发生，使裂隙面进一步扩张，并向深部发展，该部分土体强度大为降低，形成风化层。此层厚度与气候条件有关，一般为 4～6 m。在有的位置，顺坡向或近于水平向的裂隙在剪应力作用下发生贯通，形成近坡向或水平向的破裂带，这种破裂带在长期的风化、淋滤等作用下，在与其垂直的张裂隙底部形成顺坡向的软弱夹层，这种软弱夹层具有较好的积水条件，其强度很低，是潜在的滑动面。

膨胀土边坡的开挖会对土体产生卸荷作用，这种卸荷作用促进了土体中微裂隙的张开和扩展。同时，由于膨胀土的超固结特性，其水平应力往往比垂直应力大数倍，故开挖卸荷完成后边坡土体的应力水平很高，而且从坡肩到坡脚应力水平逐渐增大，在坡脚处形成剪应力集中区，该区的土体达到极限平衡状态，产生较大的变形而软化，该部位的抗剪强度从峰值降为残余值。因此，渠坡往往从坡脚开始发生失稳，然后，应力集中区向上转移，造成渠坡的牵引式滑动。

应当强调的是，膨胀土的“三性”，即胀缩性、裂隙性和超固结性，是相互联系、相互促进的。而“三性”中的胀缩性是根本的内在因素，裂隙性是关键的控制因素，超固结性是促进因素。开挖卸荷和由气候变化引起的含水量变化是外部诱发条件与主导因素。另外，含水量的增加会急剧降低土的吸力，也会使土软化，同时削弱超固结作用。

根据上述分析，将渗透滑动的水力耦合模型与判据由土体单元通过叠加扩展到整个膨胀土岸坡，即得到膨胀土岸坡全生命期行为演化模型。同时，对不同深度的含水量数据进行曲面拟合，将其向膨胀土滑坡表面进行投影即可得到暂态饱和区分布区域 TAZ 与主要裂隙开展分布区域 CDZ 的重叠关系，根据两者的重叠性，提出整体渗透滑动判据，即全生命期行为预测评定方法与指标。

TAZ＜CDZ，整体稳定状态，全生命期演化阶段：健康。

TAZ＝CDZ，整体临界状态，全生命期演化阶段：不良。

TAZ>CDZ，整体破坏状态，全生命期演化阶段：患病。

根据上述渗透滑动全生命期行为演化模型及判据，进一步确定了影响渗透滑动全生命期行为的主要因素与关键控制变量：初始孔隙比、抗剪强度、强度系数、裂隙表面分布及深度分布、容重、含水量。由此提出了现场监测的内容及手段（表 7.5）。

表 7.5　现场监测内容及手段

序号	监测内容	监测指标	监测手段
1	裂隙表面分布	裂隙度	全面/无人机拍摄
2	裂隙深度分布	含水率突变深度	多点/水分检测仪
3	裂隙区容重	平均容重	多点/密度计
4	裂隙区含水量分布	不同深度含水率	多点/水分检测仪
5	抗剪强度	不同深度抗剪强度	原位剪切试验

根据上述监测指标，现场用无人机对膨胀土边坡进行监测，对无人机拍摄的照片进行图像处理，得到灰度熵，以表征裂隙度。观测土样裂隙发展前后所得图像的典型灰度频率分布情况：裂隙发展前，图像灰度频率分布是单峰形式，而裂隙发展后所得图像灰度频率分布发生了明显的变化，图像灰度频率分布变化为一个主峰带多小峰的形式。

图像的灰度熵表征了图像灰度频率分布的均匀与离散情况。裂隙图像的灰度频率分布越集中，其灰度熵越小，土体处于裂隙不发育状态；反之，灰度熵越大，土体裂隙也越发育。因此，裂隙图像的灰度熵综合反映了观测区域内裂隙的宽度、长度及分布的疏密程度，可以作为混乱型裂隙网络发育程度的度量指标。需要说明的是，光源强度不同会造成裂隙图像灰度频率分布图向左或向右移动，但该移动量一般不大，且由于图像灰度频率分布图集中于单峰处，这种移动对灰度频率的计算基本没有影响，具有较好的稳定性。

基于曲面模型应用离散点拟合不规则曲面时，首先要建立高精度的已知三维坐标值的公共控制点。当公共控制点的个数多于所需解算的函数模型的系数个数时，采用最小二乘原理求解方程，得到各模型的系数矩阵，从而建立起曲面拟合模型，可使用 MATLAB 中的曲面拟合模块快速实现。对不同深度的含水量数据进行曲面拟合，将其向膨胀土滑坡表面进行投影即可得到暂态饱和区分布区域 TAZ 与主要裂隙开展分布区域 CDZ 的重叠关系。

由此提出了预测、评估现场的具体实施要点：监测布设要与检测布置至少有局部重合；监测的重点区域需要加密布设；裂隙、容重、含水量监测需要达到一定的频率密度；含水量在深度方向的监测需要达到一定的空间密度；含水量在平面的监测需要达到一定的空间密度；技术验证后再进行不同空间、时间的监测优化。

7.2.3　膨胀土岸坡和堤坝渗透滑动灾变评估方法

根据 7.2.1 小节提出的复杂条件下的渗透滑动动力响应模型的构成，膨胀土岸坡和堤坝渗透滑动灾变评估方法也分为膨胀土岸坡全生命期健康诊断、膨胀土岸坡风险辨识与预测和膨胀土渗透滑动全生命期模型演化度三部分。

1. 膨胀土岸坡全生命期健康诊断

1）相空间重构

根据宋岗码头示范点埋置的土壤湿度计数据，选取其中的代表性监测层（含水率变化值最大的监测点），按照 C-C 方法进行相空间重构，取得的结果如图 7.2 所示。

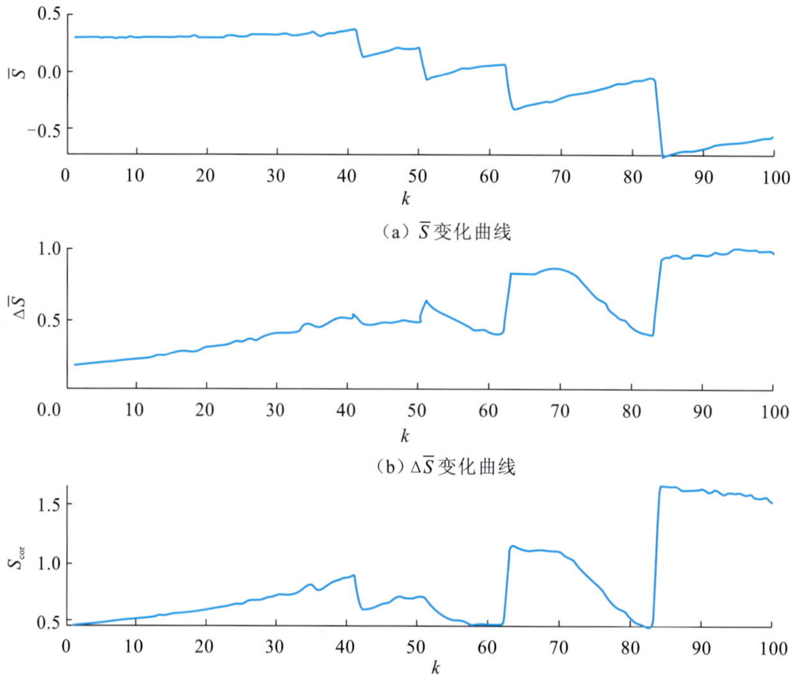

（a）$\overline{S}$ 变化曲线

（b）$\Delta\overline{S}$ 变化曲线

（c）S_{cor} 变化曲线

图 7.2　相空间重构分析曲线

取 $\overline{S}$ 第一次为 0 时或者 $\Delta\overline{S}$ 第一次出现峰值时为延迟时间 f，从图 7.2 中可以得到最优延迟时间指数为 $k=9$。当 $k=14$ 时，S_{cor} 出现最小值，则延迟时间窗为 14；由此可计算最小嵌入维 m，即 $9(m-1)\tau_s=14\tau_s$，取最小整数，得 $m=2$，则可以以延迟时间 $f=9\tau_s$，$m=2$ 对地表整体位移时间序列重构相空间，研究此系统的混沌特征量。

当 $k=83$ 时，S_{cor} 出现最小值，$9(m-1)\tau_s=14\tau_s$，取最小整数，得 $m=8$，与表 7.3 对比进行混沌判别：①关联维为 1.005 6，非整数，混沌状态。②最大 Lyapunov 指数为 8.582 1 $\times10^{-4}>0$，混沌状态。③近似熵 ApEn=0.183>0，混沌状态。

2）混沌特征量求取与混沌特征判别

分别按照本章提出的混沌特征量的求取方法计算关联维（1.9）、最大 Lyapunov 指数（0.003 2）、近似熵（0.46）。非线性动力学研究表明，非线性系统内部特征量的取值情况可以用来表征系统所处的运动状态（表 7.6）。通过综合考虑关联维、最大 Lyapunov 指数、近似熵的取值情况来进行膨胀土岸坡系统的混沌判别。参照表 7.6 可知，计算所得的膨胀土岸坡的特征量全部在期盼的标准范围内。这表明膨胀土岸坡演变的因素中除了有通常认为的确定性成分和随机成分外，还存在混沌成分，且混沌特征显著，存在滑坡风险，而监测资料显示，膨胀土岸坡在数据获得的时间点处于临近破坏状态，证明了所提出的膨胀土岸坡全生命期健康状态诊断方法的有效性，同时，为膨胀土岸坡全生命期健康状态辨识和预测提供了科学依据。

表 7.6　不同运动状态的特征量取值比较

运动状态	关联维	Lyapunov 指数 λ	近似熵
定点运动	0	<0	0
周期运动	1	$\lambda_{max}=0$，其余 $\lambda<0$	0
准周期运动	2	$\lambda_1=\lambda_2=0$，其余 $\lambda<0$	0
混沌运动	非整数	$\lambda_{max}>0$	（0，∞）
白噪声	非整数，不确定	无明确定义，实测 $\lambda_{max}>0$	理论定义∞

注：λ_1 为一阶最大 Lyapunov 指数；λ_2 为二阶最大 Lyapunov 指数。

2. 膨胀土岸坡风险辨识与预测

1）膨胀土岸坡样本训练检验分析

根据 7.1.3 小节构建的 BP 神经网络模型，对膨胀土岸坡风险辨识模型进行学习训练。

（1）初始化 BP 神经网络模型。以现场实测含水率数据为训练和检验样本，初始化神经网络参数，对样本数据进行归一化处理。

（2）训练 BP 神经网络模型。随机选取含水率监测点 1 训练样本 50 组、含水率监测点 2 训练样本 50 组对 BP 神经网络模型进行训练，直至 BP 神经网络模型训练结束。BP 神经网络模型经过学习训练之后收敛，即得到基于 BP 神经网络算法的膨胀土岸坡风险辨识模型。

（3）检验 BP 神经网络模型。随机选取检验样本，其中含水率监测点 1 为 25 组，含水率监测点 2 为 25 组，通过训练好的 BP 神经网络模型对检验样本数据进行预测，得到预测输出图和误差百分比图，如图 7.3、图 7.4 所示。

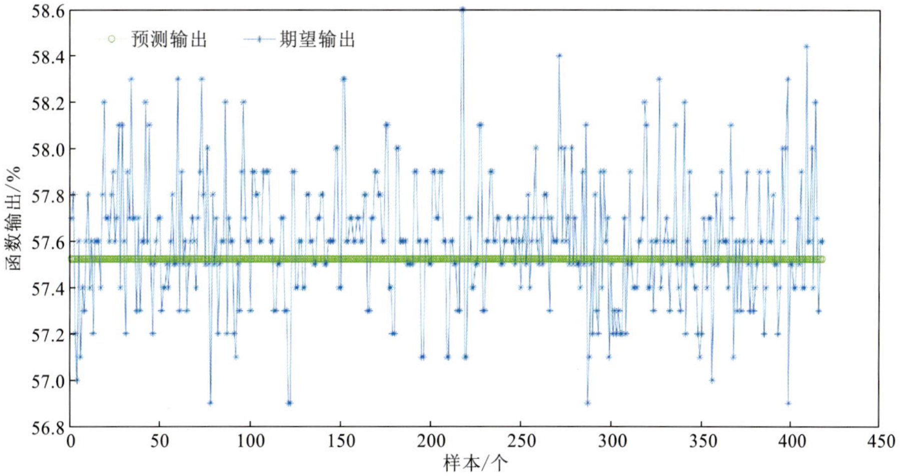

图 7.3　含水率监测点 1 样本训练 BP 神经网络模型的预测输出图

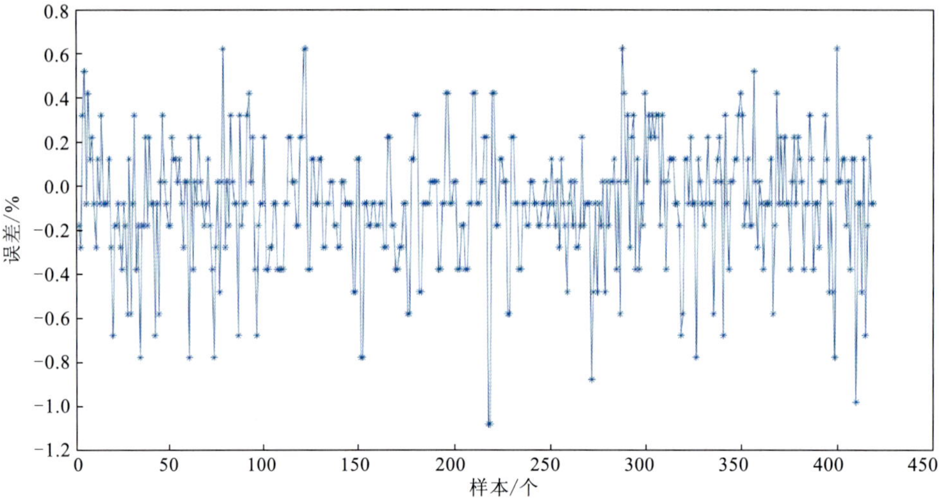

图 7.4　含水率监测点 1 样本训练 BP 神经网络模型的误差百分比图

根据图 7.3、图 7.4 中检验样本的计算结果，计算出的 BP 神经网络模型对膨胀土岸坡的风险辨识准确率较高，训练效果良好。因此，该膨胀土岸坡风险辨识模型的学习性和泛化性等特性得到验证。

2）膨胀土岸坡的风险预测分析

训练好的膨胀土岸坡自动辨识模型经过检验样本和校核数据验证无误后，即可对膨胀土岸坡进行辨识预测。膨胀土岸坡实际监测数据显示，滑坡前一段时间沉降变化较为明显，故选取滑坡前沉降监测数据变化较大的具有代表性的时间作为预测时间，通过风险自动辨识模型对该段时间的膨胀土岸坡沉降进行预测，并与实际监测值做对比，沉降预测结果与实际结果误差较小，这些误差是由训练样本数量及 BP 神经网络算法存在的初始值的随机性较大导致的，证明了所提出的膨胀土岸坡全生命期风险辨识与预测方法的正确性。

3. 膨胀土渗透滑动全生命期模型演化度

对监测区域内近 30 d 的数据进行统计，如表 7.7 所示。

表 7.7　渗透滑动全生命期演化模型算例

湿度计	土壤湿度/%	质量含水率/%	理论抗剪强度 τ_f/kPa	当前剪应力 τ_p/kPa	$\Delta\tau$/kPa	演化度/%	是否健康
1-1	45.7	0.195 427 632	76.257 943 31	0.115 204 161	76.142 739 15	0.151 071 686	是
1-2	59.6	0.254 868 421	50.401 006 90	0.266 815 589	50.134 191 31	0.529 385 433	是
1-3	46.0	0.196 710 526	76.515 504 22	0.498 125 356	76.017 378 86	0.651 012 315	是
1-4	80.8	0.345 526 316	10.626 496 64	0.374 690 925	10.251 805 72	3.526 006 145	是
1-5	81.3	0.347 664 474	9.830 435 86	0.470 388 875	9.360 046 99	4.785 025 624	是
1-6	75.4	0.322 434 211	21.340 743 99	0.687 685 017	20.653 058 97	3.222 404 137	是
1-7	76.9	0.328 848 684	18.649 174 88	0.777 355 597	17.871 819 28	4.168 310 944	是

续表

湿度计	土壤湿度/%	质量含水率/%	理论抗剪强度 τ_f/kPa	当前剪应力 τ_p/kPa	$\Delta\tau$/kPa	演化度/%	是否健康
2-1	50.7	0.216 809 211	62.560 206 91	0.110 584 389	62.449 622 52	0.176 764 744	是
2-2	70.2	0.300 197 368	33.282 521 82	0.222 539 001	33.059 982 82	0.668 636 235	是
2-3	57.4	0.245 460 526	52.636 634 01	0.446 084 882	52.190 549 13	0.847 479 878	是
2-4	58.4	0.249 736 842	51.411 691 21	0.609 924 108	50.801 767 10	1.186 352 935	是
2-5	49.7	0.212 532 895	65.732 507 09	0.855 449 907	64.877 057 18	1.301 410 740	是
2-6	58.6	0.250 592 105	51.753 740 40	0.946 321 490	50.807 418 91	1.828 508 399	是
2-7	46.6	0.199 276 316	71.746 772 60	1.258 820 990	70.487 951 61	1.754 533 263	是
3-1	46.3	0.197 993 421	69.791 860 62	0.114 696 713	69.677 163 91	0.164 341 102	是
3-2	64.2	0.274 539 474	41.994 653 24	0.249 069 208	41.745 584 03	0.593 097 428	是
3-3	48.3	0.206 546 053	67.270 837 41	0.489 292 717	66.781 544 69	0.727 347 444	是
3-4	43.5	0.186 019 737	75.808 621 58	0.701 752 051	75.106 869 53	0.925 688 973	是
3-5	70.2	0.300 197 368	34.039 723 49	0.639 799 627	33.399 923 86	1.879 567 640	是
3-6	59.7	0.255 296 053	50.038 668 79	0.932 587 638	49.106 081 15	1.863 733 909	是
3-7	69.1	0.295 493 421	36.149 742 20	0.939 217 303	35.210 524 90	2.598 130 016	是
4-1	45.2	0.193 289 474	71.635 408 02	0.115 617 485	71.519 790 54	0.161 397 119	是
4-2	79.6	0.340 394 737	20.304 108 58	0.173 430 772	20.130 677 81	0.854 165 899	是
4-3	57.2	0.244 605 263	52.948 429 60	0.447 181 396	52.501 248 20	0.844 560 262	是
4-4	44.6	0.190 723 684	73.918 241 28	0.696 612 611	73.221 628 67	0.942 409 613	是
4-5	54.2	0.231 776 316	58.389 119 16	0.818 842 482	57.570 276 68	1.402 388 825	是
4-6	42.4	0.181 315 789	78.593 878 22	1.099 228 920	77.494 649 30	1.398 619 008	是
4-7	34.6	0.147 960 526	93.171 768 86	1.346 956 183	91.824 812 68	1.445 669 863	是
5-1	54.6	0.233 486 842	56.334 775 34	0.106 344 222	56.228 431 12	0.188 771 893	是
5-2	29.6	0.126 578 947	99.977 150 77	0.332 011 599	99.645 139 17	0.332 087 478	是
5-3	53.6	0.229 210 526	58.634 944 24	0.465 773 076	58.169 171 16	0.794 360 909	是
5-4	60.4	0.258 289 474	48.325 020 74	0.593 753 091	47.731 267 65	1.228 665 983	是
5-5	58.2	0.248 881 579	52.051 644 76	0.781 347 402	51.270 297 36	1.501 100 313	是
5-6	67.2	0.287 368 421	38.679 052 37	0.826 989 190	37.852 063 18	2.138 080 277	是
5-7	74.2	0.317 302 632	28.804 009 43	0.836 3134 76	27.967 695 95	2.903 462 028	是
6-1	63.1	0.269 835 526	43.333 115 55	0.095 068 995	43.238 046 56	0.219 391 091	是
6-2	51.1	0.218 519 737	62.291 154 41	0.293 801 804	61.997 352 61	0.471 658 949	是
6-3	29.7	0.127 006 579	100.326 369 70	0.539 369 723	99.786 999 98	0.537 615 110	是
6-4	62.3	0.266 414 474	45.431 300 25	0.577 510 723	44.853 789 53	1.271 173 662	是
6-5	51.2	0.218 947 368	63.258 949 01	0.843 889 733	62.415 059 28	1.334 024 270	是

续表

湿度计	土壤湿度/%	质量含水率/%	理论抗剪强度 τ_f/kPa	当前剪应力 τ_p/kPa	$\Delta\tau$/kPa	演化度/%	是否健康
6-6	74.6	0.319 013 158	28.012 325 90	0.702 351 699	27.309 974 20	2.507 295 188	是
6-7	61.3	0.262 138 158	47.875 426 96	1.074 638 761	46.800 788 20	2.244 656 245	是
7-1	50.5	0.215 953 947	62.884 063 13	0.110 786 532	62.773 276 60	0.176 175 850	是
7-2	49.9	0.213 388 158	64.244 075 38	0.297 024 389	63.947 050 99	0.462 337 403	是
7-3	75.8	0.324 144 737	25.674 518 69	0.315 837 971	25.358 680 72	1.230 161 214	是
7-4	49.6	0.212 105 263	65.510 524 32	0.670 068 083	64.840 456 24	1.022 840 360	是
7-5	36.5	0.156 085 526	88.683 409 91	0.931 375 559	87.752 034 35	1.050 225 245	是
7-6	37.4	0.159 934 211	87.525 329 97	1.129 223 324	86.396 106 65	1.290 167 457	是
7-7	45.3	0.193 717 105	73.978 845 63	1.270 890 625	72.707 955 01	1.717 910 863	是

根据表 7.7 可以绘制该区域全生命期演化度 T 随土体深度 H 的变化，如图 7.5 所示。

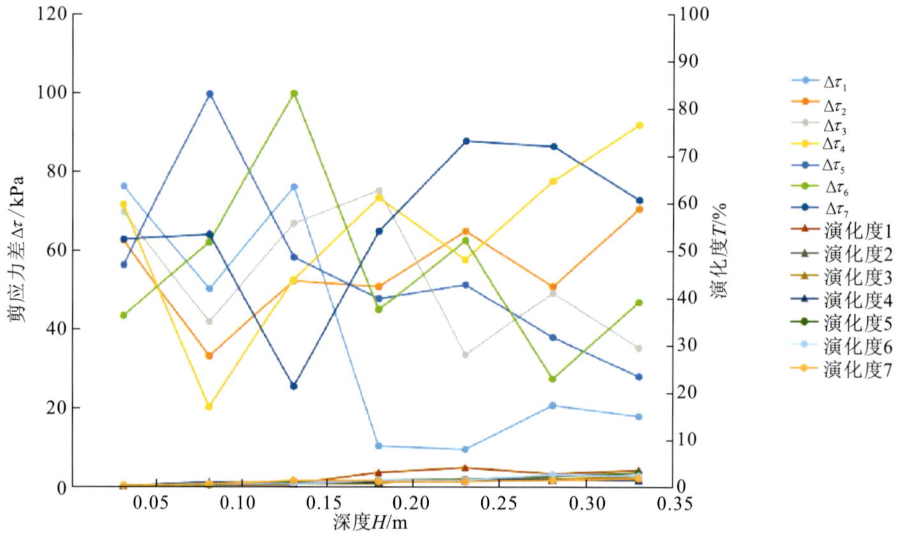

图 7.5　全生命期演化度随深度的变化图

此时全部监测点的抗剪强度 τ_f 均大于岸坡土体当前剪应力 τ_p，演化度小于 5%，可以认为全部点位安全，则此时处于健康状态，健康率达 100%。

本章提出的灾变评估方法体现出以下特点。

（1）阐明了膨胀土岸坡系统的非线性动力系统特点，指出膨胀土岸坡和堤坝系统必须存在开放边界（即能够与外界进行物质、能量交换），并且处于远平衡状态，通过外界作用与内部因素的协同作用，对微涨落进行放大，以分岔与突变为临界变化方式，实现其混沌到有序的演化过程。

（2）通过混沌力学理论，对膨胀土岸坡和堤坝随时间演化的变形沉降数据进行相空间重构，并计算其关联维、最大 Lyapunov 指数、近似熵，进而形成膨胀土岸坡全生命期诊断方法。

（3）基于膨胀土岸坡和堤坝滑坡风险发生机理研究及风险指标因素，利用机器学习中的 BP 神经网络算法，确立了膨胀土岸坡健康状态的辨识指标体系，建立了膨胀土岸坡风险辨识模型，形成了膨胀土岸坡全生命期风险预测方法。

（4）将所提出的膨胀土岸坡全生命期健康状态诊断与预测方法应用其中，结果显示：膨胀土岸坡混沌特征显著，处于邻近破坏状态，BP 神经网络算法计算检验无误，膨胀土岸坡辨识准确率高；能够对膨胀土岸坡风险做出快速预测，得到的膨胀土岸坡滑坡前沉降与实际吻合良好，验证了膨胀土岸坡健康状态诊断与预测方法的正确性和可靠性。

7.3　膨胀土岸坡和堤坝渗透滑动灾变快速评估技术

7.3.1　膨胀土岸坡和堤坝渗透滑动检测动态数据库

动态数据库采用自顶向下的结构化设计方法。在设计时，首先根据系统的任务和需求，对系统进行划分，分为规模较小、功能较为简单的局部模块，并确立它们之间的相互关系，然后继续将模块划分为子模块，直到划分得到的子模块规模合适为止。动态数据库设计包括数据库建设、数据采集、数据管理。

1. 数据库建设

本系统数据库的开发人员将通过深入现场调研和需求分析，结合特定数据库管理系统的具体特点，将监测、检测的需求转化成有效的数据库模式。数据库为系统地质数据存储空间，支持地质数据中心、信息服务平台和信息共享平台，满足系统对数据的高效、准确调用要求。

2. 数据采集

数据采集指对资源和环境的监测、管理数据的储存入库，主要包括数据录入和导入功能，Excel 数据表、Oracle 数据库文件等的导入。

3. 数据管理

数据管理模块主要用于对数据库进行操作，主要包括数据编辑、检索、浏览、导出、更新等功能。基于网络发布，用户可登录系统，取得权限并录入数据，实现监测和管理数据的实时更新。

7.3.2　渗透滑动检测的快速识别、自动分析与评估技术

渗透滑动检测系统建设主要实现对现场监测信息的统一管理、实时更新，为现场规划、建设、管理提供专业数据分析与决策咨询，并通过互联网实现快速识别、自动分析

与评估。为实现地质数据的整合，需通过现有多源、异构数据的汇聚，建立地质数据管理中心及其拓展应用平台。基于地质数据中心，开发多种应用程序，包括数据管理与维护、数据展示及查询、专业分析评价、多专业地质体模型构建等，组成完整的系统功能，以有效管理和发掘现场实测数据价值，积极主动地提供适合膨胀土岸坡和堤坝渗透滑动监测评估的地质数据服务。因此，支撑系统正常运行需要包括软件体系与硬件体系两大部分。

1. 系统软件体系

借助系统搭建起数据、知识、价值之间的桥梁，强调地质数据的通俗化、实用性、公开性和社会价值的转换，建立以数据库、可视化和信息共享为主要特点的信息化工作模式。

该信息化工作模式，以地质数据中心为基础，主要由三个层次构成：①数据层（采集、建库、维护）；②应用层（处理、建模、评价管理）；③服务层（查询、检索、信息发布、共享与交换等数据服务）。

数据层关注数据的采集与管理，通过地质数据收集、整理等途径汇聚各种地质数据，建立和管理各类地质数据库，如原始数据库、专题数据库、成果数据库等，组成地质数据中心，实现城市地质数据的规范采集处理、合理存储、科学管理和有效使用。

应用层实现地质数据的分析与综合利用。一方面，借助数据检索、查询统计、专题图生成与交互显示等功能，通过二维图形/图像、表格、直方图、曲线图等方式显示地质数据，进行交互式应用分析；另一方面，实现膨胀土渗透滑动全生命期演化模型计算及分析应用，多种模型一体化组合显示，并能将全生命期模型和分析应用的成果数据保存到成果数据库中。

服务层面向膨胀土岸坡和堤坝渗透滑动监测预警的工作人员，根据实时监测情况进行相关预警工作。

2. 系统硬件体系

系统硬件体系主要包括两大块：系统地质信息数据库和用户操作信息数据库。每一层数据库存储于一台服务器，每台服务器均有相应的备份数据库服务器，保障数据库安全。系统地质信息数据库由多台服务器组成，底层数据库包括系统所有基础地质信息，经一层一层过滤，各层间数据流动是单向的，分别形成地质数据中心层、城市地质信息服务平台层和信息共享平台数据库层。每层数据库包括管理数据库服务器和应用数据库服务器，服务器之间均设有防火墙，防止数据紊乱。用户操作信息数据库存储于一台服务器，其与系统操作信息数据库服务器之间的信息流动是双向的，系统操作信息数据库服务器与各平台管理数据库服务器之间的数据交流是双向的，服务器之间均设有防火墙。

7.3.3 渗透滑动快速分析评估信息系统开放式框架

膨胀土岸坡渗透滑动全生命期演化模型分析评估系统基于膨胀土岸坡渗透滑动全生

命期演化模型，根据现场监测的含水率等参数将膨胀土岸坡渗透滑动的演化度进行图形化表示。

1. 系统主界面

系统主界面如图 7.6 所示。

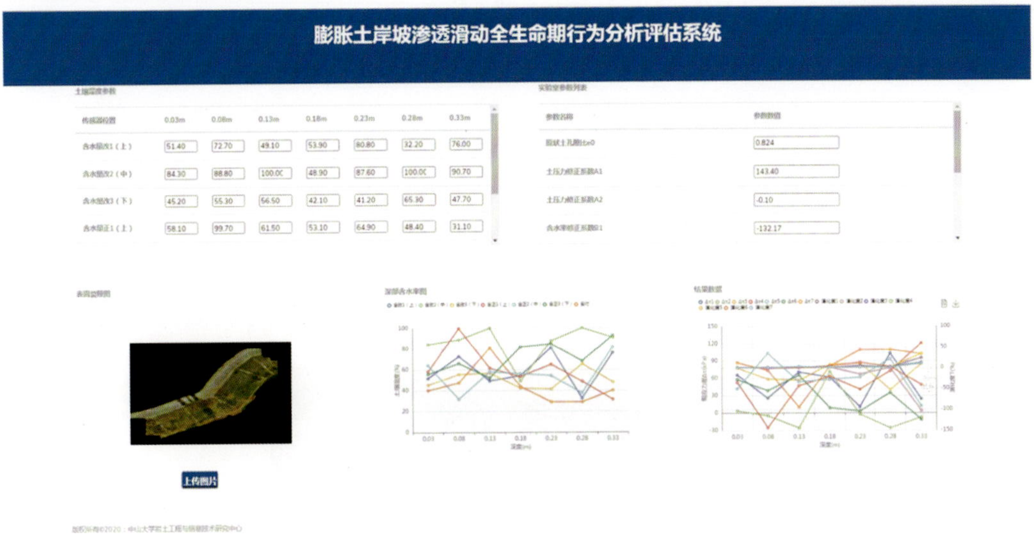

图 7.6　系统主界面

2. 系统主要功能介绍

（1）岸坡土壤湿度参数列表，如图 7.7 所示。

土壤湿度参数

传感器位置	0.03m	0.08m	0.13m	0.18m	0.23m	0.28m	0.33m
含水量改1（上）	46.3	71.1	52.4	51.9	73.6	35.7	71.4
含水量改2（中）	52.2	44.2	23.9	36.6	35.8	40.8	55.2
含水量改3（下）	36.2	41.7	45.7	37.7	35.6	59.2	43.7
含水量正1（上）	44.6	85.8	57.5	45.7	58.6	43.2	28.1

图 7.7　土壤湿度参数

（2）实验室参数列表，如图 7.8 所示。

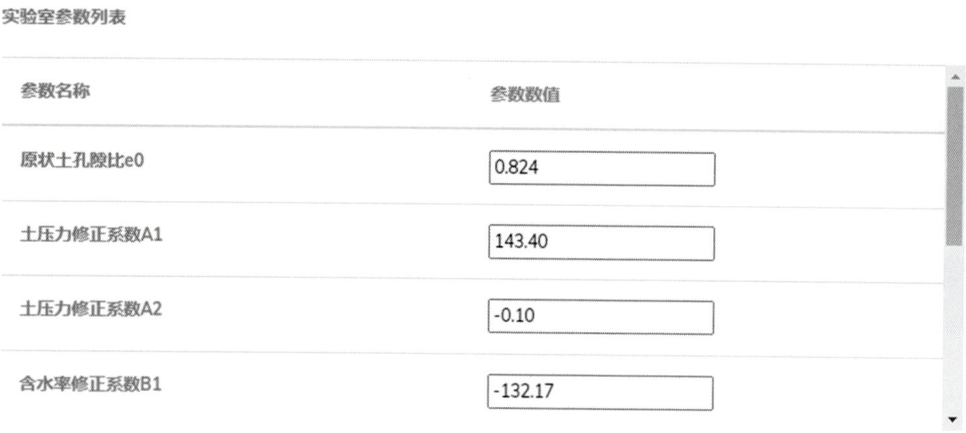

实验室参数列表

参数名称	参数数值
原状土孔隙比e0	0.824
土压力修正系数A1	143.40
土压力修正系数A2	-0.10
含水率修正系数B1	-132.17

图 7.8　实验室参数列表

（3）需要上传至系统中的数据文件，如图 7.9 所示。

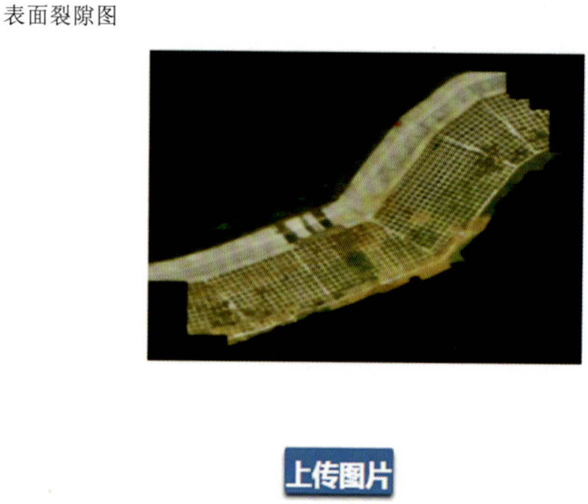

图 7.9　上传表面裂隙图数据

（4）获取的剪应力差和岸坡的演化度的变化，如图 7.10 所示。

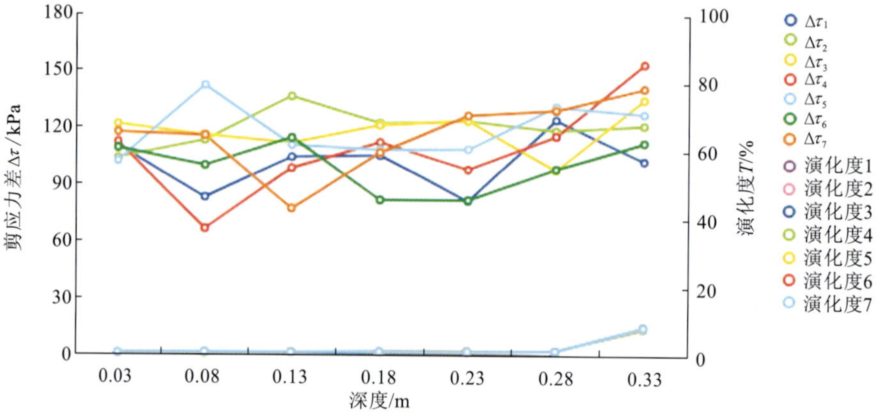

图 7.10　剪应力差和岸坡的演化度的变化

以 2021 年 4 月 26 日 8 时数据为例，结果见表 7.8。

表 7.8　渗透滑动全生命期演化模型算例（宋岗码头 2021 年 4 月 26 日 8 时实测数据）

湿度计	土壤湿度/%	质量含水率/%	理论抗剪强度 τ_f/kPa	当前剪应力 τ_p/kPa	$\Delta\tau$/kPa	演化度/%	是否健康
1-1	44.2	0.189 013 158	79.082 614 92	0.116 418 336	78.966 196 58	0.147 211 035	是
1-2	58.7	0.251 019 737	52.102 458 11	0.270 026 092	51.832 432 02	0.518 259 794	是
1-3	43.8	0.187 302 632	80.685 363 79	0.505 826 231	80.179 537 56	0.626 912 004	是
1-4	76.6	0.327 565 789	18.640 931 06	0.427 667 019	18.213 264 04	2.294 236 364	是
1-5	73.7	0.315 164 474	24.391 181 66	0.590 260 531	23.800 921 13	2.419 975 134	是
1-6	56.4	0.241 184 211	57.825 551 25	0.972 461 584	56.853 089 67	1.681 716 063	是
1-7	59.6	0.254 868 421	52.010 374 01	1.100 614 303	50.909 759 71	2.116 143 796	是
2-1	40.3	0.172 335 526	80.027 306 29	0.119 221 390	79.908 084 90	0.148 975 888	是
2-2	51.1	0.218 519 737	62.291 154 41	0.293 801 804	61.997 352 61	0.471 658 949	是
2-3	48.6	0.207 828 947	66.773 359 86	0.488 080 495	66.285 279 37	0.730 950 93	是
2-4	37.6	0.160 789 474	86.209 404 74	0.725 248 489	85.484 156 25	0.841 263 771	是
2-5	33.7	0.144 111 842	93.842 925 43	0.942 016 809	92.900 908 62	1.003 822 936	是
2-6	56.6	0.242 039 474	54.905 334 90	0.970 157 919	53.935 176 98	1.766 964 76	是
2-7	41.6	0.177 894 737	80.446 987 63	1.301 769 417	79.145 218 21	1.618 170 494	是
3-1	42.0	0.179 605 263	77.082 056 32	0.118 061 233	76.963 995 09	0.153 163 056	是
3-2	63.5	0.271 546 053	43.033 971 12	0.251 914 733	42.782 056 39	0.585 385 746	是
3-3	48.0	0.205 263 158	67.769 373 99	0.490 490 947	67.278 883 04	0.723 764 908	是
3-4	44.1	0.188 585 526	74.775 650 17	0.698 979 259	74.076 670 91	0.934 768 548	是
3-5	68.2	0.291 644 737	36.942 322 02	0.666 446 461	36.275 875 56	1.804 018 872	是
3-6	32.0	0.136 842 105	97.548 651 70	1.153 643 672	96.395 008 03	1.182 634 154	是
3-7	67.5	0.288 651 316	38.505 524 04	0.969 173 868	37.536 350 17	2.516 973 583	是
4-1	39.4	0.168 486 842	81.601 392 90	0.119 797 949	81.481 594 95	0.146 808 706	是
4-2	74.9	0.320 296 053	26.694 530 91	0.199 108 121	26.495 422 79	0.745 876 081	是
4-3	53.6	0.229 210 526	58.634 944 24	0.465 773 076	58.169 171 16	0.794 360 909	是
4-4	40.0	0.171 052 632	81.924 503 92	0.716 498 644	81.208 00 528	0.874 584 050	是
4-5	53.0	0.226 644 737	60.324 827 56	0.829 173 001	59.495 654 56	1.374 513 670	是
4-6	39.3	0.168 059 211	84.092 859 55	1.118 697 307	82.974 162 24	1.330 311 887	是

续表

湿度计	土壤湿度/%	质量含水率/%	理论抗剪强度 τ_f/kPa	当前剪应力 τ_p/kPa	$\Delta\tau$/kPa	演化度/%	是否健康
4-7	25.4	0.108 618 421	110.940 830 80	1.382 911 649	109.557 919 15	1.246 530 821	是
5-1	52.7	0.225 361 842	59.346 509 21	0.108 481 358	59.238 027 85	0.182 793 157	是
5-2	20.7	0.088 519 737	117.440 510 80	0.337 542 898	117.102 967 90	0.287 416 068	是
5-3	43.3	0.185 164 474	75.720 688 23	0.507 476 760	75.213 211 47	0.670 195 652	是
5-4	45.9	0.196 282 895	71.703 322 14	0.690 218 430	71.013 103 71	0.962 603 139	是
5-5	45.2	0.193 289 474	73.312 739 32	0.886 400 717	72.426 338 60	1.209 067 790	是
5-6	27.6	0.118 026 316	106.021 938 70	1.167 956 410	104.853 982 29	1.101 617 669	是
5-7	46.4	0.198 421 053	72.088 820 58	1.260 720 080	70.828 100 50	1.748 842 705	是
6-1	55.9	0.239 046 053	54.296 873 56	0.104 802 590	54.192 070 97	0.193 017 725	是
6-2	41.0	0.175 328 947	79.260 500 78	0.316 680 093	78.943 820 69	0.399 543 392	是
6-3	23.2	0.099 210 526	113.006 029 20	0.546 797 943	112.459 231 26	0.483 866 168	是
6-4	33.1	0.141 546 053	94.451 260 76	0.738 838 223	93.712 422 54	0.782 242 838	是
6-5	32.5	0.138 980 263	96.087 354 59	0.946 047 551	95.141 307 04	0.984 570 295	是
6-6	35.7	0.152 664 474	90.637 505 43	1.137 769 129	89.499 736 30	1.255 296 164	是
6-7	52.1	0.222 796 053	62.527 957 08	1.200 407 224	61.327 549 86	1.919 792 810	是
7-1	53.5	0.228 782 895	58.073 556 29	0.107 598 191	57.965 958 10	0.185 279 149	是
7-2	42.6	0.182 171 053	76.489 631 93	0.313 677 839	76.175 954 09	0.410 091 971	是
7-3	72.0	0.307 894 737	30.976 972 70	0.347 485 062	30.629 487 64	1.121 752 811	是
7-4	46.8	0.200 131 579	70.181 937 04	0.685 585 334	69.496 351 71	0.976 868 640	是
7-5	32.4	0.138 552 632	96.275 303 59	0.946 369 469	95.328 934 12	0.982 982 586	是
7-6	32.7	0.139 835 526	96.226 421 35	1.150 918 460	95.075 502 89	1.196 052 439	是
7-7	40.8	0.174 473 684	81.868 419 13	1.307 788 805	80.560 630 33	1.597 427 700	是

根据表 7.8 可以绘制 2021 年 4 月 26 日 8 时开始该区域全生命期演化度 T 随土体深度 H 的变化图，如图 7.11 所示。

此时全部监测点的抗剪强度 τ_f 均大于岸坡土体当前剪应力 τ_p，演化度小于 5%，可以认为全部点位安全，则此时岸坡处于健康状态，健康率达 100%。

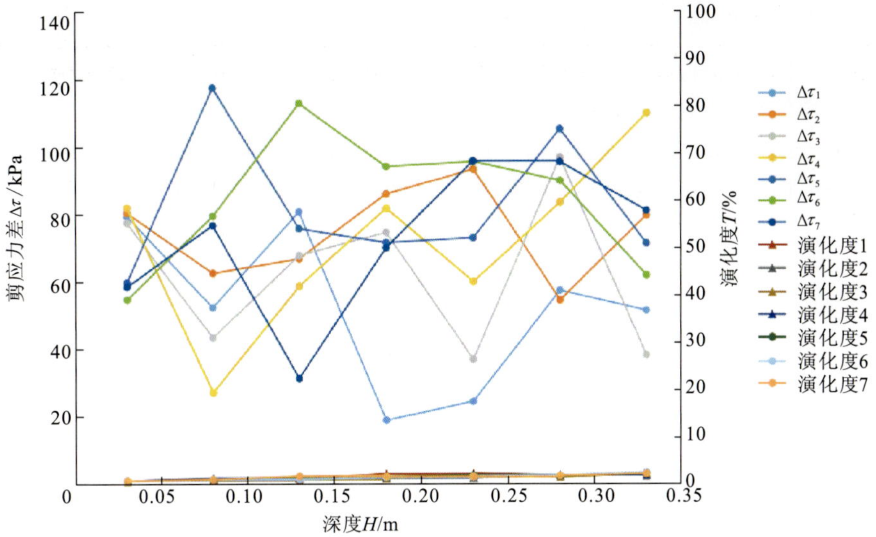

图 7.11　全生命期演化度随深度的变化图（宋岗码头 2021 年 4 月 26 日 8 时数据）

渗透滑动快速分析评估信息系统为更好地满足实际需要，在不违反系统整体性的前提条件下，可按具体要求对开放式框架功能进行调整。系统设计在遵循软件工程基本原则的同时，还应该重点考虑以下几项原则。

（1）标准化：系统的分类编码、数据交换格式、数据内容与组织严格遵循现有国家标准、行业标准和地方标准，采用统一的地理信息标准与规范进行建设。

（2）可维护性：考虑系统数据不断增长，系统必须提供方便的维护更新模式和备份机制。系统投入运行以后，通过建立相应的管理机制和配套措施，实现地理信息系统（geographic information system，GIS）数据的动态更新，以维持系统的长久生命力。

（3）可扩展性：系统数据库是随着技术和应用发展的，因此在系统结构设计时，要充分考虑其可扩展性，为数据库的内容扩充、数据增长、数据更新和功能增强预留足够的发展空间，以满足系统进一步发展的需要。同时，系统建设应确保其他系统的独立性、完整性，不影响原有系统的正常运行。

（4）先进性：采用数据库、网络技术，形成一个多比例尺、多时态、无缝的、具有国际先进水平的集成化数据库。在深入研究 GIS 及相关技术发展状况的基础上，采用成熟、先进的技术方案，将系统建设成具有国内领先水平的信息化服务平台。

（5）易操作性：系统需操作简单、易于使用、方便、快捷，便于系统管理，有较好的容错性，具有优化的结构体系和完善的数据库体系，以及友好的用户界面。确保项目实施的可操作性和系统运行的可靠性。

（6）安全性：充分考虑系统数据的保密与安全，防止数据的损坏和丢失。

（7）网络化：本系统是一个具有开放性特点的系统，用户对象包括政府职能部门、相关管理单位和社会公众。为了实现系统目标，必须实现网络化，包括相关单位及其下属内部局域、专线和外部广域网的联网运作。网络化要求系统设计时系统结构、数据共享、数据传输和系统安全等方面都要达到系统目标。

（8）平台化：根据三维可视化城市综合地学信息管理与服务系统的需求，对有关业务进行深入分析，对特点相同或近似的业务进行综合与抽象，并合并出一些公用业务开发成可复用构件，即系统基础平台，避免重复投入、重复开发。

（9）集成化：系统是个高度集成的应用系统，系统设计必须充分考虑基础地理、基础地质、工程地质、水文地质、环境地质、地球物理、地球化学等多专业图形、属性、影像、文字资料的一体化集成管理，系统数据库与软件功能的集成，以及系统与网络环境的集成。

第 8 章

工程应用研究与实践

8.1 膨胀土岸坡水体渗透滑动时间推移电法探测试验研究

8.1.1 工作概述

南阳市淅川县丹江口水库宋岗码头塌岸段岸坡以软质岩岸坡为主，部分为岩土混合岸坡，地表广泛分布膨胀土（图 8.1）。岩土混合岸坡长 170 m，占岸坡总长的 15.8%，分布在岸坡西段。岸坡上部为厚度为 1～4.7 m 的黏土，硬塑状；下部为泥岩、粉砂质泥岩，较破碎。软质岩岸坡长 909 m，占岸坡总长的 84.2%，主要分布在岸坡中段和东段。岸坡上部黏土透水性较差，中下部的泥岩、粉砂质泥岩等吸水性较好，膨胀率比上部黏土层大，且处于库水位频繁波动带内，被侵蚀、淘蚀，形成凹陷、空洞，导致上部悬空，下级岸坡普遍坍塌破坏。为了防止坍岸进一步发展破坏，影响坡顶建筑物安全，相关管理部门牵头，由长江勘测规划设计研究院有限责任公司承担了勘察、设计、施工工作，本项工程也成为国家重点研发计划项目“岸坡堤坝滑坡监测预警与修复加固关键技术及示范应用”的重要示范点。

图 8.1　丹江口水库宋岗码头膨胀土岸坡（摄于 2019 年 8 月）

为验证时间推移电法在膨胀土岸坡滑动监测中的应用有效性，作者在坍岸整治工程中，选取岸坡中段典型区域开展了现场原位时间推移电法检测应用试验研究工作，取得了较好的研究成果。

8.1.2 数值模拟分析

1. 地电模型构建

结合丹江口水库宋岗码头岸坡现场原状土样，采用 Miller soil box 四相电极法对密实度为 60%的不同含水率的膨胀土样品（液限为 52.1%）进行了电阻率测试，测试装备采用 IRIS 公司生产的 SYSCAL Pro 电阻率仪，测试结果见表 8.1。由表 8.1 可知，膨胀土含水率为 20%时，电阻率为 50.3 Ω·m，随含水率的增加，电阻率显著降低，当含水率为 50%时，电阻率为 11.0 Ω·m。

表 8.1　60%密实度不同含水率的膨胀土样品电阻率测试结果

物性参数	值					
含水率/%	20	30	35	40	45	50
电阻率/（Ω·m）	50.3	22.7	19.3	14.4	13.4	11.0

基于上述参数测试结果，建立地电模型（图 8.2），其中膨胀土层厚度为 10 m，电阻率为 50 Ω·m，基岩电阻率为 500 Ω·m，水平裂隙在测线位置下的埋深为 5 m，如图 8.2（b）所示，裂隙规格为 15 m（长）×4 m（宽）×0.1 m（深），水体电阻率为 25 Ω·m，空气绝缘电阻率设为 10^6 Ω·m。正演计算观测系统采用高密度电法温纳装置，电极距为 1 m，排列道数为 60 道，排列长度为 59 m。

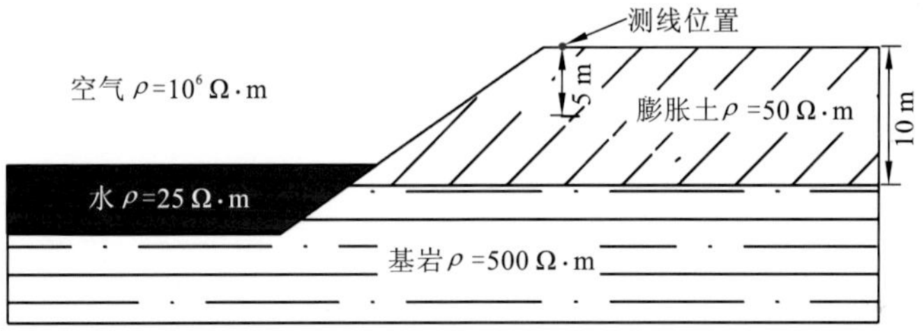

（a）不含裂隙地电模型

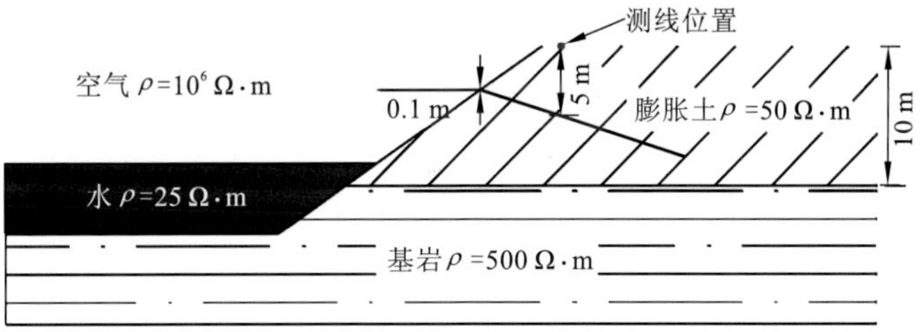

（b）裂隙未充水地电模型

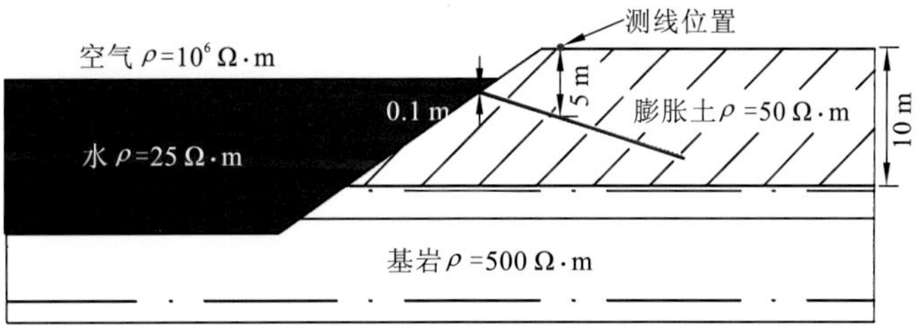

（c）裂隙充水地电模型

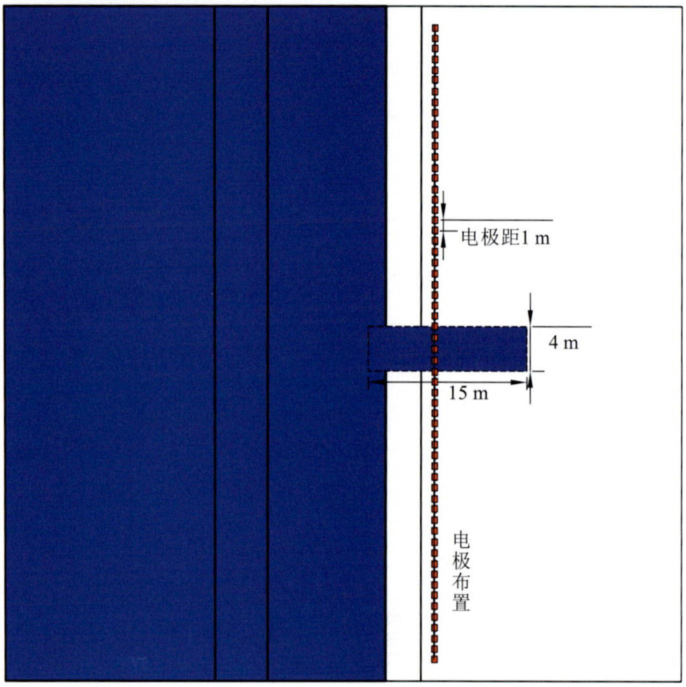

（d）地电模型及观测系统布置示意图

图 8.2　岸坡地电模型及观测系统示意图

2. 数值模拟结果分析

针对如图 8.2 所示的三种膨胀土岸坡地电模型，采用非结构化网格有限差分法进行正演模拟，并利用最小二乘反演算法进行反演，反演的视电阻率断面如图 8.3 所示。考虑到裂隙规模较小，以及电阻率法勘探的体积效应，为突出地电模型中裂隙引起的视电阻率响应的微弱变化，以不含裂隙地电模型的反演结果为基准数据，采用如式（4.15）所示的数据比视电阻率归一化算法，分别获得裂隙未充水地电模型和裂隙充水地电模型的视电阻率变化率等值线，如图 8.4 所示。

由图 8.3 和图 8.4 可知：

（1）视电阻率断面图成层性较好，浅部低阻区为膨胀土层的电性反映，深部相对高阻区为基岩的电性反映。

（2）三种地电模型视电阻率断面图的形态基本一致；裂隙未充水时，在裂隙以下视电阻率略微增大，等值线形态无明显变化；裂隙充水时，视电阻率幅值和等值线形态在裂隙位置均未发生明显变化；根据视电阻率断面图较难判别局部微小的电性特征变化。

（3）视电阻率变化率等值线在裂隙位置存在等值线闭合区，裂隙未充水时，地电模型表现为正变化率，裂隙充水时，地电模型表现为负变化率；裂隙未充水地电模型在裂隙两侧存在正变化率“假异常”；视电阻率变化率等值线圈闭异常较实际裂隙范围更大，但视电阻率变化率的极值位置与裂隙位置基本一致，即采用时间推移电法能有效识别出局部电性异常变化。

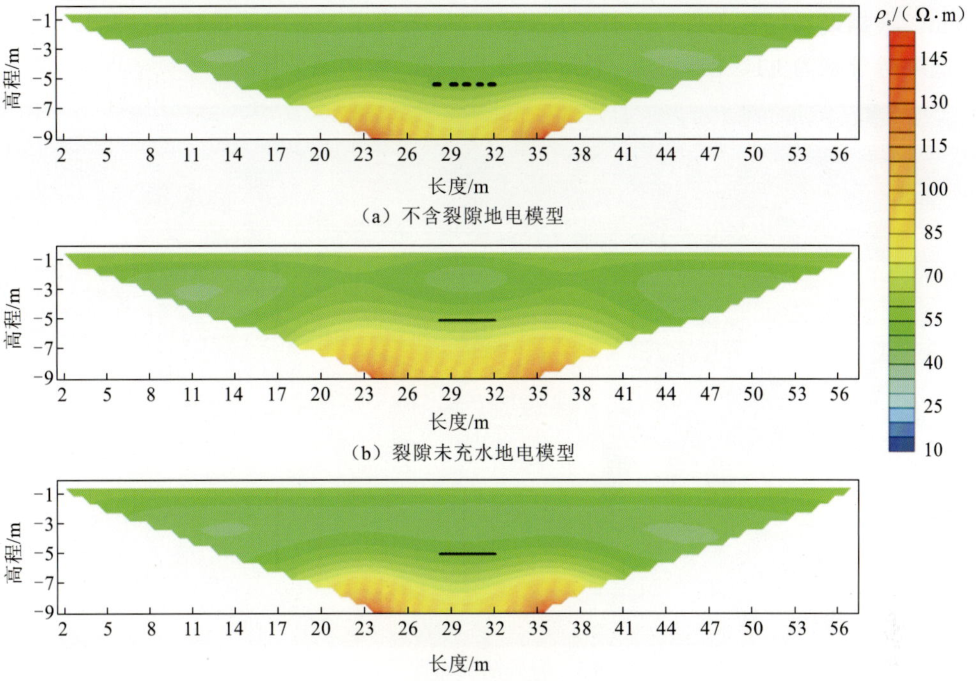

（a）不含裂隙地电模型

（b）裂隙未充水地电模型

（c）裂隙充水地电模型

图 8.3　地电模型视电阻率断面图

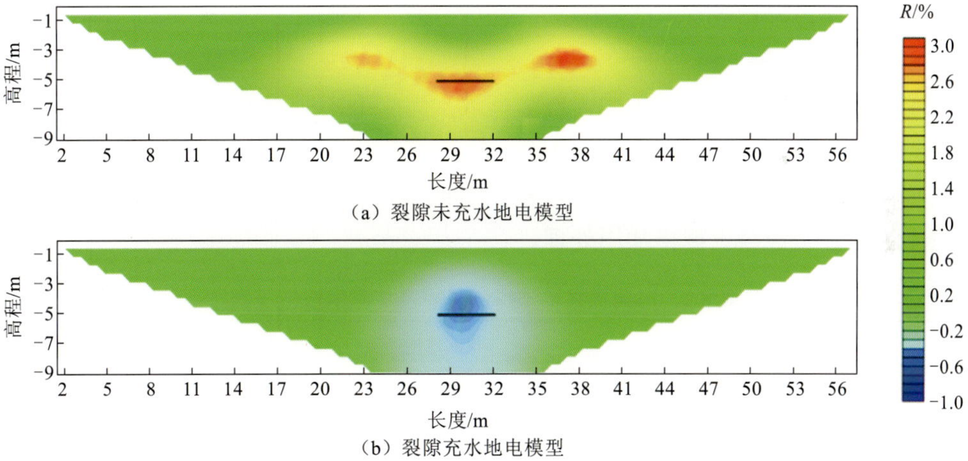

（a）裂隙未充水地电模型

（b）裂隙充水地电模型

图 8.4　地电模型视电阻率变化率等值线图

8.1.3　现场试验

1. 数据采集

1）观测系统

宋岗码头岸坡的地层岩性以泥质粉砂岩、泥岩为主，地表广泛分布膨胀土，厚度为

1～6 m。根据现场场地条件，平行于岸线沿岸坡布置了 3 条时间推移电法测线，测线由高到低编号分别为 L1、L2、L3，长度均为 119 m，如图 8.5 所示。

图 8.5　野外测线布置示意图

时间推移电法观测系统参数：电极距为 1 m，排列道数为 120 道，供电电压为 300 V，高密度装置类型为温纳装置。

2）现场数据采集

为研究膨胀土置换前后及不同水位条件下，膨胀土岸坡电阻率变化的响应特征，对 3 条测线均进行了 4 次时间推移电法观测，探测时间及对应的水库水位见表 8.2。在完成第一次数据采集后，L1 测线桩号 0～55 m 段膨胀土进行了水泥改性土置换治理，为防止滑坡，岸坡进行了混凝土栅格加固处理。

表 8.2　时间推移电法探测时间及水库水位情况表

变化参数	探测日期（年-月-日）			
	2019-08-26	2019-10-28	2020-10-24	2021-02-25
水库水位/m	161	163	162	160

2. 数据成果分析

限于内容篇幅，仅选取 L1 测线膨胀土置换前后反演成果、2020 年 10 月 14 日三条测线反演成果及 L2 测线不同时间反演成果进行分析。经与施工方核实，电阻率剖面浅层局部高阻异常为排水盲沟，沟内回填碎石土。

图 8.6 为 L1 测线膨胀土置换前后视电阻率断面图。由图 8.6 可知：对于桩号 0～55 m 段，膨胀土置换后较置换前，岸坡浅层土体电阻率升高，深部地层的电性结构变化程度减小。

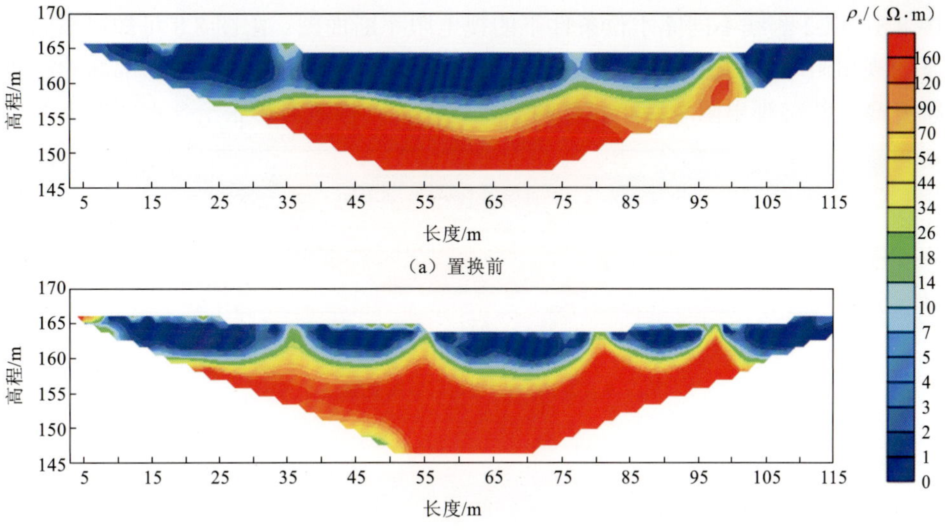

（a）置换前
（b）置换后

图 8.6　L1 测线膨胀土置换前后视电阻率断面图

图 8.7 为 2020 年 10 月 14 日水位为 162 m 时三条测线的视电阻率断面图。由图 8.7 可知：三条测线的视电阻率断面图形态基本一致，大致呈两层结构，浅部低阻为膨胀土层的反映，深部高阻为基岩的反映；L3 测线桩号 20～60 m 段，深部视电阻率明显低于 L1 和 L2 测线，该区域距离水面最近，故推断膨胀土裂隙发育或与基岩连通，富水性强。

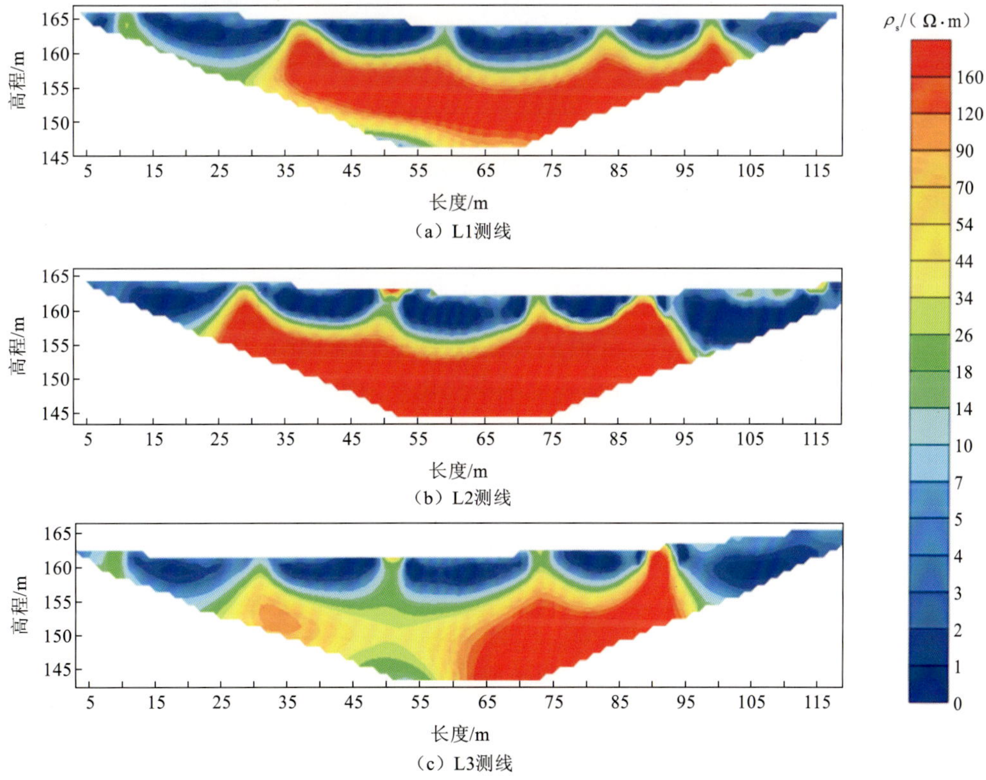

（a）L1测线
（b）L2测线
（c）L3测线

图 8.7　水位为 162 m 时三条测线的视电阻率断面图（2020 年 10 月 14 日）

图 8.8 为 L2 测线不同库水位条件下的视电阻率断面图。由图 8.8 可知：不同库水位条件下的视电阻率断面图的形态基本一致，视电阻率表现出浅部低、深部高的趋势；随着水位升高，浅部视电阻率减小，低阻区范围扩大，推断为膨胀土含水率增大的反映。

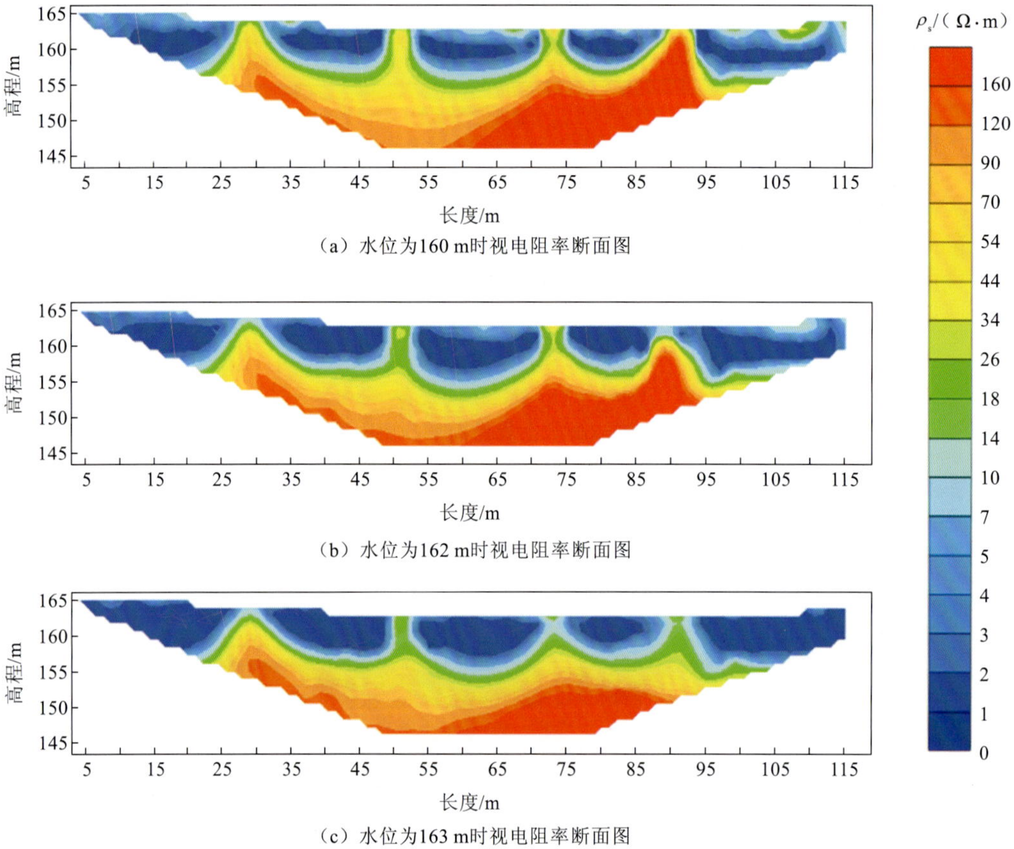

（a）水位为160 m时视电阻率断面图

（b）水位为162 m时视电阻率断面图

（c）水位为163 m时视电阻率断面图

图 8.8　L2 测线不同库水位条件下的视电阻率断面图

以水位为 160 m 时的视电阻率反演成果为基准数据，采用数据比视电阻率归一化算法分别对水位为 162 m 和 163 m 时的反演成果进行归一化，视电阻率变化率等值线如图 8.9 所示。由图 8.9 可知：浅部视电阻率变化率为负值，即视电阻率减小，深部视电阻率变化率接近零值，即基岩视电阻率变化较小；随水位升高，浅部视电阻率变化率增大，范围扩大，推断为土体含水率增大的反映；水位为 163 m 时，在高程约 155 m，桩号 70～80 m 范围内，局部存在明显的视电阻率变化率负值，推断该处存在裂隙导水通道。视电阻率变化基本反映膨胀土岸坡局部电性结构的变化情况。

3. 可靠性验证

一般地，当膨胀土饱和度较高时，裂隙度较小，饱和度是土体强度的主要影响因素；当饱和度较低时，裂隙度变大，裂隙度对土体强度的影响逐渐起主要作用。由于土体饱和度与裂隙度间存在线性关系，土体强度与饱和度及裂隙度也呈线性关系，基于此，建

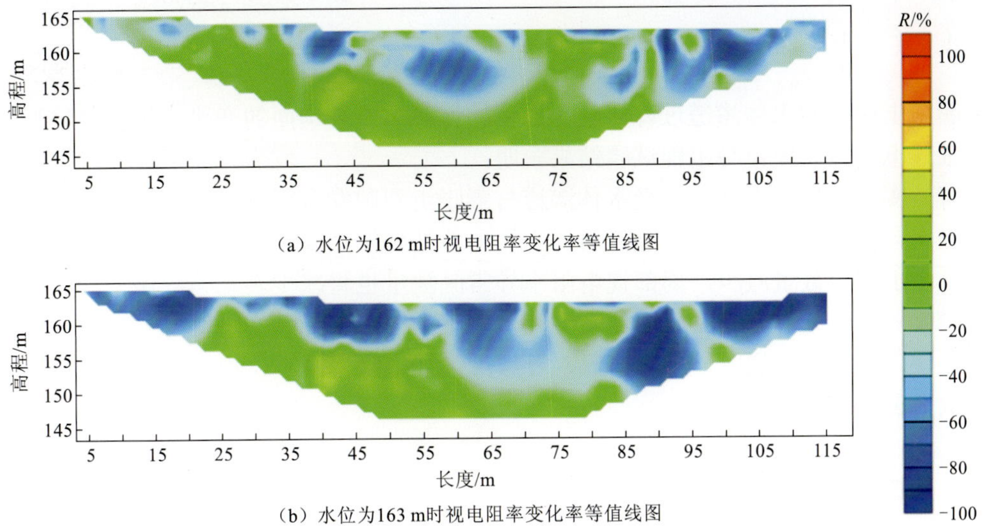

（a）水位为162 m时视电阻率变化率等值线图

（b）水位为163 m时视电阻率变化率等值线图

图 8.9　L2 测线视电阻率变化率等值线图

立了膨胀土岸坡演化模型，见式（7.25）。该模型根据库仑定律，并结合试验区域采集的膨胀土室内试验参数推导而来。

将膨胀土岸坡理论抗剪强度 τ_f 与当前剪应力 τ_p 之比定义为膨胀土岸坡的演化度，演化度越小，说明岸坡越稳定。

图 8.10 为 L2 测线不同库水位条件下岸坡的演化度图。由图 8.10 可知：不同库水位条件下岸坡演化度图的形态基本一致，即地下介质的主要电性结构无明显变化；随着水位上升，岸坡演化度逐渐变大，水位为 160 m 时全线平均演化度为 7.97%，水位为 162 m 时全线平均演化度为 9.67%，水位为 163 m 时全线平均演化度为 11.09%，这说明随水位升高，岸坡含水量变大，总体发生滑坡的风险变高。

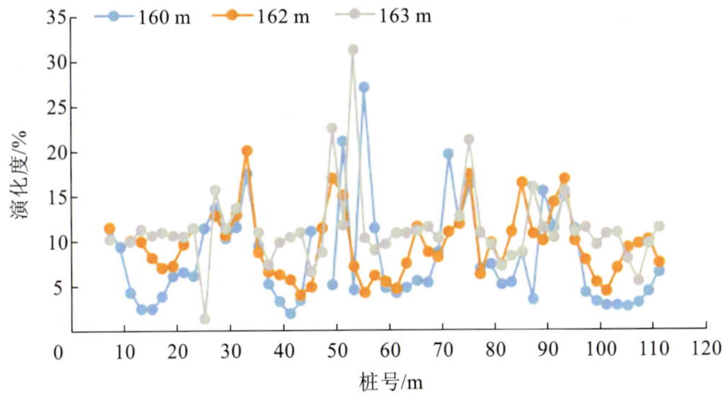

图 8.10　L2 测线不同库水位条件下岸坡的演化度图

桩号 25～35 m 段演化度较高且水位变化对其演化度影响不大，表明此处裂隙较发育且富水性较好；桩号 70～80 m 段，高程 150～155 m 处演化度变化率较大，与相邻两侧岸坡土体的演化度存在明显差异，推断该区域膨胀土裂隙较发育，含水率易受水位、降雨等影响，为滑坡易发区，与时间推移电法试验获得的结论基本一致。

4. 基于电性特征变化的岸坡演化规律

膨胀土岸坡的水体渗透过程伴随着土体物性参数及结构面的变化。物性参数测试及时间推移电法数值模拟与工程试验结果表明：

（1）膨胀土岸坡电性结构受水体渗透与膨胀土裂隙发育程度的影响，一般存在局部视电阻率异常区；膨胀土经过置换后，土层电性结构发生变化，通常表现为视电阻率升高，且由于裂隙数量减少，局部视电阻率异常区数量也将减少。

（2）随水位升高，膨胀土岸坡裂隙充水，土体含水率升高，表现为土层视电阻率降低，当裂隙与基岩连通时，水体渗流，导致深部视电阻率减小，视电阻率变化率极值区域一般为裂隙发育区。

8.1.4 试验总结

通过土样测试、数值模拟、工程试验，研究了时间推移电法在膨胀土岸坡滑动监测应用中的可行性和有效性，综合分析得出以下结论。

（1）膨胀土电阻率随含水率升高明显降低，土体含水率达到液限后电阻率趋于稳定。随着岸坡稳定渗流场的形成，岸坡土体的电性参数基本无变化。

（2）某一时刻的视电阻率断面图可以反映膨胀土岸坡的电性结构，通过比对不同时刻的观测数据进行视电阻率归一化，能够探究膨胀土岸坡局部微小的电性特征变化，进而探查岸坡土体内的裂隙发育及水体渗透情况。

（3）膨胀土岸坡演化过程伴随着电性特征的变化，采用时间推移电法探测膨胀土岸坡不同水位下的电性结构特征，可以了解膨胀土的裂隙发育及含水量变化情况，从而反映岸坡土体结构演化度的变化，为滑动预警提供有效数据信息。

（4）进一步完善时间推移电法探测技术，加密数据采集时间点，加强与土体含水率的信息融合，结合构建的膨胀土岸坡演化模型，逐步实现时间推移电法量化监测，有望提高膨胀土岸坡评估和预警能力。

8.2 膨胀土岸坡水体渗透滑动时间推移地震探测评估研究

8.2.1 工作概述

结合第 6 章的研究，采用时间推移地震探测技术研究膨胀土波速、波阻抗特征，能够反映膨胀土结构变化，为岸坡渗透滑动检测提供基础。膨胀土岸坡具有随水库水位、降雨、湿度等变化的特征，研究不同状态下膨胀土岸坡的波速及波阻抗特征，通过数值模拟和工程试验，分析时间推移地震探测技术在膨胀土岸坡渗透滑动的可行性并评估其有效性，对岸坡隐患快速识别预警具有重要意义。

为验证时间推移地震探测技术在膨胀土岸坡滑动监测中的可行性和应用效果，

2019～2021 年，在南阳市淅川县丹江口水库宋岗码头膨胀土岸坡治理工程中，在时间推移电法研究选取的部位，同步开展了原位时间推移地震探测与评估试验研究工作（图 8.11），以试验研究成果验证时间推移地震探测技术的可靠性。

图 8.11　丹江口水库宋岗码头膨胀土岸坡时间推移地震探测数据采集（摄于 2020 年 10 月）

8.2.2　现场试验

1. 数据采集

1）观测系统

丹江口水库宋岗码头的地层岩性以泥质粉砂岩、泥岩为主，地表广泛分布膨胀土，厚度为 1～6 m，为防止滑坡，对岸坡土体进行了改性处理。根据场地条件，结合基于时间推移地震模拟的边坡测线布设原则，沿岸坡布置了三条时间推移地震测线，分别为 L1（长度为 132 m，中心高程为 166 m）、L2（长度为 102 m，中心高程为 164 m）、L3（长度为 102 m，中心高程为 162 m），如图 8.12 所示。

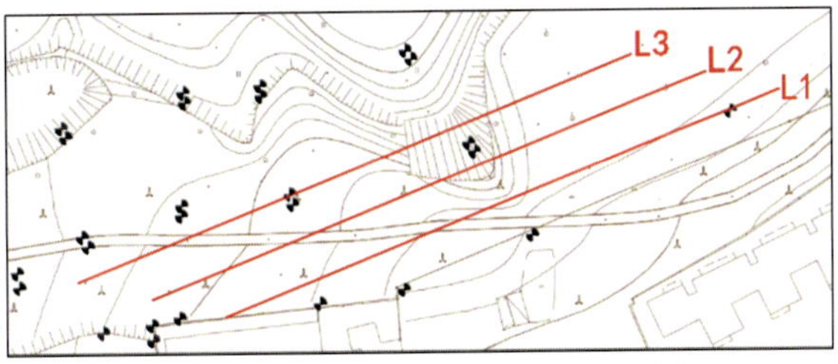

图 8.12　时间推移地震测线布置图

观测系统参数：道间距为 2 m，采样率为 0.125 ms，地震数据采集方式包括地震折射、地震反射及表面波探测。

2）现场数据采集

根据丹江口水库水位变化情况，分别于2019年8月、2019年10月、2020年10月、2021年2月开展了时间推移地震探测数据采集工作，探测时间对应的水库水位与表8.2一致。

在完成第一次数据采集后，部分段的膨胀土进行了水泥改性土置换治理，为防止滑坡，岸坡采用混凝土栅格加固处理。

2. 试验成果分析

对于不同时间段，在库区水位发生变化的条件下，L1和L2测线均完成了四次完整数据采集，L3测线由于部分淹没，未采集到完整数据，现以L1和L2两条测线的成果进行分析。

图8.13为四次试验L1测线岸坡土体波速随水位的变化图。由图8.13可知：速度分布的形态基本一致，在纵向上波速整体表现为由低至高的特征，浅部低速层为膨胀土层的反映，深部高速层为基岩的反映。

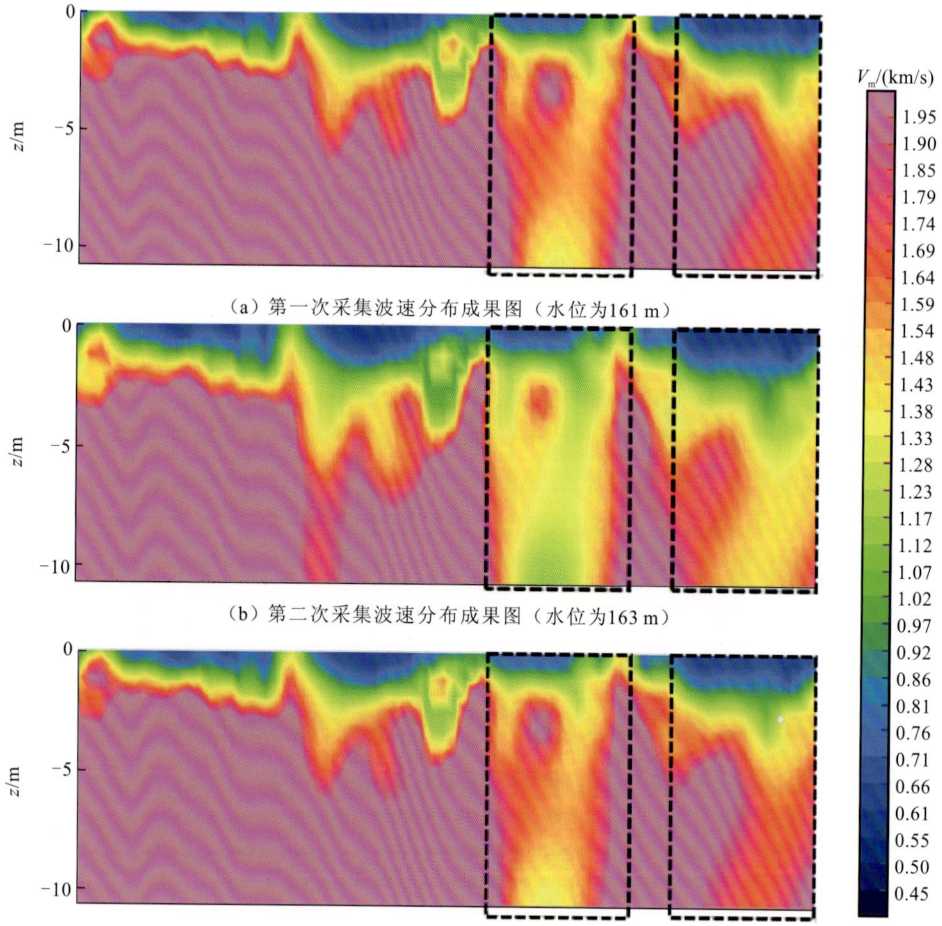

（a）第一次采集波速分布成果图（水位为161 m）

（b）第二次采集波速分布成果图（水位为163 m）

（c）第三次采集波速分布成果图（水位为162 m）

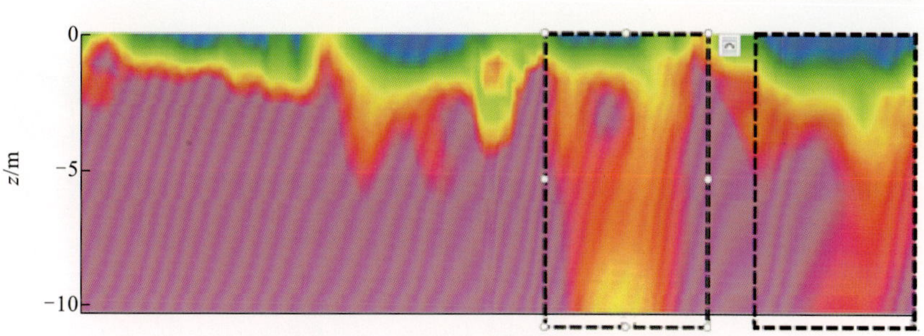

（d）第四次采集波速分布成果图（水位为160 m）

图 8.13　L1 测线波速随水位的变化图

图 8.14 为四次试验 L2 测线波速随水位的变化图。由图 8.14 可知：速度分布的形态基本一致，在纵向上波速整体表现为由低至高的特征，浅部低速层为膨胀土层的反映，深部高速层为基岩的反映。

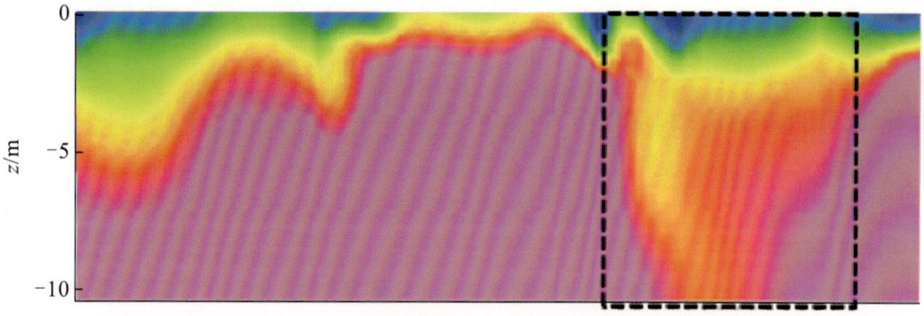

（a）第一次采集波速分布成果图（水位为161 m）

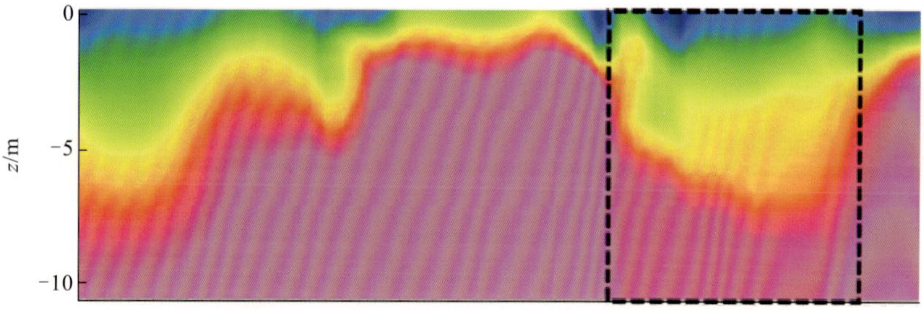

（b）第二次采集波速分布成果图（水位为163 m）

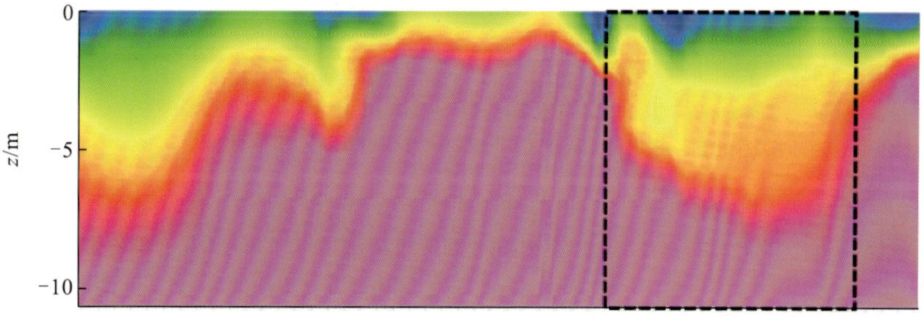

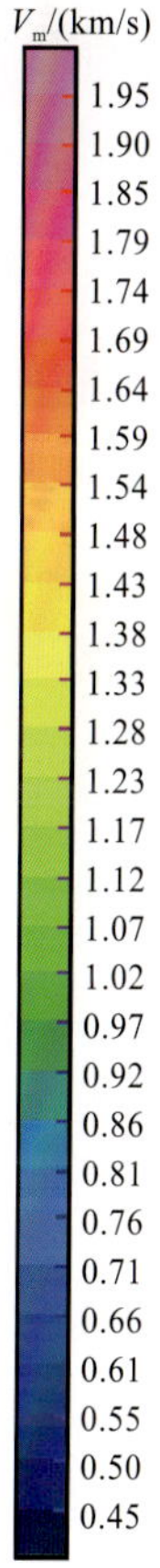

（c）第三次采集波速分布成果图（水位为162 m）

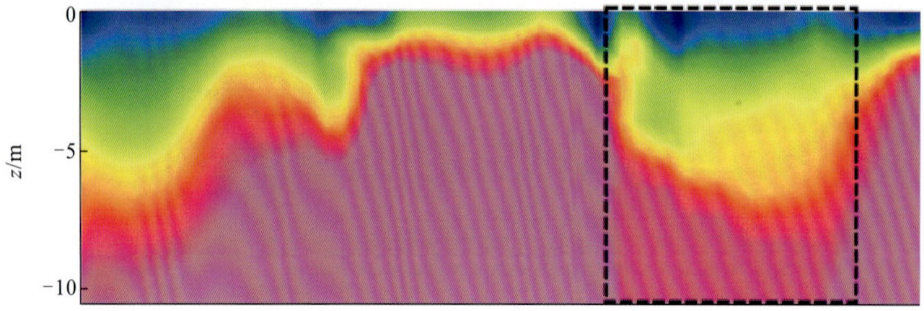

（d）第四次采集波速分布成果图（水位为160 m）

图 8.14　L2 测线波速随水位的变化图

从试验成果可知，图 8.13 中黑色方框所示为速度变化较大的区域，随着水位的变化，土体波速呈现出先降低后增大的趋势，其中在水位为 163 m 时，区域波速最低，推断膨胀土经过多次胀缩，裂隙延伸至基岩顶板，水体富集，该区域易受水位、降雨等影响，为滑动灾害易发区。图 8.14 中黑色方框所示为速度变化较大的区域，其中第一次试验（水位为 161 m），该区域未经处理，低速区延伸至基岩顶板，水体在顶板富集；其后三次试验，为土体改性换填处理后的检测成果，随水位变化，地震波参数变化不明显，说明该区域岸坡土体的含水率呈稳定状态。

3. 可靠性验证

按照 8.1.3 小节中的膨胀土岸坡演化模型，L1 测线不同水位条件下模型计算的演化度结果如图 8.15 所示。

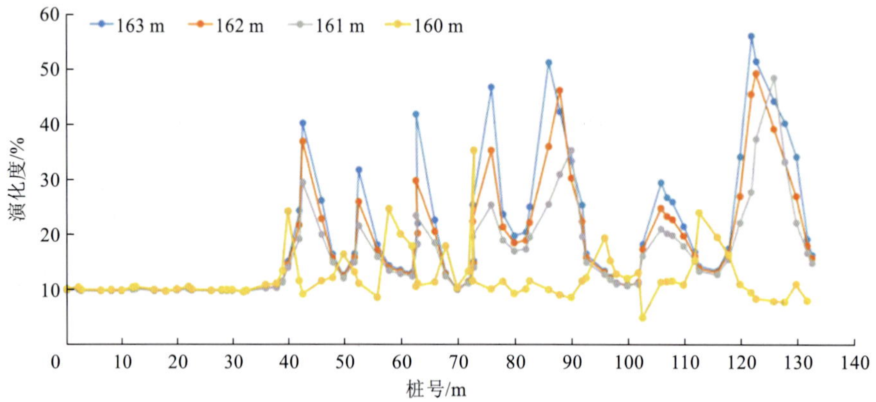

图 8.15　L1 测线不同水位条件下岸坡的演化度图

从试验成果可知，四次试验不同水位条件下岸坡全生命期演化度图的形态基本一致，即地下介质的主要结构无明显变化；随着水位升高，岸坡演化度逐渐变大，水位为 160 m 时全线平均演化度为 14.1%，水位为 161 m 时全线平均演化度为 17.99%，水位为 162 m

时全线平均演化度为 19.7%，水位为 163 m 时全线平均演化度为 21.48%，这说明随水位升高，岸坡含水量变大，裂隙逐渐发育，总体发生滑坡的风险变高；桩号 45～95 m 及 120～130 m 段，演化度较高，且水位变化对其演化度影响较大。演化度变化率较大，表明裂隙较发育且富水性较好，含水率易受水位、降雨等影响，为滑坡易发区，这与时间推移地震探测试验结论基本一致，可以证明时间推移地震探测技术在膨胀土岸坡水体渗透过程中应用的可靠性。

4. 水体渗透引起的土体地震波特性响应规律

1）膨胀土岸坡土体裂隙地震波传播特性

在岸坡膨胀土换填之前，裂隙部位地震波场呈现出明显的规律性倾斜条纹，具体表现为土体平均波速降低，而其他部位地震波波速和振幅未发生明显变化；换填处理后，裂隙部位的波场相对异常幅值大大减小，之前存在的规律性倾斜条纹减弱并消失，波速变化幅值较小，这表明在裂隙体处理前异常信号强度会随着水位的升高而增大，换填处理后，水体渗透达到稳定，土体波速及振动幅值趋于稳定。

2）不同水位条件下土体地震波参数变化响应规律

高水位时，岸坡土体含水率最大，裂隙充水使相对异常变化较明显，裂隙体速度降到最低；低水位时，岸坡土体含水率降低，裂隙部分充水甚至无水，地震波波速较高，裂隙体引起的波速异常变化不明显，表明岸坡土体含水率的增加会导致波速降低，含水率降低，则波速增大。

8.2.3　试验总结

通过上述研究，得出以下结论。

（1）数值模拟对于特定尺度的膨胀土岸坡裂隙能够在剖面上反映出波阻抗差异，采用时间推移地震探测技术研究岸坡水体渗透过程中的土体性状变化是可行的。

（2）不同水位条件下，土体含水率变化会引起地球物理弹性参数的变化，即波速随含水率的增加而降低，含水率达到饱和后，地震波参数与传播特征趋于稳定。含水率的变化与速度之间的关系可以反映膨胀土水体渗透过程的变化及分布，可以为岸坡膨胀土失稳滑动预测提供监测数据。

（3）时间推移地震探测技术通过观测膨胀土岸坡在不同水位下的地震波传播特征，推断裂隙发育、水体分布情况，以及工程修复加固处理效果，从而实现对岸坡水体渗透致灾过程的监测与预警评估，膨胀土岸坡渗透滑动全生命期演化模型的计算结果验证了其应用的可靠性。

8.3 堤坝灌浆修复效果评价时间推移电法检测应用研究

8.3.1 工作概述

岷江干流自都江堰市至成都市新津区段称金马河，金马河长 70.594 km，落差 260 m，平均比降 3.78‰，历代都是岷江的主要洪泛区。京昆高速岷江大桥下游 1.6 km 处岷江左岸堤防，距新建主城区约 8 km。

选点处邻近河床平直开阔，河谷呈浅 U 形，谷底宽 540～620 m，河谷宽 598 m。河床覆盖层为漂石、砂卵（砾）石层，厚度一般为 0.4～4.10 m，基岩顶板高程 439.41～441.53 m。左右岸为宽缓的 I 级阶地，高程 446.10～448.76 m，覆盖层厚 6.3～7.3 m，基岩顶板面高程 439.93～441.12 m；I 级阶地前缘与漫滩接触地带已建防护堤。堤身填土主要由粉质壤土夹砂卵（砾）石组成，堤基置于砂卵（砾）石层上，为单一结构，砂卵（砾）石厚一般为 4.1～13.66 m，下伏上白垩统灌口组（K_2g）紫红色粉砂质泥岩、泥质粉砂岩。

堤顶高程一般在 450.2～458.2 m，堤身高度为 5～10 m，堤顶宽一般为 5.5～7.2 m，堤防临水坡坡比一般为 1∶1.7～1∶1.5，局部坡比陡于 1∶1.5，堤防背水坡坡比一般为 1∶2。地理位置示意图见图 8.16，堤身典型断面图见图 8.17。

图 8.16　示范点地理位置示意图

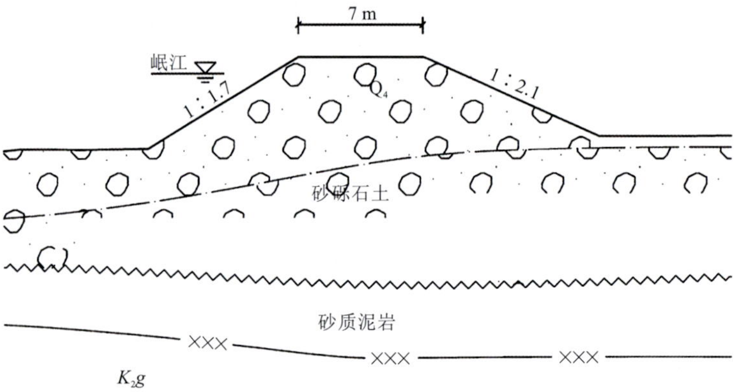

图 8.17　示范点堤身典型断面图

Q_4为第四系

岷江新津段堤防堤身地基为粗粒土料，局部存在渗漏、稳定问题，项目组开展了堤坝渗透失稳修复防控技术示范工作。为评价修复效果，采用了作者提出的时间推移电法进行了试验研究工作。

8.3.2　现场试验

1. 工作布置

在堤坝坝顶沿水流方向平行布置三条高密度电法测线，测线间距 3 m，分别为 L1（长度为 108 m）、L2（长度为 118 m）、L3（长度为 118 m），如图 8.18 所示。其中，修复灌浆区域位于 L2 测线正中间部位。灌浆孔共 27 个，在堤顶路面按 3 排进行布置，排距为 1.0 m，孔距为 1.0 m，每排孔数 9 个，分三序逐序加密施工，入基岩 5.0m 结束；中间排中间部位布置一个勘探孔，距两侧孔 0.5 m，入基岩 8.0 m 结束。

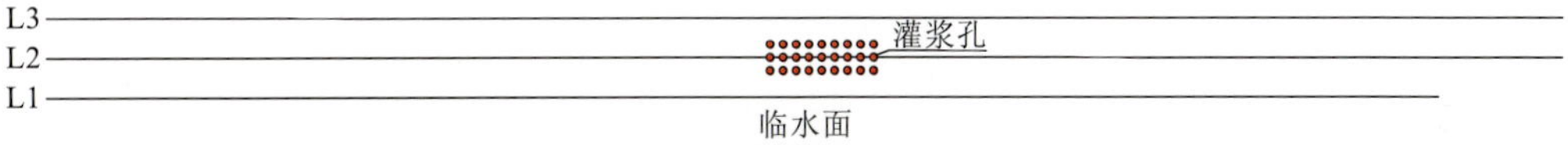

图 8.18　测线布置示意图

高密度电法观测系统参数：电极距为 2 m；排列道数为 55～60 道，其中 L1 测线 55 道，L2、L3 测线均为 60 道；供电电压为 300 V；装置类型选用温纳装置，现场数据采集过程见图 8.19。

图 8.19　现场高密度电法数据采集

2. 成果分析

本次高密度电法数据采集在灌浆施工结束 7 d 后进行，检测成果如图 8.20 所示。从视电阻率等值线图可以看出，堤坝断面视电阻率整体呈现两端高、中间低的分布趋势，灌浆部位呈现明显的视电阻率相对低阻反映，视电阻率在 200 Ω·m 以下；由于 L2 测线直接穿越灌浆区域，从视电阻率等值线趋势可以看出，低阻区域沿灌浆孔向下及四周扩散，低阻区域从地表开始向下延伸，L1 和 L3 测线分别位于灌浆区域两侧，低阻区域从地表以下 1 m 左右开始出现，表明浆液向四周扩散的效果较好。

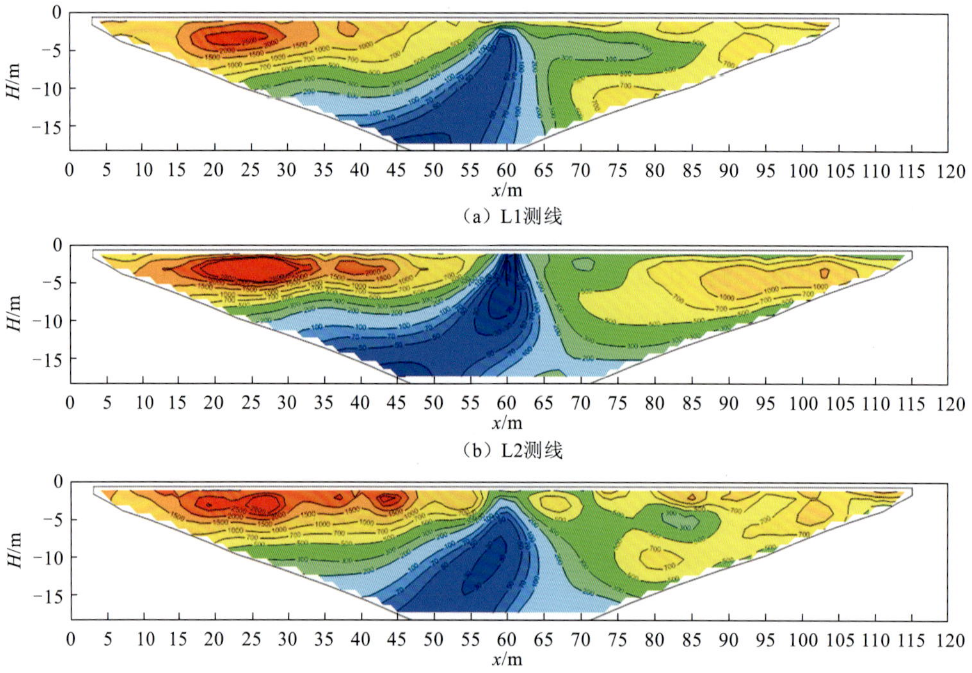

（a）L1测线

（b）L2测线

（c）L3测线

图 8.20　高密度电法检测的视电阻率等值线图（视电阻率单位为 Ω·m）

从整个修复区域地下视电阻率的分布情况可以看出，灌浆施工后坝体视电阻率分布发生明显变化，灌浆区域地表以下周边视电阻率分布均匀，结构均一性好，表明此次修复灌浆效果较好。

8.3.3　试验总结

（1）通过采用高密度电法对灌浆施工效果进行检测，能够查明灌浆后堤坝结构视电阻率的分布情况，表明采用高密度电法进行灌浆效果的评价是可行的。

（2）由于本次未能在灌浆施工前进场采集初始数据，无法通过灌浆前后对比来评价灌浆效果，存在些许遗憾。建议以后在类似工程中，在灌浆前开展一次探测，灌中和灌后持续进行时间推移电法探测，捕捉浆液渗透趋势，理论上可以指导精准灌浆，实现靶向修复。

8.4 柔性防渗墙成墙效果评价时间推移电法检测应用研究

8.4.1 工作概述

赵口闸位于郑州市中牟县境内，黄河南岸大堤，桩号 42＋675 m（图 8.21），始建于 1970 年，为黄河下游引黄一级水工建筑物，由开封市水利局设计、施工，赵口闸管理处负责管理运用。该闸为 16 孔箱式涵洞式水闸，共分三联，边联各 5 孔，中联 6 孔，每孔宽 3.0 m，高 2.5 m，设钢木平板闸门，15 t 手摇电动两用螺杆启闭机。设计引水流量 210 m^3/s，设计灌溉面积 14.67×10^4 hm^2。由于黄河河床逐年淤积，河道洪水位相应升高，水闸的渗径不足，闸上堤身单薄，涵洞结构强度偏低，遂于 1981 年 10 月进行改建。

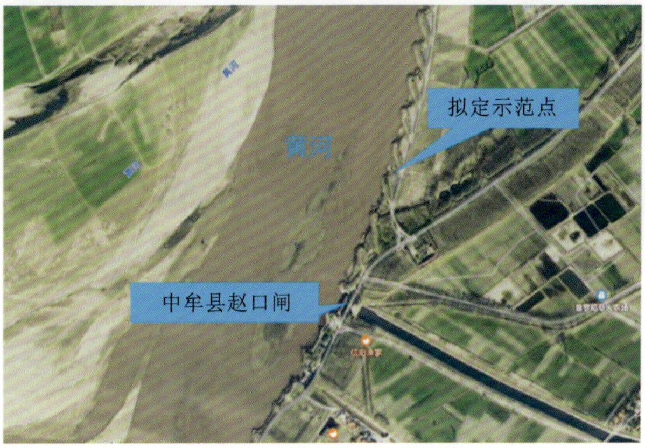

图 8.21 防渗墙示范点位置（赵口闸）

根据本项目技术应用与示范需求，项目组在赵口闸周边区域开展高聚合物柔性防渗墙示范，示范点位于赵口闸偏下游的拦挡坝平台处，该平台处下部没有前期堤防加固遗弃的孤石，而且在黄河调沙期间，主汛期水位较高且渗流风险较高。平台处上部地层的成因以黄河冲洪积为主，分布有重壤土并有粉质砂壤土夹层。地下水位与黄河水位变化关系密切。

原计划开展时间推移电法多期检测，由于 2021 年 7 月 20 日郑州市暴雨洪水过后，示范区域被损毁，多期试验工作被迫中止，最终有效采集到 2021 年 5 月数据，现场工作情况见图 8.22。

8.4.2 现场试验

1. 工作布置

结合场地情况，采用了阵列高密度电法进行观测。测线走向顺河堤平台，平行布置四条高密度电法测线（图 8.23），测线编号分别为 L1、L2、L3、L4，形成阵列高密度电法观测系统。测线起点均位于黄河堤防侧，其中测线 L1 和 L2 近垂直穿过施工的柔性防渗墙，防渗墙墙体中心位于测线桩号 66 m 处。

图 8.22　现场时间推移电法检测（2021 年 5 月）

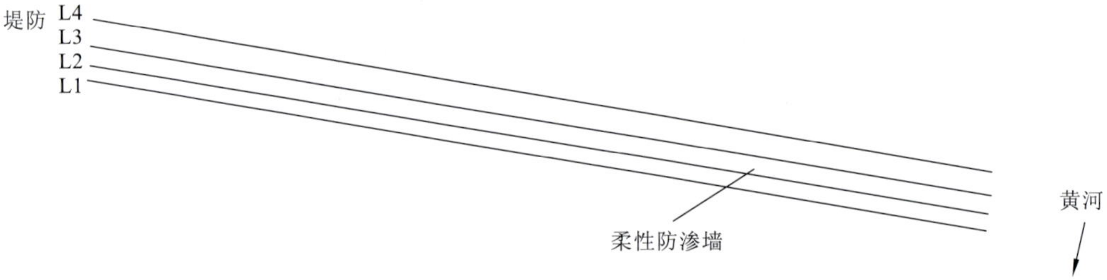

图 8.23　阵列高密度电法测线布置图

阵列高密度电法观测系统参数：电极距为 2 m；单条测线的排列道数为 48 道，测线总长 94 m；测线阵列的平行间距为 2 m；供电电压为 300 V；装置类型选用温纳装置。阵列高密度电法观测数据点空间分布示意图见图 8.24。

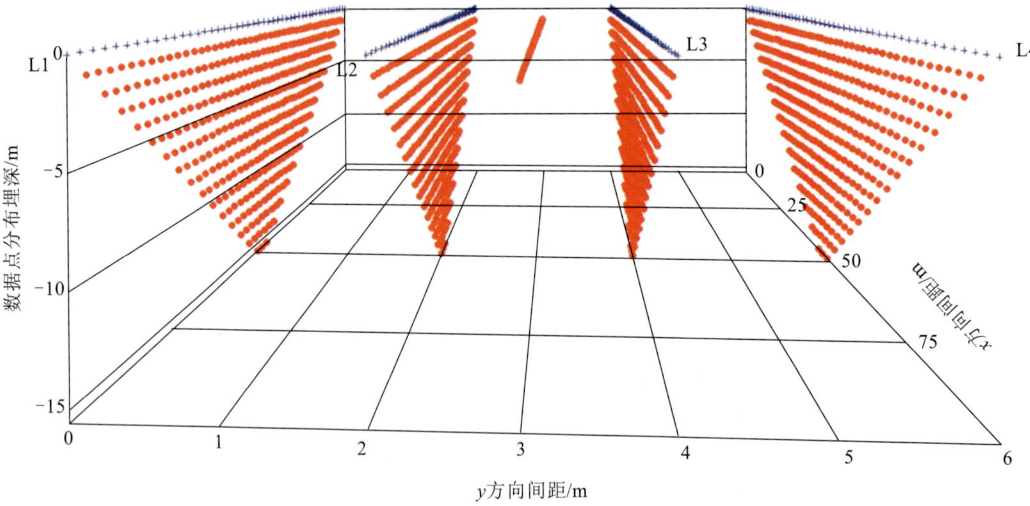

图 8.24　阵列高密度电法观测数据点空间分布示意图

作者于 2021 年 5 月 8 日进行了一次阵列高密度电法观测数据采集,通过试验获取堤防平台的电阻率分布情况，划定渗透异常部位，进而评估柔性防渗墙的施工效果。

2. 成果分析

阵列高密度电法检测数据反演成果如图 8.25 所示，总体来看，在整个检测区域的地下埋深 22 m 范围内，视电阻率呈现明显的高低阻分区特征。本次示范采用的柔性防渗墙材料是高聚合物，材料电阻率较高，在视电阻率等值线图中表现为明显的高视电阻率分布（图 8.25 中红色区域），视电阻率大于 100 Ω·m；地下水体渗透区域则呈现出明显的低阻分布（图 8.25 中蓝色区域），视电阻率小于 20 Ω·m。

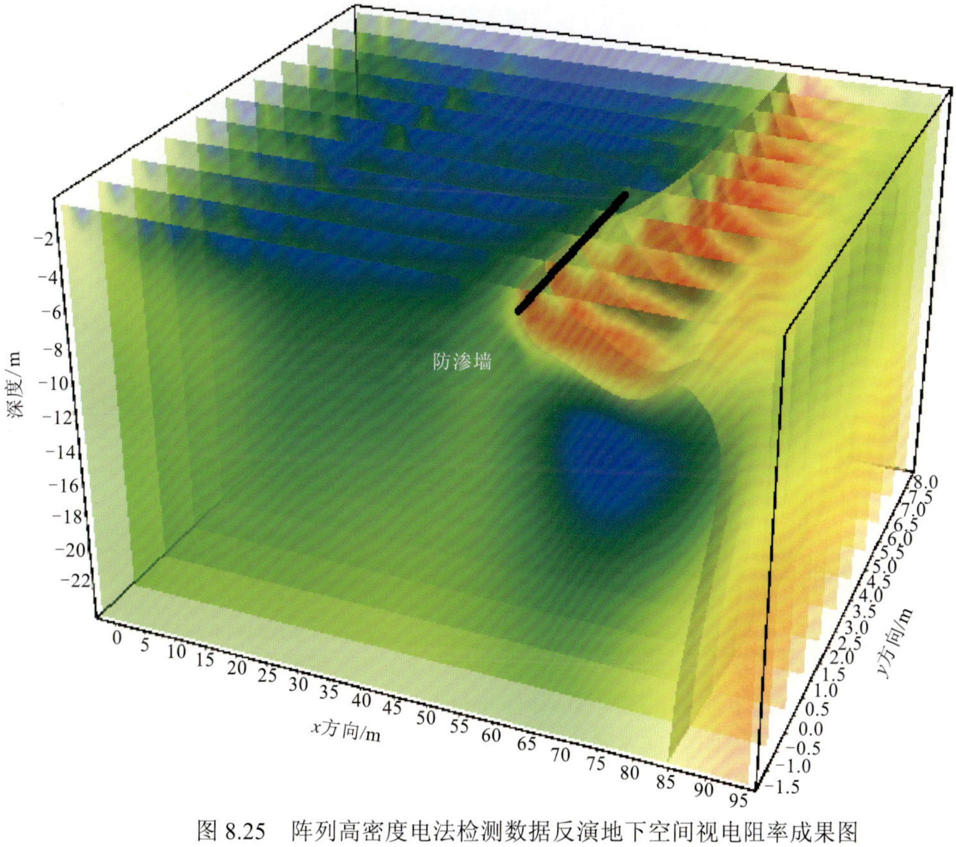

图 8.25　阵列高密度电法检测数据反演地下空间视电阻率成果图

结合不同方向的切片成果图（图 8.26、图 8.27）可以发现，高聚合物柔性防渗墙墙体视电阻率较高，分布均匀，推断表明成墙墙体结构较完整，均一性较好。墙体形成后，水体渗流情况发生明显改变，绕过了防渗墙底部，稳定后形成了新的渗流路径。

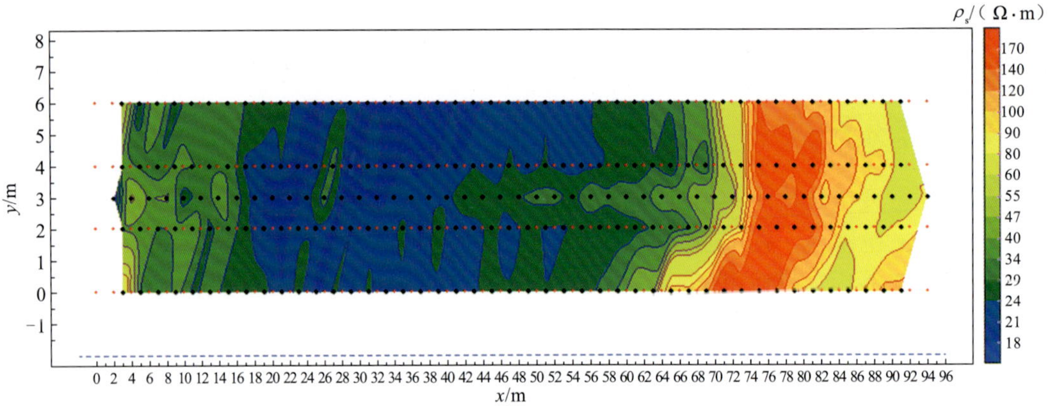

图 8.26　视电阻率空间等值线图水平切片（切片深度 2 m）

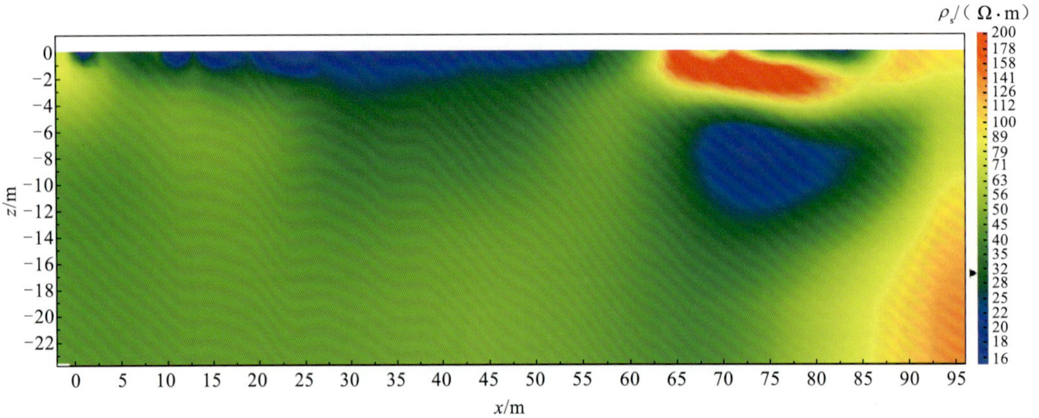

图 8.27　L1 测线剖面视电阻率等值线图

8.4.3　试验总结

在本次应用实践中，结合探测目的，创新采用了阵列高密度电法检测，准确反映了防渗墙施工后检测区域地下空间的视电阻率分布情况，以及地下柔性防渗墙的空间赋存状态。对检测成果的分析表明，地下柔性防渗墙成墙形态较好，发挥出了明显的水体阻隔作用。

由于本次柔性防渗墙施工未深入隔水层内，防渗墙形成后，地下水体渗流情况发生了明显变化，通过绕渗形成了新的渗流场并逐渐稳定，阵列高密度电法探测成果准确反映了这一变化趋势，而且现场水位监测数据佐证了这一结果。

由此可见，水体渗透引起的土体电阻率参数的变化特征明显，采用阵列高密度电法进行水体渗透过程的追踪、探测是可行的。

参考文献

[1] 康卫东, 杨小荟, 张俊义, 等. 安康罗家梁膨胀土滑坡特征与成因分析[J]. 西北大学学报(自然科学版), 2007(1): 91-94.

[2] 王璞. 勉县膨胀土滑坡特征及危险性评价方法研究[D]. 西安: 西安科技大学, 2011.

[3] 吴睿莉. 膨胀土边坡滑坡原因及治理措施[J]. 交通世界(运输. 车辆), 2012 (8): 195-196.

[4] 张国强, 宋斌, 周述达, 等. 膨胀土滑坡成因及其边坡稳定分析方法探讨[J]. 人民长江, 2014, 45(6): 20-23.

[5] 张光鑫, 杨强, 冯文凯, 等. 汶川县某滑坡形成机制及复活预测[J]. 成都大学学报(自然科学版), 2017, 36(2): 213-216.

[6] 刘良志, 张亮, 周利金. 某膨胀土边坡滑坡机理的研究[J]. 湖南交通科技, 2005 (1): 26-29.

[7] 马驰. 堆积层—基岩接触面滑坡特征及形成机理研究[D]. 西安: 长安大学, 2016.

[8] 胡波, 龚壁卫, 程展林, 等. 膨胀土裂隙面强度的直剪试验研究[J]. 西北地震学报, 2011, 33(S1): 246-248.

[9] 冷元宝, 朱文仲, 何剑, 等. 我国堤坝隐患及渗漏探测技术现状及展望[J]. 水利水电科技进展, 2002(2): 59-62.

[10] JOHANSSON S, DAHLIN T. Seepage monitoring in an earth embankment dam by repeated resistivity measurements[J]. European journal of environmental & engineering geophysics, 1996, 1(3): 229-247.

[11] ROZYCKI A, FONTICIELLA J M R, CUADRA A. Detection and evaluation of horizontal fractures in earth dams using the self-potential method[J]. Engineering geology, 2005, 82(3): 145-153.

[12] SJÖDAHL P, DAHLIN T, JOHANSSON S, et al. Resistivity monitoring for leakage and internal erosion detection at Hällby embankment dam[J]. Journal of applied geophysics, 2008, 65(3): 155-164.

[13] SJÖDAHL P. Resistivity investigation and monitoring for detection of internal erosion and anomalous seepage in embankment dams[D]. Lund: Lund University, 2006.

[14] 刘健雄. 膨胀土边坡裂隙发育机制与电阻率法动态测试技术研究[D]. 合肥: 合肥工业大学, 2012.

[15] 杜华坤, 喻振华, 汤井田. 高密度电阻率法用于堤坝渗漏监测的数值模拟研究[J]. 物探装备, 2005(4): 229-231.

[16] 万怡国, 高江林, 邹晨阳. 高密度电阻率法在鄱阳湖圩堤防汛抢险中的应用[J]. 人民长江, 2017, 48(1): 51-53, 96.

[17] 姚海林, 杨洋, 程平, 等. 膨胀土壤的标准吸湿含水率及其试验方法标准[J]. 岩土力学, 2004, 25(6): 856-859.

[18] 陈善雄, 余颂, 孔令伟, 等. 膨胀土判别与分类方法探讨[J]. 岩土力学, 2005, 26(12): 1895-1900.

[19] 尹宏磊, 徐千军, 李仲奎. 膨胀变形对膨胀土边坡稳定性的影响[J]. 岩土力学, 2009, 30(8): 2506-2510.

[20] 刘华强, 殷宗泽. 裂缝对膨胀土抗剪强度指标影响的试验研究[J]. 岩土力学, 2010, 31(3): 727-731.

[21] 李汝成, 王复明. 降雨入渗对泥岩-土混填路堤稳定性的影响[J]. 岩石力学与工程学报, 2008,

27(11): 2260-2266.

[22] 蒲建华. 高速公路边坡监测及信息管理系统应用研究[D]. 成都: 成都理工大学, 2014.

[23] TAKENS F. Detecting strange attractors in turbulence, lecture notes in mathematics[M] //Dynamical systems and turbulence, Warwick 1980. Berlin, Heidelberg: Springer, 1981: 366-381.

[24] 赵健. Kohonen 神经网络模型在边坡稳定性评价中的应用[J]. 公路与汽运, 2007(2): 67-69.

[25] 黄建文, 李建林, 周宜红. 边坡稳定性评价的模糊层次分析方法[C]//中国水利学会岩土力学专业委员会. 第一届中国水利水电岩土力学与工程学术讨论会论文集(上册). 北京: 中国水利学会岩土力学专业委员会, 2006: 25.

[26] 中华人民共和国住房和城乡建设部, 中华人民共和国国家质量监督检验检疫总局. 膨胀土地区建筑技术规范: GB 50112—2013 [S]. 北京: 中国建筑工业出版社, 2012.

[27] 柯尊敬, 常运煌. 膨胀土有关胀缩特性指标的理论关系[J]. 广西水利水电, 1993(3): 14-20.

[28] 李生林, 薄遵昭, 秦素娟, 等. 塑性图在判别膨胀土中的应用[J]. 地质论评, 1984 (4): 352-356.

[29] WILLIAMS A A B, DONALDSDN G W. Building on expansive soils in South Africa: 1973—1980[C]//Expansive Soils. Denver: ASCE, 2011: 834-844.

[30] 何信芳. 第六届国际膨胀土会议在印度召开[J]. 建筑技术, 1988(4): 61.

[31] 谭罗荣, 张梅英, 邵梧敏, 等. 风干含水量 W_{65} 用作膨胀土判别分类指标的可行性研究[J]. 工程地质学报, 1994, 2(1): 15-26.

[32] 中华人民共和国交通运输部. 公路路基设计规范: JTG D30—2015[S]. 北京: 人民交通出版社, 2015.

[33] 李生林, 施斌, 杜延军. 中国膨胀土工程地质研究[J]. 自然杂志, 1997(2): 82-86.

[34] 谭罗荣, 孔令伟. 特殊岩土工程土质学[M]. 北京: 科学出版社, 2006.

[35] 袁俊平, 殷宗泽. 膨胀土裂隙的量化指标与强度性质研究[J]. 水利学报, 2004(6): 108-113.

[36] 施斌, 李立, 姜洪涛, 等. DIPIX 图像处理系统在土体微结构定量研究中的应用[J]. 南京大学学报(自然科学版), 1996(2): 97-102.

[37] 易顺民, 黎志恒, 张延中. 膨胀土裂隙结构的分形特征及其意义[J]. 岩土工程学报, 1999(3): 38-42.

[38] 曲永新, 徐晓岚, 时梦熊, 等. 泥质岩的工程分类和膨胀势的快速预测[J]. 水文地质工程地质, 1988(5): 14-16, 13.

[39] 中华人民共和国建设部, 中华人民共和国国家质量监督检验检疫总局. 土的工程分类标准: GB/T 50145—2007 [S]. 北京: 中国计划出版社, 2007.

[40] 中华人民共和国工业和信息化部. 土工试验规程: YS/T 5225—2016[S]. 北京: 中国计划出版社, 2016.

[41] 中华人民共和国住房和城乡建设部. 土工试验方法标准: GB/T 50123—2019[S]. 北京: 中国计划出版社, 2019.

[42] 程展林, 龚壁卫, 胡波. 膨胀土的强度及其测试方法[J]. 岩土工程学报, 2015, 37(S1): 11-15.

[43] VAN GENUCHTEN M. A closed-form equation for predicting the hydraulic conductivity of unsaturated soils1[J]. Soil science society of America journal, 1980, 44(5): 892-898.

[44] FREDLUND D G, XING A. Equations for the soil-water characteristic curve[J]. Canadian geotechnical

journal, 1994, 31(4): 521-532.

[45] MUALEM Y. A new model for predicting the hydraulic conductivity of unsaturated porous media [J]. Water resources research, 1976, 12(3): 513-522.

[46] 李志洪, 赵兰坡, 窦森. 土壤学[M]. 北京: 化学工业出版社, 2005.

[47] 缪林昌, 严明良, 崔颖. 重塑膨胀土的电阻率特性测试研究[J]. 岩土工程学报, 2007, 29(9): 1413-1417.

[48] 董振亮, 蒋引珊. 蒙脱石八面体层中(Fe^{3+}+Mg^{2+})含量和晶胞参数 b_0 对蒙脱石-水体系电导的影响[J]. 硅酸盐学报, 1993, 21(1): 88-92.

[49] 刘松玉, 查普生, 于小军. 土的电阻率室内测试技术研究[J]. 工程地质学报, 2006, 14(2): 216-222.

[50] 查普生, 刘松玉, 杜延军, 等. 电阻率法评价膨胀土改良的物化过程[J]. 岩土力学, 2009, 30(6): 1171-1178.

[51] 敬芸仪, 邓良基, 张世熔. 主要紫色土电导率特征及其影响因素研究[J]. 土壤通报, 2006(3): 617-619.

[52] 孙宇瑞. 土壤含水率和盐分对土壤电导率的影响[J]. 中国农业大学学报, 2000, 5(4): 39-41.

[53] 林义成, 丁能飞, 傅庆林, 等. 土壤溶液电导率的测定及其相关因素的分析[J]. 浙江农业学报, 2005(2): 83-86.

[54] 龚壁卫, 稽家伟, 叶艳雀. 用电导率测定自由膨胀率的方法研究[J]. 岩土工程学报, 2011, 33(8): 1280-1283.

[55] 王峥辉. 蜀黄土超声波波速与物理力学性质试验研究[D]. 南京: 河海大学, 2007.

[56] 黄震, 韦秉旭. 碾压膨胀土波速变化规律及声波技术应用探讨[J]. 路基工程, 2014(4): 160-163.

[57] 韦秉旭, 龚树, 刘斌, 等. 膨胀土细观结构变化及与声波波速的关系[J]. 长江科学院院报, 2016, 33(9): 93-97, 106.

[58] 刘鹏, 韦秉旭, 欧阳运清, 等. 膨胀土纵波波速与裂隙率关系试验[J]. 长沙理工大学学报(自然科学版), 2016, 13(3): 12-18.

[59] 黄震, 陈铖. 改良膨胀土胀缩裂隙及与抗剪强度的关系研究[J]. 水文地质工程地质, 2016, 43(3): 87-93.

[60] 沙佳, 韦秉旭, 胥旭波, 等. 南阳膨胀土声波信号频谱分析[J]. 交通科学与工程, 2016, 32(3): 25-29.

[61] 高玉峰, 刘汉龙. 合肥膨胀土剪切波速的特征分析[J]. 岩土工程学报, 2003(3): 371-373.

[62] GREAVES R J, FULP T J. Three-dimensional seismic monitoring of an enhanced oil recovery process[J]. Geophysics, 1987, 52(9): 1175-1187.

[63] HUANG X R, KELKAR M, 王延章. 综合地震资料和动态资料进行油藏描述[J]. 石油物探译丛, 1997(3): 31-39, 6.

[64] 白广明, 张耘菡, 刘晓波, 等. 有渗漏隐患黏土堤坝电阻率模拟试验及分析[J]. 黑龙江水利, 2017, 3(12): 12-19.

[65] GLUCK S, DESCHIZEAUX B, MIGNOT A, et al. Time-lapse impedance inversion of post-stack seismic data[J]. SEG expanded abstracts, 2000(1): 1509-1512.

[66] SARKAR S, GOUVEIA W P, JOHNSTON D H. On the inversion of time-lapse seismic data[C] //SEG

Technical Program Expanded Abstracts 2003. Dallas: Society of Exploration Geophysicists, 2003: 1489-1492.

[67] 李景叶, 陈小宏, 金龙. 时间推移地震 AVO 反演在油藏定量解释中的应用[J]. 石油学报, 2005, 26(3): 68-73.

[68] BULAND A, OUAIR Y E . Bayesian time-lapse inversion[J]. Geophysics, 2006, 71(3): 43-48.

[69] SUMAN A, MUKERJI T. Sensitivity study of rock-physics parameters for modeling time-lapse seismic response of Norne field[J]. Geophysics, 2013, 78(6): 511-523.

[70] 李景叶, 陈小宏. 时间推移地震波阻抗反演方法研究[J]. 勘探地球物理进展, 2003, 26(1): 41-44.

[71] 王守东, 王波. 时间推移地震资料贝叶斯 AVO 波形反演[J]. 地球物理学报, 2012, 55(7): 2422-2431.

[72] GRANA D, MUKERJI T. Bayesian inversion of time-lapse seismic data for the estimation of static reservoir properties and dynamic property changes[J]. Geophysical prospecting, 2015, 63(3): 637-655.

[73] EIDSVIK J, THEUNE U. Blocky inversion of time-lapse seismic AVO data[C]//SEG Technical Program Expanded Abstracts 2009. Houston: Society of Exploration Geophysicists, 2009: 3820-3824.

[74] THEUNE U, JENSÅS I Ø, EIDSVIK J. Analysis of prior models for a blocky inversion of seismic AVA data[J]. Geophysics, 2010, 75(3): 25-35.

[75] 周林, 李景叶, 陈小宏. 基于精确Zoeppritz方程的非线性AVO三参数反演[J]. 地球物理学报, 2016, 59(7): 2663-2673.

[76] STEWART R R. Joint P and P-SV inversion[J]. The CREWES project research report 2, 1990, 2(1): 112-115.

[77] 周林, 李景叶, 陈小宏, 等. 基于精确 Zoeppritz 方程的时移地震差异反演[C]// 中国地球物理学会. 2019 年中国地球科学联合学术年会论文集(十九)——专题 50: 油藏地球物理. 北京: 中国和平音像电子出版社, 2019: 40-42.

[78] QUEIßER M, SINGH S. Time-lapse seismic monitoring of CO_2 sequestration at Sleipner using time domain 2D full waveform inversion[C]// SEG Technical Program Expanded Abstracts 2010. Denver: Society of Exploration Geophysicists, 2010: 2875-2879.

[79] ZHENG Y, BARTON P, SINGH S. Strategies for elastic full waveform inversion of time-lapse ocean bottom cable (OBC) seismic data[C]// SEG Technical Program Expanded Abstracts 2011. San Antonio: Society of Exploration Geophysicists, 2011: 4195-4200.

[80] ROUTH P, PALACHARLA G, CHIKICHEV I, et al. Full wavefield inversion of time-lapse data for improved imaging and reservoir characterization[C]// SEG Technical Program Expanded Abstracts 1949. Tulsa: Society of Exploration Geophysicists, 1949: 1-6.

[81] RAKNES E B, WEIBULL W, ARNTSEN B. Time-lapse full waveform inversion: Synthetic and real data examples[C]// SEG Technical Program Expanded Abstracts 2013. Houston: Society of Exploration Geophysicists, 2013: 1-4.

[82] ZHANG F, JUHLIN C, IVANDIC M, et al. Application of seismic full waveform inversion to monitor CO_2 injection: Modelling and a real data example from the Ketzin site, Germany[J]. Geophysical prospecting, 2013, 61: 284-299.

[83] RAKNES E B, ARNTSEN B. Time-lapse full-waveform inversion of limited-offset seismic data using a local migration regularization[J]. Geophysics, 2014, 79(3): 117-128.

[84] GRASSBERGER P, PROCACCIA I. Measuring the strangeness of strange attractors[J]. Physica D: Nonlinear phenomena, 1983, 9(1/2): 189-208.

[85] 李丹, 谭晓慧, 王伟, 等. 膨胀土边坡的强度试验及可靠度分析[C]// 第十一届全国土力学及岩土工程学术会议论文集. 兰州: 中国地震局兰州地震研究所, 2011: 251-254.

[86] 汪明武, 李丽, 金菊良. 基于改进集对分析方法的膨胀土胀缩性评价模型[C]// 中国土木工程学会土力学及岩土工程分会地基处理学术委员会. 第十届全国地基处理学术讨论会会议论文集. 南京: 东南大学岩土工程研究所, 2001.

[87] 刘章军. 膨胀土判别与分类的模糊概率模型及应用[J]. 公路交通科技, 2010, 27(3): 1-5, 11.

[88] 贺鹏, 肖杰, 张健, 等. 膨胀土堑坡稳定性动态风险评估 FAHP 模型及工程应用[J]. 岩土力学, 2016, 37(S2): 502-512.

[89] 文畅平, 何永延. 路基膨胀土判别和分类的属性测度模型[J]. 水利水运工程学报, 2008(1): 73-77.

[90] 黄海燕, 王叶鹏. 边坡稳定因素的 BP 网络分析[J]. 安徽建筑, 2018, 24(1): 285-286.

[91] 胡瑜, 陈涛. 基于 C-C 算法的混沌吸引子的相空间重构技术[J]. 电子测量与仪器学报, 2012, 26(5): 425-430.

[92] SATO S, SANO M, SAWADA Y. Practical methods of measuring the generalized dimension and the largest Lyapunov exponent in high dimensional chaotic system[J]. Progress of theoretical physics, 1987, 77(1): 1-5.

[93] 李广信. 高等土力学[M]. 北京: 清华大学出版社, 2004.